"十四五"时期国家重点出版物出版专项规划项目

黑碳气溶胶研究丛书

黑碳的环境和气候效应

朱彬　著

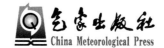

气象出版社
China Meteorological Press

内 容 简 介

本书基于作者近年来的研究成果,介绍了黑碳气溶胶的基本特性、分布变化特征及其环境和气候效应。其中,在时空分布方面,通过地基和边界层垂直观测揭示了中国地区黑碳的时空分布和长期变化特征;通过自主研发的基于通用地球系统模式(CESM)和区域空气质量模式(WRF-Chem)的黑碳源追踪技术,阐明了我国典型地区及全球各区域黑碳的区域和行业来源贡献。在黑碳的环境效应方面,利用自主建立的基于理论和经验结合的黑碳混合态消光参数化模型,阐明了不同老化状态、形态黑碳的光学性质和辐射效应,并应用数值模式揭示了黑碳-边界层相互作用及其对近地面臭氧的影响机制。在黑碳的气候效应方面,模拟研究了黑碳的气溶胶-辐射、气溶胶-云相互作用和对东亚地区辐射强迫和气候的影响,特别是对东亚季风爆发、环流和降水以及东亚副热带西风急流的影响;结合自主研发的基于通用地球系统模式(CESM)的水成物在线源追踪技术,定量表征了黑碳气候强迫引起的东亚夏季降水和水汽区域来源的变化。

本书是关于东亚地区黑碳气溶胶特征及其对空气质量和气候变化影响的一本专著,可供大气物理、环境科学、气象和气候领域的教学、业务和科研工作者参考。

图书在版编目（ＣＩＰ）数据

黑碳的环境和气候效应 / 朱彬著. -- 北京 : 气象出版社, 2024.5
ISBN 978-7-5029-8172-3

Ⅰ. ①黑… Ⅱ. ①朱… Ⅲ. ①碳－气溶胶－空气污染控制－研究 Ⅳ. ①X513

中国国家版本馆 CIP 数据核字(2024)第 058922 号

黑碳的环境和气候效应
Heitan de Huanjing he Qihou Xiaoying

出版发行：气象出版社
地　　址：北京市海淀区中关村南大街 46 号　　　　　邮政编码：100081
电　　话：010-68407112(总编室)　010-68408042(发行部)
网　　址：http://www.qxcbs.com　　　　　E-mail：qxcbs@cma.gov.cn
责任编辑：黄红丽　　　　　　　　　　　　终　　审：张　斌
责任校对：张硕杰　　　　　　　　　　　　责任技编：赵相宁
封面设计：博雅锦
印　　刷：北京建宏印刷有限公司
开　　本：787 mm×1092 mm　1/16　　　　　印　　张：16.5
字　　数：422 千字
版　　次：2024 年 5 月第 1 版　　　　　　　印　　次：2024 年 5 月第 1 次印刷
定　　价：138.00 元

前　言

作为吸收性气溶胶的主要组分,黑碳气溶胶及其对地-气辐射平衡、气候变化和区域空气质量的影响一直是大气科学关注的热点。尽管自 20 世纪 90 年代中后期通过能源改革和大气污染治理等一系列政策和措施实施,我国黑碳排放量显著下降,但仍占世界总量的近 1/4。南京信息工程大学朱彬课题组结合了综合立体观测和模式模拟的研究方式,对东亚典型地区和全球各区域黑碳浓度分布及其区域来源、黑碳不同气候效应对东亚季风的多尺度影响机制、重点地区黑碳与气象要素的反馈关系以及黑碳对空气质量的作用机制进行了多角度的研究。

化石燃料使用、生物质燃烧和区域输送是局地黑碳的来源。受天气和降水的影响,黑碳的寿命为 4～12 天,其平均传输距离往往大于 1000 km,造成区域尺度的空气污染;并且黑碳的来源会随气团来向和大气扩散条件而不断变化,对黑碳的分布、变化及其成因还需要更定量化地阐释。目前,我国大气污染特征已经进入到气溶胶与臭氧共存的复合型污染阶段,强氧化性大气会促进大气化学反应生成更多的二次气溶胶,气溶胶也会通过多种物理化学途径影响臭氧分布。而吸收性气溶胶和散射性气溶胶对臭氧的影响机制有较大差异,有待进一步揭示。此外,黑碳能通过气溶胶-辐射相互作用、气溶胶-云相互作用和冰雪反照反馈作用改变地球-大气之间的能量平衡、大气稳定度和大气环流、云微物理特征和降水等。黑碳在空间分布上与季风尺度相匹配,已有的研究表明黑碳的气候效应与东亚季风之间有着较明显的相互作用,由黑碳引起的大陆增温将导致海陆之间的热力差异发生变化,进而可能导致季风系统的异常。因此,针对黑碳与季风爆发、撤退和强度之间的相互作用开展研究是当前全球变化与人类适应以及可持续发展问题的研究热点之一。本书重点关注到以上科学问题,针对以上黑碳的环境和气候效应展开研讨和论述,为区域大气污染防治提供理论支撑,为黑碳与气候变化的关系提供了多角度、多尺度的分析与阐释。

黑碳的气候与环境效应是一个复杂的科学问题,目前的研究还存在一些不足之处。①观测数据的不完整:尽管近年来观测技术有所进步,但仍然存在观测数据的不完整性。黑碳的空间和时间分布具有很大的差异性,但目前的观测网络覆盖范围有限,尤其是在一些发展中国家和偏远地区的观测数据相对较少,这导致我们对黑碳气溶胶的全球分布和长期变化趋势了解不足。②不确定性的存在:黑碳的气候效应研究面临着许多不确定性。首先,黑碳的光学特性、混合状态、形态与吸收能力的非线性关系,排放因子与排放参数的估计等存在较大的不确定性。其次,黑碳与气溶胶粒子和云的相互作用复杂多样,特别是在不同污染情景,全球、不同区域和局地尺度上的影响程度还需要进一步明确。③数值模式能力的不足:为了模拟和评估黑碳的环境和气候效应,需要使用多情景兼容且高效的数值模型。然而,当前模型的过程模拟和参数化方案对黑碳的辐射特性、云降水效应和对水循环影响等的表现能力仍然不足。本书对以上不足之处也有涉及,并提高了一些认识。

本书编写过程中,得到了以南京信息工程大学为主的研究团队的支持和参与。其中,本人近年来培养的已毕业博士研究生高晋徽、潘晨、房宸蔚、王东东、施双双、卢文、严殊祺等,硕士研究生朱俊、陆烨、徐逸雯、井安康、姚晨雨、王振彬、成莹菲、吴昊宸等,还有刘超教授及其学生、许潇锋副教授及其学生、张泽锋副教授及其学生、王红磊副教授及其学生、侯雪伟副教授及其学生、康汉青副教授及其学生、金莲姬副教授及其学生以及周顺武教授及其学生。本书得到了科技部国家重点研发计划(2016YFA0602003)、国家自然科学基金创新研究群体项目(42021004)、国家自然科学基金面上项目(41575148)的资助以及气象出版社的支持和帮助。北京市人工影响天气中心提供了宝贵的黑碳和环境数据以及国家重点研发计划的关键组织作用。作者在此一并表示衷心感谢!

随着观测技术和模式的发展,黑碳的环境和气候效应的许多问题有待在未来研究中进一步展开。由于作者水平有限,本书难免存在不足和纰漏之处,欢迎读者切磋交流、批评指正!

朱彬

2024 年 5 月

目　　录

第 1 章　黑碳特性及其环境、气候效应

1.1　黑碳的基本特性

黑碳气溶胶(Black Carbon,BC)是由一系列含碳元素为主、无定型结构且具有强光吸收能力的物质组成的大气细颗粒物,主要来自生物质和化石燃料的不完全燃烧。其粒径尺度为 $0.01\sim1.0~\mu m$(Bond et al. ,2013),它在 $PM_{2.5}$ 中的占比一般为百分之几到百分之十几。黑碳的自然源主要以森林、草原等的野火排放为主,具有很强的区域性和偶然性;人为源主要以燃煤、石油等化石燃料和秸秆等生物质燃烧的排放为主,具有很强的区域性,如发达国家的人为排放以化石燃料燃烧为主,而东亚、东南亚等地主要以生物质(秸秆)燃烧为主,且具有明显的季节性等。

黑碳主要具有如下特性:第一,吸光性,黑碳具有很强的可见光吸光性,其对 550 nm 的光质量吸收截面达至少 $5~m^2 \cdot g^{-1}$(Bond et al. ,2013)。第二,难溶性,黑碳不溶于水和常见有机溶剂(甲醇、丙酮等),也不溶于大气气溶胶的其他组分。黑碳在很高温度下仍能保持结构,其汽化温度接近 4000 K。第三,聚合性,黑碳多以碳质小球的聚合体形式存在,单独的碳质小球在火焰中形成,而聚合性质是由快速碰并过程引起的(Haynes et al. ,1981)。第四,活性低,黑碳在大气中的化学反应活性极低,其主要清除过程为干沉降和湿沉降过程。尽管黑碳在大气中的生命史仅为 1 周左右,但由于目前在大气中没有发现其他类似黑碳这样具有强吸收截面的且大量存在的物质,因此,黑碳的性质及其对大气环境和气候的影响在近年来备受关注。

1.2　黑碳的老化和混合态

在早期对黑碳的测量研究中,基本是对于黑碳的总体进行定量。在光学法中,是基于黑碳的强吸光特性,并假设其为 880 nm 段的唯一光吸收体,通过测量光衰减信号和假设黑碳的质量吸收截面来换算黑碳的质量。热学法中则是根据元素碳的氧化挥发特性,定量滤膜上采集的元素碳质量。然而,对黑碳光吸收强度的定量需要单颗粒黑碳的形貌、化学组分、壳层厚度、粒径大小等多种性质,随着研究的深入,仅仅对黑碳质量浓度的测量无法获知单颗粒黑碳的具体特性,因此,对于黑碳单颗粒性质的测量十分必要。基于这种需求,近年来引入了定量单颗粒黑碳粒径及混合态的测量方法,并且也开始了对黑碳单颗粒混合态和黑碳老化过程的研究。

黑碳在燃烧过程形成并进入到大气环境的过程中,大气中的二次组分(硫酸盐、硝酸盐、有机物等)会凝结在黑碳表面,并使得其形貌、亲水性、光学性质等物理化学性质发生变化,这个过程称为黑碳的老化过程。根据黑碳与其他组分的混合状态通常将黑碳分为两种类型:内混态黑碳及外混态黑碳(Bond et al. ,2006)。在黑碳从燃烧源排放之初,黑碳颗粒与大气中其他组分以相互独立形式存在,这种状态下的黑碳称为外混态黑碳。随着黑碳在大气中的扩散传

输运与碰并、凝结、云/雾过程等老化过程的进行,大气中的其他组分包括硫酸盐、硝酸盐、有机物等会与黑碳颗粒发生碰并而成为包含多种组分的混合体,这种状态的黑碳称为内混态黑碳。

1.3 黑碳的大气消光和辐射强迫作用

大气气溶胶通过影响大气的辐射特性,进而影响大气温度、气压的水平分布以及降水和大气环流的变化和调整,其中,产生正辐射强迫(即:使单位面积大气获得的额外辐射能量的功率,单位:W·m⁻²)的气溶胶主要是黑碳气溶胶。黑碳气溶胶能够吸收太阳辐射,加热大气,对地面有增温效应,从而影响地-气系统的辐射平衡。政府间气候变化专门委员会(Intergovernmental Panel on Climate Change,IPCC)第六次气候变化评估报告(Sixth Assessment Report,AR6)认为黑碳是除温室气体以外影响最大的大气增温物质,因此,黑碳气溶胶对太阳辐射的强吸收作用已经成为气溶胶气候效应研究中的一个重要内容。

黑碳气溶胶对气候的影响体现在多个方面。首先,黑碳可以通过吸收太阳辐射,加热大气,影响区域及全球的辐射平衡,由于黑碳的强吸收效应,它甚至可以显著影响大气顶的辐射强迫,让大气顶的辐射强迫从负向变为正向,从而引起全球或者区域变暖,这是黑碳的气溶胶-辐射相互作用(Aerosol-radiation Interaction,ARI)。黑碳气溶胶还可以与硫酸盐、有机碳等水溶性气溶胶混合,作为云凝结核,通过增加云凝结核,使云滴数密度增加,在一定的云水含量下使云滴有效半径减小,宏观上增加了云的反照率和云的光学厚度,造成大气顶负的辐射强迫,这是黑碳的第一间接效应(Twomey 效应,Twomey,1974);由于云滴数密度的增加和云滴有效半径的减小,暖云降水受到抑制,导致云的生命史或者云的厚度增加,引起大气顶出现负的辐射强迫,这是黑碳的第二间接效应(Ramaswamy et al. ,2001)。此外,处于云层中的黑碳气溶胶吸收太阳辐射,加热云层大气,从而直接导致云的蒸发、减少,这称为黑碳气溶胶的半直接效应(Guinot et al. ,2006;Panicker et al. ,2014)。黑碳还能作为冰核,参与冰云过程(Gierens,2003)。以上效应也被称为黑碳的气溶胶-云相互作用(Aerosol-cloud Interaction,ACI)。黑碳的气溶胶-辐射相互作用和气溶胶-云相互作用为黑碳在大气中通过吸收太阳辐射或者参与云的微物理过程后对气候产生的效应,而对于沉降至地表的黑碳,也能够通过改变下垫面的反照率来影响气候,如在青藏高原和极地的冰雪圈或者海冰上,沉降在冰雪表面的黑碳减小了雪盖地区的反照率,并增强了雪地对太阳辐射的吸收,加速雪地的融化,这被称为黑碳的冰雪反照率反馈作用(Surface Albedo Effect,SAE,Ramanathan et al. ,2008)。

黑碳对环境、健康也有重要影响。黑碳作为大气细颗粒物 PM₂.₅ 的重要组成部分,易通过呼吸道进入人体内部;另外,小粒径黑碳对太阳的散射和吸收能力较强,造成大气能见度的降低,引起灰霾等环境问题(Chameides et al. ,2002)。

然而正如第 1.2 节所介绍,黑碳在大气中经过复杂的老化过程,决定其光学特性的微物理特性(形态、复折射指数、尺度大小、亲水性、吸附性等)变得尤为复杂,从而使有关黑碳辐射强迫的研究存在很大的不确定性。基于大量的黑碳的浓度观测及光学特性的研究,一些针对黑碳气溶胶辐射特性的工作得以开展(Gong et al. ,2014;Valenzuela et al. ,2017;Zhang et al. ,2018)。Ramanathan 等(2008)评估全球大气顶部黑碳辐射强迫(Radiative Forcing,RF)约为 0.9 W·m⁻²,大致范围在 0.4~1.2 W·m⁻² 之间。Bond 等(2013)表明,全球平均的大气顶部的黑碳 RF 约为 1.1 W·m⁻²(在 0.17~2.1 W·m⁻² 之间变化,存在 90% 的不确定性),并且会在大气中造成大约 2.75 W·m⁻² 的增温效应。同时,重污染地区大气顶部的黑碳 RF 可能达到 10 W·m⁻²。Gong 等(2014)使用北京连续 7 a 的黑碳地表浓度数据,运用辐射传输算法模拟出不同季节黑碳的辐射强迫,发现在不同季节黑碳辐射强迫有明显的差异,春季黑碳的辐射强迫最大,冬季最小。Valenzuela 等(2017)利用观测到的黑碳地表浓度数据,运用平面平行辐射传输模式(Santa Barbara Disort Atmospheric Radiative Transfer,SBDART)模拟黑碳的辐射强迫和大气加热率,发现黑碳所贡献的加热率占总气溶胶的 70%。在进行辐射强迫估计时,一个重要的模拟方式是将气溶胶和黑碳的浓度数据与云和气溶胶粒子的光学特性软件(Optical Properties of Aerosols and Clouds,OPAC)模型相结合,从而计算出气溶胶的光学特性,并利用辐射传输模式,如 SBDART、对流层紫外和可见光波段辐射传输模式(Troposhperic Ultraviolet Visible Radiation Model,TUV)等模拟出黑碳对大气辐射强迫的影响(Badarinath et al.,2006;Kedia et al.,2010;Tripathi et al.,2013)。值得注意的是,由于缺少黑碳气溶胶的垂直分布特性,OPAC 中假定气溶胶的浓度垂直分布以 e(自然常数)指数衰减,因此,它所模拟得到的光学特性与实际状况有所差异,从而导致大气顶与地表的辐射强迫估计产生不可避免的误差。

此外,黑碳气溶胶一旦与其他气溶胶(如硫酸盐、硝酸盐、有机物)混合,它的光学特性会产生很大改变,随之黑碳的气溶胶-辐射相互作用、气溶胶-云相互作用以及冰雪反照率反馈作用及其导致的辐射强迫均会发生改变。一些数值研究以及实验室观测结果均表明,黑碳被非吸收性气溶胶包裹后,吸收能力会增强(Schnaiter et al.,2005;Wang et al.,2013),并在大气顶导致正的辐射强迫(Srivastava et al.,2013)。除了非吸收性包裹物,大气中还存在部分吸收性气溶胶(如有机碳中的棕碳),它们也会附着在黑碳表面,形成混合物,而这类吸收性包裹物将如何影响黑碳的光学和辐射特性目前还没有定论。同时,与亲水性气溶胶混合后的黑碳气溶胶也变成亲水性气溶胶,会进一步吸收大气中的水汽,经历"吸湿增长"过程。由于包裹物成分和尺度的变化,吸湿增长过程也会改变其光学、辐射特性。

大气气溶胶对全球平均地表气温的影响基本取决于它们对有效辐射强迫(Effective Radiative Forcing,ERF)的贡献。从工业化前至今,气溶胶 ERF 在全球范围内为负值,人为排放的气溶胶导致了降温。多模式结果表明,与黑碳或有机碳相比,硫酸盐气溶胶的前体物二氧化硫的排放变化是导致近地表气温降低的主要驱动因素,但在某些地区,黑碳强迫起着关键作用(Samset et al.,2016;Stjern et al.,2017;Westervelt et al.,2020;Zanis et al.,2020)。此外,气溶胶驱动的降温已经导致了可检测的大规模水循环变化,这是 IPCC 第六次气候变化评估报告具有很高置信度的结论。Westervelt 等(2020)指出,1850—2000 年间,硫酸盐是南亚夏季风期间降水变化的最大驱动因素,其次是黑碳和温室气体。但通过辐射强迫归一化,最有效的驱动力是黑碳。Samset 等(2016)比较了 9 个全球气候耦合模式的模拟结果,发现黑碳引起的陆地降水变化在不同模式中显著不同,这可能与黑碳可以通过多种方式直接影响气候有关。因此,黑碳辐射强迫对区域乃至全球温度、降水等气候方面的影响需要通过观测、模拟等多种手段进行探究。

1.4　黑碳对环境和气候的影响

最近几十年的高速工业化、城市化和强化农业等人类活动,使东亚成为气溶胶排放增长速度最快的地区之一。很多研究表明,在工业化飞速发展的东亚,气溶胶促使大气和地球表面能量平衡的改变,成为东亚影响区域空气质量、大气环流以及水循环的重要因素。东亚已成为世界上人为排放黑碳气溶胶的主要来源地区之一,如何分离、探究和估算黑碳对东亚环境和气候的影响一直受到关注,但相关研究仍存在不确定性。其中,黑碳如何影响边界层和对流层臭氧以及黑碳如何改变东亚季风是研究黑碳对东亚空气质量和气候的影响的两大热点。

1.4.1 对边界层对流层臭氧浓度的影响

对流层臭氧(Ozone,O_3)是一种典型的二次污染物,其来源主要包括平流层臭氧的输入作用(Junge,1962)和对流层中的光化学反应生成(Crutzen,1973;Chameides et al.,1973)。臭氧本身具有刺激性和强氧化性,它和其他具有氧化性的光化学反应产物混合形成光化学烟雾。高浓度的光化学烟雾会刺激呼吸道和眼睛,严重影响肺功能;强氧化性会使橡胶开裂,伤害植被,损坏公共设施等。

目前,我国已经进入气溶胶与臭氧共存的复合型污染阶段。臭氧在大气中的强氧化性会促进大气化学反应生成更多的二次气溶胶,而气溶胶同时也会影响臭氧的浓度。黑碳气溶胶对短波辐射的吸收作用会加热上层大气抑制边界层的发展。边界层发展的抑制会使得边界层内结构发生变化从而对臭氧和前体物浓度产生明显的影响。Dickerson 等(1997)通过观测和模拟对边界层中气溶胶对地面臭氧浓度的影响进行了研究,结果表明,在边界层中散射性气溶胶会促进光化学反应在进行中进而增加臭氧浓度,而吸收性气溶胶则会抑制光化学反应的进行从而减少近地面的臭氧浓度。该研究阐明不同消光性质的气溶胶粒子对臭氧的不同作用,其中特别提到了黑碳气溶胶对臭氧浓度的作用。

白天在边界层内,黑碳气溶胶对辐射的影响主要是通过吸收短波辐射来实现,Dickerson(1997)通过研究发现,黑碳气溶胶对太阳短波辐射的吸收作用会进一步抑制臭氧前体物的光解速率,使得光化学反应的强度降低,减少了臭氧的生成。之后对气溶胶特别是黑碳气溶胶影响臭氧的相关研究多集中于此。Jacobson(1998)利用气体气溶胶传输辐射与气象模式 GA-TORM(Gas,Aerosols,Transport,Radiation,and Meteorological Model)研究洛杉矶市上空气溶胶的粒径和组分对臭氧浓度的影响,结果发现,黑碳气溶胶内混状态下减小了光解率并导致该城市的臭氧减少了 5%~8%。Castro 等(2001)在墨西哥合众国的墨西哥城进行观测发现,在当地气溶胶内存在黑碳时,光解率下降了 10%~30%,同时臭氧浓度也随之降低。Li 等(2005)在通过对美国休斯敦地区一次臭氧高浓度个例进行模拟研究,发现这次个例期间黑碳气溶胶会使得边界层内 NO_2 和 O_3 的光解率($J[O_3(^1D)]$和$J[NO_2]$)减少了 10%~30%,在这种情况下臭氧浓度会比没有黑碳气溶胶的影响时减少5%~20%。在国内,Li 等(2011)通过嵌套网格空气质量预报模式系统(Nested Air Quality Prediction Modeling System,NAQPMS)模拟发现,在气溶胶的影响下,中国华北边界层内的光解率会下降 21%,华北地区重度污染地区的臭氧浓度会下降 5%。邓雪娇等(2011)利用观测数据和模式模拟定量评估了气溶胶对地面臭氧的影响十分显著。

1.4.2 对东亚季风的影响

亚洲季风系统包括南亚季风系统和东亚季风系统(陈隆勋 等,1991)。东亚季风系统的主要组成成员包括低层的澳大利亚高/低压、东亚地区低空越赤道气流、辐合带、西太平洋副热带高压和中纬度影响,以及高空的南亚高压脊、东风急流、南半球高空副热带高压脊及东亚地区的高空越赤道气流等。东亚季风系统又分为南海热带季风与副热带季风(Zhu et al.,1986)。

在南海热带季风区,冬季盛行东北季风,夏季盛行西南季风。而在东亚副热带季风区,冬季 30°N 以北盛行西北季风,以南盛行东北季风;夏季盛行西南季风或东南季风。

东亚地区特殊的海陆分布不仅形成了巨大的经向海陆热力差异,同时也形成了东亚大陆与西太平洋之间的纬向海陆热力差异,从而造成了东亚季风系统的复杂性和特殊性,其突出表现之一就是既有热带季风系统又有副热带季风系统(何金海 等,2008)。东亚季风系统的复杂结构表明了影响季风活动的原因的复杂性,东亚热带季风与副热带季风之间存在相互作用,当季风环流系统中某一成员的强弱、位置发生变化,均可影响整个环流系统变化,从而影响季风的强弱和进退过程,造成季风降水带的变化。

自 20 世纪 70 年代末,东亚夏季风(East Asian Summer Monsoon,EASM)开始呈现减弱趋势(Wang,2001;Yu et al.,2004;杨修群 等,2005;赵平 等,2006;Ding et al.,2008,2009),并且东亚冬季风(East Asian Winter Monsoon,EAWM)在 20 世纪 80 年代中期开始变弱(Wang et al.,2012a;贺圣平,2013;王会军 等,2013)。影响季风异常的因子非常广泛和复杂,而海陆之间热力差异的季节性变化是季风产生的原始驱动力。研究者针对海洋热力状况的变化对季风的影响进行了大量的研究发现:自 20 世纪 70 年代末,全球海-气耦合系统发生了一次显著的年代际变化,热带中东太平洋海表温度变暖,厄尔尼诺-南方涛动(El Niño-Southern Oscillation,ENSO)形态和结构发生改变,全球气候系统中的几个主要遥相关型如南方涛动、北大西洋涛动、北太平洋涛动等也发生了年代际变化,进而对东亚季风和全球气候产生影响(Wu et al.,2002a,2002b;Li et al.,2008;Wang et al.,2008;Fu et al.,2009;Zhou et al.,2009)。

而作为季风形成的另一个重要因子,大陆的热力状况对季风和气候的变化同样有着重要的作用。研究者发现,青藏高原的热力强迫(Wu et al.,1998;梁潇云 等,2006;Wu et al.,2007;张晨 等,2012)、欧亚大陆积雪异常(张人禾 等,2008;Wu et al.,2008)、中国东部夏季对流层上层年代际变冷(Yu et al.,2004)、印度半岛和中南半岛等季风区陆地的地表热力改变(王世玉 等,2001;徐海明 等,2001,2002)及对流活动的变化(温敏 等,2004)都会对东亚季风产生影响。通过对海洋和陆地热力状况共同考虑,陈隆勋等(2004)发现,自 1970 年以来夏季西太平洋表面海温增暖而东亚大陆南部地表温度变冷造成了该地区海陆热力差异减弱,东亚夏季风强度减弱,中国气候显著变化,中国东部夏季降水随之改变,形成"南涝北旱"的降水分布。王会军等(2013)总结了关于东亚冬、夏季风近几十年来的主要变化特征的若干研究结果表明,关于东亚季风在 20 世纪 70 年代末的减弱,最有可能的事实是:人类活动产生的温室气体和气溶胶的变化共同造就了季风的年代际减弱。

许多学者通过对观测数据和气溶胶浓度进行相关分析,发现气溶胶的气候效应与气候变化相关。Xu(2001)认为,20 世纪 90 年代末中国夏季连续出现的"南涝北旱"气候异常现象是由华东地区的夏季风雨带南移造成,但雨带的这种南移趋势与人为排放的硫酸盐气溶胶的增加有关。Zhao 等(2006)发现,季风区中部降水减少与该区域的高浓度气溶胶密切相关,并且基于气象雷达数据分析发现了对流层大气稳定度的增加。施晓晖等(2008)通过分析近 20 多年来东亚区域大气气溶胶分布和变化特征与各种气象要素之间可能存在的相关关系,认为大气气溶胶的气候效应可能是中国东部季风区气候变化存在南北差异的原因之一。Ye 等(2013)在中国地区观测到了"南涝北旱"的降水异常趋势类型,分析发现这与中国中南部气溶胶含量的增加而导致的该区域夏季温度降低相关,降低的温度减弱了海陆热力差异,从而减弱了东亚夏季风环流。

　　许多研究针对以黑碳为主的吸收性气溶胶对亚洲季风的影响机制展开(Menon et al.，2002;Chung et al.，2004;Ramanathan et al.，2005;Lau et al.，2006a;Meehl et al.，2008;Ming et al.，2010)。这些研究中的大多数基于地球系统模式模拟,发现黑碳气溶胶吸收太阳辐射,减少了到达地表的短波辐射,导致了地表温度降低,但在大气中的吸收作用使得大气加热率增加,减弱大气稳定度,有利于对流和降水的发展。然而,在增加大气加热率的同时,黑碳气溶胶吸收的太阳辐射还会对云产生蒸发作用,使云量减少,不利于降水。

　　然而,黑碳气溶胶由于其对地表和大气不同的热力效应,对季风的影响机制方面目前形成了几种不同的结论,特别是在只使用大气模式模拟的结果和使用海洋-大气耦合模式模拟的结果之间出现了较大的不同。一些研究者在研究中只使用大气模式,发现增加的黑碳气溶胶增强了夏季风季节的大气加热,从而增加了印度次大陆的降水(Menon et al.，2002;Randles et al.，2008)。Menon 等(2002)发现,黑碳气溶胶吸收太阳辐射加热大气,增强季风区南部对流,使季风区南部季风降水增加,北部减少。Meehl 等(2008)发现,黑碳气溶胶通过增加短波吸收和增强经向对流层温度梯度来增强季风前季降水。Bollasina 等(2011)认为,黑碳气溶胶导致的辐射强迫会减弱北半球哈得来(Hadley)环流,导致印度夏季风环流的减弱。Lau 等(2006b)提出,吸收性气溶胶(黑碳和沙尘气溶胶)在青藏高原的抬升加热泵机制(Elevated-Heat-Pump Effect,EHP 机制)会从热带印度洋带来更多的水汽,导致印度次大陆季风前季降水加强,同时抑制了东亚降水。而在使用海洋-大气耦合模式的研究结果中,印度洋北部由于增加黑碳气溶胶而导致的地表冷却减小了经向的海陆温度梯度,从而减弱了印度季风(Ramanathan et al.，2005)。Chung 等(2006)对比了黑碳气溶胶效应减弱印度洋北部经向海陆温度梯度和对大气加热作用的相对重要性,发现这两种过程引起的降水变化是相反的。Mahmood 等(2013)发现在季风前季的 3—4 月,存在着明显的 EHP 机制,而增强的垂直运动和降水最终导致低对流层的冷却,特别是从 5—6 月,则产生了负的降水响应,意味着延迟了阿拉伯海和南亚次大陆西部夏季风降水的爆发时间,而负的降水响应进一步与黑碳气溶胶引起的高压异常和反气旋环流相联系,给出了一个与 EHP 机制不同的环流特征。

　　以上研究都说明黑碳是引起东亚季风变化的潜在驱动因素。而黑碳分别可以通过气溶胶-辐射相互作用、气溶胶-云相互作用(黑碳改变云特性和冰雪反照率而产生辐射强迫,从而对东亚季风区的温度、降水和大气环流等气候特征产生影响),分离黑碳不同的气候强迫作用以及对东亚季风产生的影响仍待研究。

第 2 章　黑碳分布和变化的观测特征

作为强吸收性气溶胶,黑碳能够影响地-气系统的辐射收支平衡,因此,明确黑碳的时空分布及变化特征是研究黑碳环境和气候效应的基础。本章主要利用连续多年、多站点的黑碳观测资料,介绍了中国地区的黑碳时空分布特征;探究了黑碳的垂直分布特征及影响因素;并基于不同的源解析方法研究中国长三角地区黑碳的来源;此外,从气象因子和人类活动角度讨论黑碳分布和变化的影响因子。

2.1　中国地区分布

2.1.1　全国黑碳浓度空间分布

本研究基于 2006 年 1 月—2017 年 9 月中国气象局黑碳观测网的中国地区 36 个站点黑碳浓度地面观测资料开展黑碳区域分布和变化趋势研究。各站点采样仪器统一选用的是美国 Magee 公司生产的 AE-31 型黑碳仪。该仪器根据黑碳对可见光吸收强烈的特性来测量黑碳浓度(Rajesh et al.,2017)。该仪器有 7 个测量通道,分别为 950、880、660、590、520、470 和 370 nm。由于黑碳粒子在 880 nm 强烈的吸收特性,多采用 880 nm 通道测量黑碳浓度。采样仪器切割头为 2.5 μm,采样流量为 5 L·min^{-1},每隔 5 min 获取一次数据,黑碳仪定期进行采样流量检验和零位调整。对黑碳仪器所得到的数据进行质量控制,小时样本个数小于总数目的 60% 剔除,并对得到的黑碳小时数据使用 3δ 方法(δ 表示标准差)检验进行质量控制(张磊等,2011),数据完整性达到 83% 以上。

图 2.1 和表 2.1 分别给出了观测站点的地理位置、海拔高度、年平均浓度、所处区域及站点类型等详细资料。36 个站点按地理位置分为东北(7 个)、华北(9 个)、华南(8 个)、西南(5 个)和西北(7 个)五个区域,并可根据站点性质不同分为城市站(16 个)、郊区站(13 个)和大气本底站(7 个)。城市站点如北京观象台、成都等位于人口稠密、受工业及生活排放影响较大的区域;郊区站点多位于城市远郊,受工业及车辆排放影响小于城市站点;大气本底站作为区域或全球背景站点,远离工业区、居住区及主要公路,受人类活动影响小。

由图 2.2 可知,黑碳年平均浓度高值位于城市站点,如成都((9960±5425) ng·m^{-3})、郑州((8392±4938) ng·m^{-3})、西安泾河((7585±3864) ng·m^{-3})和沈阳((7550±3478) ng·m^{-3}),而黑碳浓度低值主要位于远郊站点和大气本底站,如香格里拉((299±198) ng·m^{-3})、阿克达拉((350±146) ng·m^{-3})、瓦里关((449±366) ng·m^{-3})和朱日和((1025 ±607) ng·m^{-3})。从区域分布上看,黑碳浓度高值集中于我国东部以及中部城市站点,主要是因为关中平原和华北平原人为污染排放大,其城市(泾河、郑州)受边界层的影响静稳天气频数较多,不利于污染物的扩散(Chan et al.,2008);东北地区以重工业为主,污染物排放大;成都位于四川盆地西部,地形相对闭塞,特殊的地理条件使污染物更加不易扩散(苏秋芳 等,

2018;姚佳林 等,2018)。大气本底站位于人口稀疏、受工业、交通甚至农业活动等影响小,其监测的是区域大气污染混合较均匀之后的平均状况,观测资料代表大气本底状况,因此,浓度显著低于城市及郊区站点。

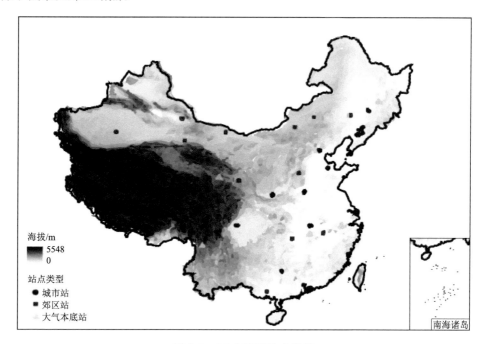

图 2.1   36 个观测站点位置

表 2.1   观测站点地理信息

站点	经纬度	海拔/m	类别	区域	观测时长/月	年平均浓度/(ng·m^{-3})
惠民	117.50°E, 37.49°N	11.7	城市	华北	140	4239±3824
东滩	121.95°E, 31.52°N	3.5	郊区	华南	99	1799±749
临安	119.72°E, 30.23°N	117.6	大气本底站	华南	124	3615±1392
庐山	115.97°E, 29.54°N	1164.5	郊区	华南	139	1362±703
郑州	113.62°E, 34.75°N	110.4	城市	华北	139	8392±4938
武汉	114.31°N, 30.59°N	23.6	城市	华南	109	5202±2853
金沙	114.19°N, 29.63°N	751.0	大气本底站	华南	103	2013±1334
常德	111.70°E, 29.03°N	150.6	郊区	华南	136	2720±1408
朱日和	112.63°E, 42.83°N	1150.0	郊区	华北	134	1025±607
榆社	112.98°E, 37.07°N	1041.4	郊区	华北	132	2719±1450
锡林浩特	116.09°E, 43.93°N	1003.0	郊区	华北	140	733±1170
北京观象台	116.47°E, 39.81°N	31.0	城市	华北	124	5761±3258
南宁	108.37°E, 22.82°N	121.6	城市	西南	141	3821±1736
番禺	113.38°E, 22.94°N	12.3	城市	华南	129	5148±2211
桂林	110.29°E, 25.27°N	164.4	城市	西南	130	3775±1263

站点	经纬度	海拔/m	类别	区域	观测时长/月	年平均浓度/(ng·m⁻³)
塔中	83.63°E，39.04°N	1099.3	郊区	西北	141	2590±991
哈密	93.52°E，42.82°N	737.2	郊区	西北	138	2590±1081
额济纳旗	101.06°E，41.95°N	940.0	郊区	西北	139	1394±1310
敦煌	94.66°E，40.14°N	1140.0	郊区	西北	133	3296±1962
瓦里关	100.89°E，36.28°N	3816.0	大气本底站	西北	107	449±366
泾河	108.96°E，34.48°N	410.0	城市	西北	130	7585±3864
皋兰山	103.84°E，36.02°N	544.0	郊区	西北	133	1759±942
龙凤山	127.59°E，44.74°N	330.0	大气本底站	东北	127	1956±1719
通辽	122.24°E，43.65°N	178.7	郊区	华北	136	4006±2049
长春	125.32°E，43.82°N	236.8	城市	东北	99	5258±3238
鞍山	122.99°E，41.11°N	77.3	城市	东北	134	3865±1467
沈阳	123.46°E，41.68°N	49.0	城市	东北	122	7550±3478
本溪	123.77°E，41.29°N	185.4	城市	东北	135	6395±3151
抚顺	123.96°E，41.88°N	118.5	城市	东北	130	4734±2369
大连	121.61°E，38.91°N	91.5	城市	东北	134	2764±1704
成都	104.06°E，30.57°N	506.0	城市	西南	135	9960±5425
香格里拉	99.90°E，27.83°N	3276.7	大气本底站	西南	104	299±198
拉萨	91.11°E，29.64°N	3649.0	城市	西南	140	2243±1177
阿克达拉	87.58°E，47.06°N	563.0	大气本底站	西北	94	350±146
上甸子	117.07°E，40.39°N	293.3	大气本底站	华北	100	2062±824
深圳	114.01°E，22.19°N	63.0	城市	华南	56	2227±897

由图 2.2 可知,进一步比较东北、华北、华南、西南和西北五个区域大气本底站的黑碳浓度,发现临安、上甸子、金沙、龙凤山的黑碳年平均浓度远大于青海瓦里关、新疆阿克达拉、云南香格里拉。东北、华北及华南地区是我国经济较为发达、人口集中的区域,西南及西北地区工业等人为活动较为薄弱,因此,东北、华北及华南地区黑碳本底浓度大于西北及西南地区。从站点分类上看,五个地区黑碳浓度整体呈现城市站点>远郊站点>大气本底站的特征。其中西南及西北地区城市站点黑碳年平均浓度分别是远郊、大气本底站的 3.9 倍、4.6 倍,说明该地区污染多集中于大城市,而郊区等污染程度较弱;东北、华北和华南地区城市站点黑碳年平均浓度分别是远郊、大气本底站的 2.6 倍、2.9 倍及 1.8 倍,城市与远郊污染差距较小。

2.1.2 中国地区黑碳浓度年、季、日变化

年际上,全国城市、郊区及大气本底站黑碳浓度整体呈下降趋势。利用两种不同的趋势检验方法对 2006—2017 年各站点黑碳浓度变化趋势进行分析。根据表 2.2,基于丹尼尔(Daniel)检验(Zhang et al.,2019),在观测数据超过 9 a 的站点(35 个)中,22 个站点黑碳浓度存在显著的下降趋势。基于曼-肯德尔(Mann-Kendall)(Kendall,1975)趋势检验,30 个站点黑碳浓度呈现下降趋势,其中有 18 个站点通过显著性检验。综合两种趋势检验方法,观测站点黑碳

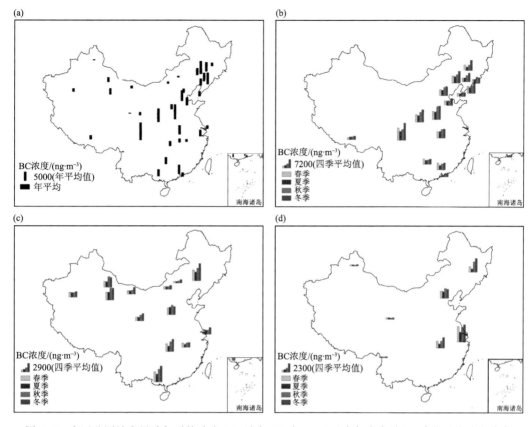

图 2.2　全国监测站点黑碳年平均浓度(a)、城市(b)、郊区(c)及大气本底站(d)季节平均浓度分布

浓度整体呈现下降趋势,这与前人的研究结论较为一致。如,Zhao 等(2015b)发现,西安黑碳浓度在 2004—2007 年降低 50%,Chen 等(2016)发现,北京地区 2005—2013 年黑碳浓度下降38%。根据中国统计年鉴(2018 年),煤炭占能源消费总量的比重逐年下降(2006 年,72.4%;2017 年,60.4%)。火电在发电装机容量比重从 77.57%(2006 年)下降至 62.24%(2017 年),水电、核电、风电等清洁能源占比提高。自 2008 年北京实施单双号限行以来,济南、兰州、郑州等城市陆续实施不同程度的限行政策。工业、交通等行业排放标准的提高,平均每万元国内生产总值(GDP)能源消费量大幅下降。

根据图 2.2 可知,黑碳浓度具有显著的季节变化特征,主要呈现夏季低、冬季高的特点。黑碳浓度高值大多出现在 12 月和 1 月,低值则出现在 6 月、7 月和 8 月。影响黑碳浓度季节变化的原因较多,主要因素包括各个季节黑碳的来源和强度、大气边界层高度及稳定度、盛行风风速与风向、降水等条件(徐昶 等,2014;Ji et al.,2017)。此外,图 2.2 还表明,夏季与冬季黑碳浓度变化较大的站点多集中在华北、东北及西北地区站点,北方地区受供暖影响,冬季黑碳浓度较夏季显著升高。华南及西南地区黑碳浓度冬夏变化较小,但湖南常德、广东深圳、四川成都等站点冬夏浓度之比均大于 2。华南及西南地区受季风气候影响,夏季降水较多,有利于黑碳的湿沉降;西南高海拔地区存在冬季供暖,是其黑碳冬季显著高于夏季的原因之一;而冬季边界层较低,降水少,风速低,不利于污染物扩散(Chen et al.,2001b;Arif et al.,2018),也是这些站点季节变化也较为明显的主要原因。青海瓦里关、山西榆社、新疆阿克达拉、云南香格里拉等站点夏季与冬季变化不大,这些站点多位于远离城市、受工业活动及人类生活排放影响小的区域,黑碳年平均浓度整体偏低。

表 2.2　Daniel 检验及 Mann-Kendall 检验

站点	Daniel 检验	Mann-Kendall 检验
惠民	−0.61*	−1.58
东滩	0.07	0.31
临安	−0.87*	−3.12*
庐山	−0.84*	−3.22*
郑州	−0.68*	−2.13*
武汉	−0.03	−0.18
金沙	−0.16	−0.18
常德	−0.60*	−1.58
朱日和	−0.89*	−3.22*
榆社	−0.20	0
锡林浩特	−0.86*	−3.22*
北京观象台	−0.44*	−1.30
南宁	−0.75*	−2.81*
番禺	−0.92*	−3.43*
桂林	−0.79*	−2.67*
塔中	−0.79*	−2.95*
哈密	−0.60*	−2.13*
额济纳旗	−0.92*	−3.50*
敦煌	0.22	0.48
瓦里关	−0.67*	−1.61
泾河	0.03	0
皋兰山	−0.83*	−3.36*
龙凤山	−0.66*	−2.02*
通辽	−0.59*	−1.44
长春	−0.31	−0.62
鞍山	−0.91*	−3.36*
沈阳	0.24	0.07
本溪	−0.03	−0.62
抚顺	−0.73*	−2.54*
大连	−0.72*	−2.54*
成都	−0.57	−1.85
香格里拉	−0.76*	−2.65*
拉萨	−0.55	−1.58
阿克达拉	−0.43	−0.94
上甸子	−0.85*	−2.61*

注:* 表示在 0.05 水平上显著相关。

图 2.3 为不同地区站点黑碳浓度日变化特征,大部分站点黑碳浓度呈现明显的双峰日变化特征,在 07—08 时(北京时,以下未标注世界时均为北京时)及 20 时左右达到峰值,并在 14 时左右达到谷值。夜间边界层较低,黑碳在边界层内累积,07—08 时为交通高峰时期,车辆排放等人为活动较强,黑碳浓度达到峰值;日出后地面升温,边界层高度升高,风速也随之增加,促进污染物扩散稀释;日落前后的交通晚高峰和居民生活源排放及边界层高度降低使黑碳浓度再次达到峰值(Cao et al.,2009)。城市站点黑碳浓度日变化较为显著,郊区站点日变化与城市站点相比较小,大气本底站如青海瓦里关、新疆阿克达拉、云南香格里拉无明显日变化特征。这主要与污染物排放有关,青海瓦里关、新疆阿克达拉、云南香格里拉人口稀疏,受工业排放及人类活动影响较弱。较高海拔站点如江西庐山及甘肃兰州皋兰山,污染物浓度高值出现在午后。这与大气湍流及边界层高度日变化有关,午后地表升温至最高、大气热力湍流发展强,边界层高度升至最高,可将污染物湍流输送至边界层上部,进而导致该类站点黑碳浓度表现出午后高而夜间低的“高山站”日变化特征。该结论与 Pan 等(2011)在黄山站点的观测结果相一致。

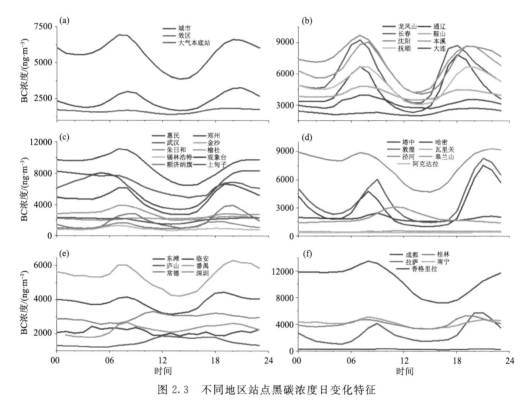

图 2.3 不同地区站点黑碳浓度日变化特征

2.2 垂直分布

2.2.1 黑碳气溶胶的垂直分布

本小节利用 2016—2019 年南京北郊的多次外场垂直观测试验数据,分析该地区的黑碳垂直分布类型及日变化特征,了解气象要素、排放和外源输入对黑碳垂直结构的影响。为了更好地分析黑碳垂直分布特征,我们对测得的所有黑碳垂直廓线进行了统计平均。对于黑碳浓度的垂直分布类型需要多条廓线求平均,由于黑碳浓度垂直分布的突变位置与逆温层位置直接有关,而逆温层位置在不同日时次、天气和季节下变化很大,因此,直接求黑碳浓度-高度平均难以得出有意义的类型。这里引入名为标准化高度(H_S)的参数,用于确定收集到的数据点相对于边界层的位置,计算方法如下(Ferrero et al.,2014):

$$H_S = \frac{h}{H_{PBL}} - 1 \tag{2.1}$$

式中,h 是对应的黑碳的离地高度,H_{PBL} 是边界层高度。因此,地表处 H_S 的值为 -1,边界层顶部 H_S 的值为 0,边界层顶以上 H_S 的值大于 1。

根据黑碳的垂直分布特征,将廓线划分为三种类型。类型 I 如图 2.4a 所示,整层黑碳、$PM_{2.5}$ 浓度几乎呈均匀分布,将该类型称为均匀型分布廓线(HO)。该类型下气溶胶无明显层结结构,此处以实际高度来表示廓线特征。表 2.3 给出了该类型廓线各季节和昼夜发生的频率。均匀型分布廓线主要出现在夏季和白天,发生频率分别为 56.3% 和 50.9%。受强烈的湍流扩散影响,在整个观测高度范围内呈现较为均匀的浓度分布。

类型 II 如图 2.4b 所示。边界层以内黑碳和 $PM_{2.5}$ 的浓度几乎均匀分布。在边界层顶部,黑碳、$PM_{2.5}$ 浓度和相对湿度与边界层以内的平均值相比下降明显,而温度略有上升形成逆温

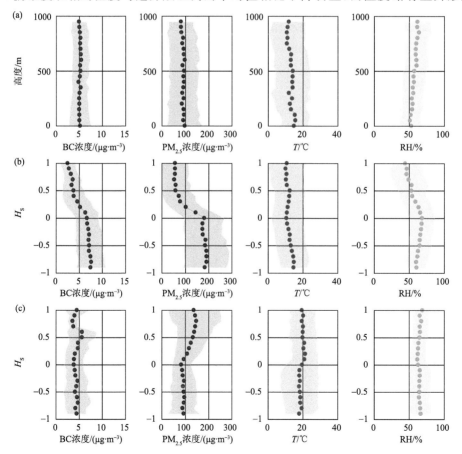

图 2.4 南京北郊黑碳(蓝色)随高度变化的三种类型及其对应的直径小于等于 2.5 μm 的颗粒物($PM_{2.5}$,橙色)、温度(T,紫色)和相对湿度(RH,绿色)廓线:均匀型分布廓线(a)、负梯度型分布廓线(b)和正梯度型分布廓线(c)。阴影代表置信区间

层,我们将类型Ⅱ的廓线定义为负梯度型分布廓线(NG)。该类型廓线主要发生在冬季和夜晚,频率分别为 62.4% 和 58.0%,与不利的扩散条件有关。

　　类型Ⅲ如图 2.4c 所示。可以看到,在边界层内气溶胶分布较为均匀,但在边界层上部出现正梯度现象,即存在浓度峰值,我们把该类型廓线称为正梯度型分布廓线(PG)。该类型廓线无明显的时间分布特征,形成原因将在下文详细讨论。

表 2.3　三种廓线类型在各季节和昼夜的发生频率

廓线类型	廓线数量/条	冬季	夏季	秋季	白天	夜间
HO	111	23.6%	56.3%	26.6%	50.9%	6.8%
NG	162	62.4%	28.1%	41.5%	27.0%	58.0%
PG	89	14.0%	15.6%	31.9%	22.1%	35.2%

　　PG 廓线可进一步分为低空正梯度和高空正梯度,即在低层和高层出现黑碳浓度峰值。本小节通过对两次个例进行讨论,分析 PG 廓线的成因。如图 2.5a、b、c 所示,黑碳和 $PM_{2.5}$ 在 600 m 以下积聚,并在低层出现浓度峰值现象,峰值高度随时间而下降。该类型往往伴随着偏东风和双层逆温结构。南京观测点东方(3~4 km 为化工园区)高架点源排放的气溶胶在东风的作用下输送至站点上空,低空逆温层限制了气溶胶向上或者向下扩散,在两者共同作用下形成了低空正梯度廓线。图 2.6 为该廓线类型形成的结构简图,直观地体现该类型廓线的形成机制。

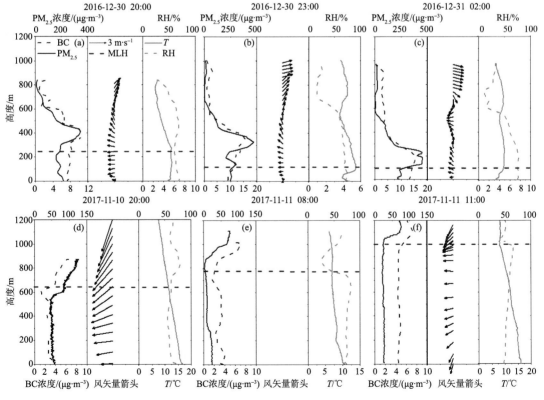

图 2.5　低空正梯度(a、b、c)和高空正梯度(d、e、f)随高度垂直变化个例,图中红虚线为逆温的大致位置
(MLH 为大气混合层高度)

图 2.5d、e、f 展示了高空出现正梯度分布的个例。2017 年 11 月 10 日 20:00 南京地区黑碳和 $PM_{2.5}$ 浓度在 600 m 以下混合较为均匀,浓度大约分别为 3.8 $\mu g \cdot m^{-3}$ 和 55.9 $\mu g \cdot m^{-3}$,随后在 850 m 处升高到 6.5 $\mu g \cdot m^{-3}$ 和 123.6 $\mu g \cdot m^{-3}$。该廓线类型往往伴随着较快的偏北风。本小节利用后向轨迹模型对 2017 年 11 月 10 日 20:00 的气团轨迹进行分析,轨迹终点设置高度为 800 m,后向轨迹追踪时间为 24 h。模拟结果如图 2.7a 所示,该气团可追溯到我国北方高污染区。从卫星搭载的云气溶胶激光雷达(CALIPSO)获得的后向散射系数剖面图可知,在南京的上游区域存在高污染区,气溶胶层厚度高达 2 km,气团轨迹途经上游污染区,将高浓度黑碳输送至南京上空。因此,周边的高架点源排放和北方的远距离输送是正梯度廓线形成的主要原因。在第 3 章第 3.5 节数值模拟部分还有进一步阐述。

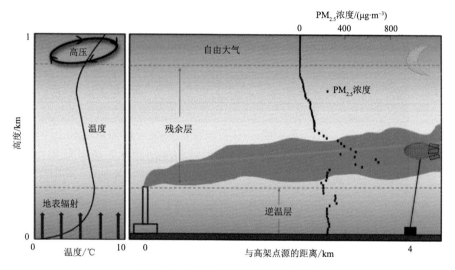

图 2.6　低空正梯度廓线结构简图

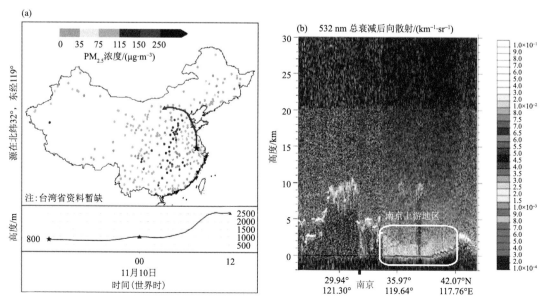

图 2.7　高空正梯度廓线个例后向轨迹(a)及星载云气溶胶激光雷达(CALIPSO)后向散射系数剖面图(b)

2.2.2　黑碳气溶胶垂直廓线的日变化特征

本小节通过个例分析,阐述黑碳廓线的日变化特征。图2.8给出了2017年10月25日当天观测到的7个时段的黑碳垂直廓线,能较为完整地展示其日变化过程。南京北郊的黑碳垂直廓线的日变化很大程度上遵循边界层的一般演变规律。黎明前,当垂直湍流很弱的时候,近地面附近的黑碳浓度已较高,在低空往往存在高浓度层(如图2.8 02时和05时所示)。日出后,垂直湍流尚未充分发展,而来自人类活动的地表排放增加,因此,近地面处的黑碳浓度升高,而上空的垂直分布与日出前类似(如图2.8 08时所示)。正午前后,由于太阳辐射持续加热地面,边界层内垂直湍流增强,边界层发展迅速、高度升高,垂直扩散条件好,近地面处的黑碳浓度达到一天中的低值。观测期间的边界层高度通常在午后达到最高值,约为1.2 km。日落以后,垂直湍流迅速减弱,稳定的夜间边界层开始形成,当地排放的污染物在近地面不断堆积(如图2.8 20时和23时所示);在夜间稳定边界层之上,存在保持着日落前后大气物理化学状态的残留层(400 m以上),周边高架源持续排放,午夜前后该层再次出现低空高浓度层(如图2.8 23时所示)。可以看出,南京北郊观测点近地面黑碳浓度的日变化范围较小,这是由于当地排放对于边界层内污染物的贡献较小。在夜间,受周边高架源的影响,当地上空频繁出现高浓度层,并且会一直持续到次日日出。

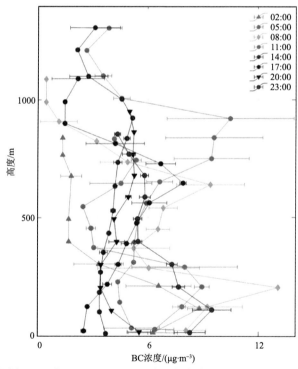

图2.8　南京北郊观测点2017年10月25日的黑碳垂直廓线变化图。实心圆点表示50 m平均后的黑碳质量浓度,误差棒表示该高度段内黑碳浓度的标准差

如图2.9a所示,白天时段(08、11、14、17时)在$H_S=0$的高度处黑碳和$PM_{2.5}$浓度显著下降。边界层以上黑碳平均浓度是边界层以内黑碳平均浓度($M_{BL,黑碳}$)的63.9%(从(5.45 ± 0.74) μg·m^{-3}降至(3.48 ± 0.34) μg·m^{-3}),边界层以上$PM_{2.5}$平均浓度是边界层以内$PM_{2.5}$平均浓度的57.6%(从(70.92 ± 43.86) μg·m^{-3}降至(39.63 ± 13.39) μg·m^{-3})。边

层以上,较低浓度的黑碳和 $PM_{2.5}$ 分布均匀;而边界层内,近地面处的黑碳浓度较低,浓度随标准高度增加,并在边界层顶部出现高空气溶胶层的现象。值得注意的是,在 $H_S = -1$ 的近地面处,黑碳和 $PM_{2.5}$ 浓度分别为 4.40 $\mu g \cdot m^{-3}$ 和 65.80 $\mu g \cdot m^{-3}$,相比边界层内的平均浓度分别低了 19.3% 和 7.2%;而边界层顶部的高空气溶胶层内的黑碳和 $PM_{2.5}$ 浓度分别为 6.32 $\mu g \cdot m^{-3}$ 和 74.54 $\mu g \cdot m^{-3}$,相比边界层内平均浓度分别高出 16.0% 和 5.1%。南京北郊观测点是近地面浓度较低,在边界层上空有高浓度层结,主要是因为观测点位于南京信息工程大学内,观测点以东 3~4 km 的大型化工能源企业属于高强度排放的高架源,其排放的污染物在特定风向以及水平扩散等作用下输送至观测站点上空形成气溶胶高值层。

如图 2.9b 所示,夜间时段(02、05、20、23 时)黑碳和 $PM_{2.5}$ 浓度在边界层以下($-1 \leqslant H_S \leqslant 0$)表现出浓度递减趋势,这是如前所述夜间稳定边界层及地面排放所致。而在边界层以上($0 \leqslant H_S \leqslant 1$),表现出浓度递增趋势,主要原因也是前述的高架源排放所致。

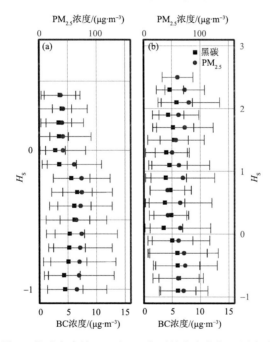

图 2.9　黑碳和 $PM_{2.5}$ 沿 H_S 的垂直廓线,(a)和(b)分别是南京北郊观测点白天和夜间的均值分布。误差棒代表标准偏差

一次大气污染物(如黑碳)浓度的垂直分布特征在很大程度上都遵循边界层的演变规律,即浓度随高度增加而降低。但由以上分析可见,由于边界层结构的变化、局地排放的特征(地面源和高架源)以及大气扩散、输送的作用,会产生不同的黑碳浓度垂直分布类型,我们将在第 3 章第 3.5 节结合数值模式分析其形成过程和区域来源。此外,飞机观测还发现,在北京上空的 4000 m 高空出现了黑碳高值层的特殊个例,这是不能用边界层日变化来解释的,我们将在第 3 章第 3.5 节通过观测分析和模式结合讨论其形成过程和机制。

2.3　黑碳气溶胶来源的观测解析

本节利用在长三角地区 6 个站点的观测数据,结合不同的源解析方法对长三角部分站点的黑碳来源开展研究。6个观测站点分别是上海东滩大气综合观测气象站(31.52°N,121.95°E)、上海浦东气象观测站(31.14°N,121.32°E)、安徽寿县国家气候观象台(32.26°N,116.47°E)、浙江临安本底站(30.13°N,119.42°E)、浙江洪家国家基准气候站(28.37°N,121.25°E)和南京信息工程大学(NUIST,32.21°N, 118.72°E),方位见图2.10。

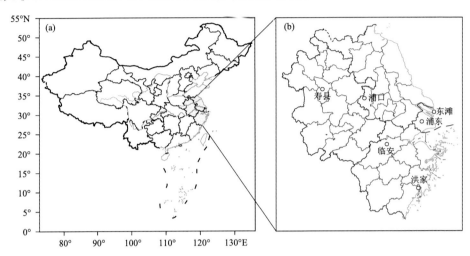

图2.10　长三角地区6个站点上海东滩、上海浦东、安徽寿县、浙江临安、浙江洪家和南京浦口地理位置

2.3.1　示踪气体法

大气中多种污染物(如 CO、SO_2 和 NO_2 等)和黑碳都来自相同的燃烧过程,可以作为分析研究时参照对比的示踪气体。如,黑碳和 CO 都是由于不完全燃烧;NO_2 主要来源于交通排放,它可以作为交通源的指示物;SO_2 主要来源于煤的燃烧。表 2.4 给出了 4 个站点(上海浦东、安徽寿县、浙江临安和洪家)黑碳浓度和示踪气体(CO、SO_2 和 NO_2)浓度的相关性分析。通过比较不同示踪气体和黑碳的相关性,可以初步得到不同源对黑碳的影响大小(Wang et al.,2011)。4 个站点黑碳和 CO 的相关性系数都较高(0.62~0.70)且通过显著性检验。4 个站点黑碳浓度和 NO_2 的相关性系数都超过了 0.6,表明交通源对黑碳的重要贡献。同时,其中 3 个站点(浙江临安除外)黑碳浓度和 SO_2 的相关性也都比较高(相关系数>0.5),表明煤的燃烧对这些站点的黑碳浓度也有重要的贡献。浙江临安的黑碳浓度和 SO_2 的相关不显著(相关系数=0.36),表明煤的燃烧对浙江临安的贡献相对较少。示踪气体的相关性分析表明长三角地区黑碳浓度主要来源于交通源和煤的燃烧。

表 2.4　四个采样点各示踪气体和黑碳的相关性系数(上海东滩数据缺失)

站点	BC,CO	BC,SO_2	BC,NO_2
上海浦东	0.69*	0.59*	0.70*
安徽寿县	0.70*	0.65*	0.66*
浙江临安	0.62*	0.36*	0.64*
浙江洪家	0.63*	0.64*	0.77*

注:* 表示在 0.01 水平上显著相关。

上海浦东、安徽寿县、浙江临安和浙江洪家 4 个站点年平均 ΔBC/ΔCO 值分别为 2.7×

10^{-3}、2.6×10^{-3}、3.9×10^{-3} 和 3.5×10^{-3}，这里 ΔBC 是黑碳观测值减去黑碳的背景值，ΔCO 是 CO 测量值减去 CO 的背景值。黑碳和 CO 的背景值等于黑碳观测值的 1.25%（Kondo et al.，2006）。4 个站点年平均的 ΔBC/ΔCO 比率显示黑碳主要来自于机动车尾气的排放和煤的燃烧（Han et al.，2009）。

2.3.2　潜在源区分析

除了本地源的影响，其他地区气团中、远距离的输送也是造成该地区黑碳浓度变化的重要原因。因此，为了探讨区域输送对长三角地区的影响，本节对 2016 年四季长三角地区上海东滩、上海浦东、安徽寿县、浙江临安和浙江洪家 5 个站点进行潜在源区分析。在介绍潜在源区分析之前，先要介绍后向轨迹（Hybrid Single-Particle Lagrangian Integrated Trajectory，HYSPLIT）模型，它是由美国国家海洋大气局（National Oceanic and Atmospheric Adminnistration，NOAA）的空气资源实验室和澳大利亚气象局联合研发的一种拉格朗日型用于计算和分析大气污染物输送、扩散轨迹的专业模型。该模型具有处理多种气象要素输入场、多种物理过程和不同类型污染物排放源功能的较为完整的输送、扩散和沉降模式，已经被广泛地应用于多种污染物在各个地区的传输和扩散的研究中。轨迹计算利用美国国家海洋大气局的全球同化系统（The Global Data Assimilation System，GDAS）的气象资料数据。物理量诊断分析采用美国国家环境预报中心（National Centers for Environmental Prediction，NCEP）$1°\times1°$ 再分析资料。本小节使用该后向轨迹模型结合观测数据，分析南京黑碳季节黑碳来源变化，使用的 GDAS 气象资料将全球气象数据按照 $1°\times1°$ 格点插值到正形投影的地图上。

潜在源贡献函数（Potential Source Contribution Function，PSCF）算法，是一种根据气流后向轨迹分析辨别源区的方法，由 Malm 等（1986）建立。先由 HYSPLIT 模型计算得到一定时期内、按一定时间间隔（如 3 h、6 h、12 h 等），到达受体点（即轨迹终点和数据采样点）的所有后向轨迹和高于某一阈值（此处为黑碳浓度采样值）的后向轨迹（污染轨迹）；根据各条轨迹在某空间格点中的轨迹点个数得到该轨迹在此空间点的停留时间，通过污染轨迹和所有轨迹在途经每个空间网格点停留时间的比值，来解析每个空间各网格点对受体点地区（轨迹终点的格点）污染的条件概率，也可称为贡献率。PSCF 函数定义可定义为式（2.2）。其中 m_{ij} 表示经过网格点 (i,j) 内污染轨迹的轨迹点个数，n_{ij} 是经过网格点 (i,j) 所有轨迹的轨迹点数，n_{ave} 是研究区内所有网格点的平均轨迹点个数。PSCF 算法体现了众多后向轨迹对受体点污染物浓度影响的概率，存在一定不确定。为避免一些来自较少区域或方向的轨迹但具有较大污染概率（很可能是不真实的），一些学者加入了权重函数 $W(n_{ij})$，给这种较少概率的轨迹赋予较低的权重，详见式（2.3）。PSCF 的值越大，表示该网格点对受体点（即观测点）的黑碳浓度贡献越大，高 PSCF 值所对应的网格点组成的区域就是长三角各站点黑碳的潜在源区。潜在源区计算采用 100 m 作为研究区的大气边界层的平均流场高度，对研究区域进行 72 h 后向轨迹模拟，计算结果如图 2.12—2.15 所示。

$$\text{PSCF}_{ij}=\frac{m_{ij}}{n_{ij}}\cdot W(n_{ij})\tag{2.2}$$

$$W(n_{ij})=\begin{cases}1.00 & n_{ij}>3\,n_{ave}\\0.70 & 1.5\,n_{ave}<n_{ij}\leqslant3\,n_{ave}\\0.40 & n_{ave}<n_{ij}\leqslant1.5\,n_{ave}\\0.17 & n_{ij}<n_{ave}\end{cases}\tag{2.3}$$

如图 2.11 所示,春季各站点 PSCF 高值区(PSCF>0.5)主要集中在江苏、安徽和浙江等地。春季上海东滩和上海浦东的 PSCF 高值区主要集中在江苏、安徽和浙江交界处;春季安徽寿县的 PSCF 高值区主要分布在湖南、安徽、江苏和湖北等地;春季浙江临安和浙江洪家 PSCF 高值区主要是浙江、湖南、江苏和安徽等地。如图 2.12,夏季各站点的 PSCF 高值区(PSCF

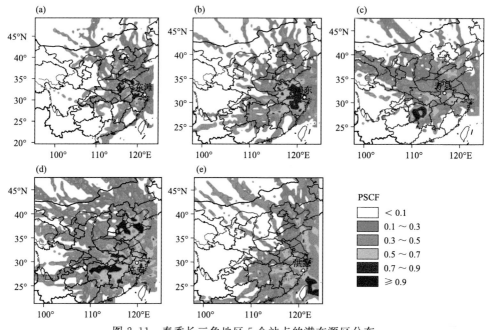

图 2.11　春季长三角地区 5 个站点的潜在源区分布

(a)上海东滩;(b)上海浦东;(c)安徽寿县;(d)浙江临安;(e)浙江洪家

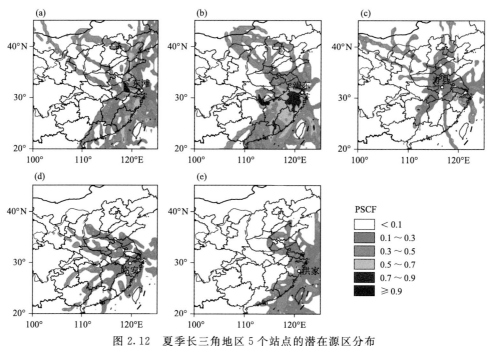

图 2.12　夏季长三角地区 5 个站点的潜在源区分布

(a)上海东滩;(b)上海浦东;(c)安徽寿县;(d)浙江临安;(e)浙江洪家

＞0.7)与冬季相比较少(夏季黑碳低)且单一、呈条带状,也主要集中在浙江、安徽和江苏地区。夏季上海东滩和上海浦东高 PSCF 值(PSCF＞0.7)主要集中在江苏、安徽、浙江及华东沿海等地;夏季安徽寿县高 PSCF 集中在安徽南部和浙江东部;浙江临安和浙江洪家高 PSCF 值很少,主要集中在浙江本地。图 2.13 表明,秋季各站点 PSCF 高值区较多,主要集中在江苏、安徽、浙江和江西等地。其中上海东滩和上海浦东的 PSCF 高值区主要为江苏、安徽、浙江和江西等地;秋季安徽寿县的 PSCF 高值区为安徽、江西和湖北等地;秋季浙江临安和浙江洪家的 PSCF 高值区较少,主要为浙江本地地区。冬季各站点 PSCF 高值区最多、范围最大,成块状分布,如图 2.14 所示,主要集中在江苏、安徽和浙江等地。冬季上海浦东和上海东滩 PSCF 高值区主要集中在安徽、河南、湖北和江西等地;冬季安徽寿县 PSCF 高值区主要集中在安徽、湖北、浙江、江苏和江西等地;浙江临安和浙江洪家的高 PSCF 区主要集中在江苏、浙江、河南和湖北等地。总体而言,四季长三角 5 个站点黑碳潜在源区主要集中在江苏、安徽和浙江等地。

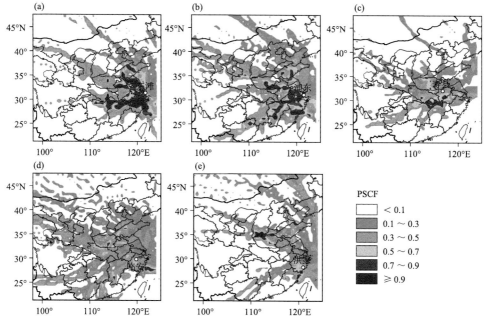

图 2.13　秋季长三角地区 5 个站点的潜在源区分布
(a)上海东滩;(b)上海浦东;(c)安徽寿县;(d)浙江临安;(e)浙江洪家

2.3.3　浓度权重轨迹分析(Concentration-weighted Trajectory,CWT)

潜在源贡献函数(PSCF)只能反映当前网格中污染轨迹所占比例,不能区分相同的网格对观测点污染程度影响大小,因此,有一定的局限性。为此,这里引入了一种反应潜在源区污染程度的方法叫浓度权重轨迹分析法(CWT)。CWT 最早由 Seibert 等在 1994 年建立(Seibert et al.,1994)。该方法通过计算潜在源区气流轨迹权重浓度,以反映不同轨迹的污染程度并模拟潜在源区污染物的权重浓度数值。具体计算公式为:

$$C_{ij} = \frac{1}{\sum\limits_{l=1}^{M} m_{ijl}} \sum C_{lm_{ijl}} \tag{2.4}$$

式中,C_{ij} 是网格(i,j)上的平均权重浓度,l 是经过网格(i,j)的轨迹之一,C_l 是轨迹 l 经过网格

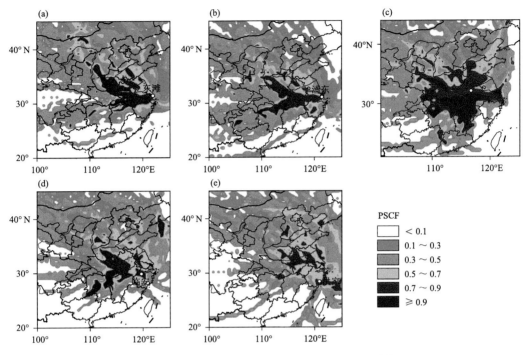

图 2.14　冬季长三角地区 5 个站点的潜在源区分布
(a)上海东滩;(b)上海浦东;(c)安徽寿县;(d)浙江临安;(e)浙江洪家

(i,j) 时对应的污染物浓度(本章指黑碳浓度),m_{ijl} 是轨迹 l 在网格 (i,j) 所停留期的时间。在 PSCF 中所使用的权重函数 $W(n_{ij})$ 也适用于 CWT 分析法。

此处以南京黑碳 6 月高值为例,采用 CWT 方法做一研究示例。南京的黑碳浓度在 6 月是相对较高的,这很可能是南京周围大量的污染事件造成的。在这段时期,黑碳的平均浓度 (1559 ± 1164) ng·m^{-3},约为整个夏季黑碳浓度的 1.5 倍,在此期间黑碳小时平均浓度的最大值超过了 10000 ng·m^{-3}。这一方面是因为 6 月的风速较小,只有 1.7 m·s^{-1};另一方面该月是周边农作物收获期,高黑碳浓度可能来源于周边农业废弃物焚烧的中远距离输送。这可以用 CWT 模型和中分辨率成像光谱仪(Moderate-resolution Imaging Spectroradiometer, MODIS)火点数据来解释。如图 2.15a 所示,CWT 污染气团主要来源于南京的东南西南和西北方向的浙江、安徽和江苏,最高的潜在源区在采样点的东南部,包括江苏西南部和浙江。这些地区有许多火点(图 2.15b),说明生物质燃烧和输送是导致 6 月南京高黑碳浓度的原因。

2.3.4　基于黑碳仪模型的源解析

本小节以南京北郊不同季节黑碳来源分析,介绍利用黑碳仪模型来定量计算不同排放源对南京黑碳的贡献量。大气气溶胶对光的吸收特性和波长之间的幂律关系可以描述为:$\sigma_{abs}(\lambda) \sim \lambda^{-\alpha}$,这里 α 和 $\sigma_{abs}(\lambda)$ 分别表示吸收系数的埃斯特朗指数(Ångström)和不同波长下的吸收系数,反映了气溶胶颗粒物的形状大小、化学成分以及混合状态,根据 370 nm 和 880 nm 波长下的不同的 $\sigma_{abs}(\lambda)$ 值,可以计算出 α 值。在 880 nm 处总的光学吸收主要来源于黑碳的液体燃料源(交通源)和固体燃料源(煤和生物质焚烧),原因如下:①其他吸收性气溶胶在 880 nm 处对光的吸收不明显;②黑碳主要来源于固体燃料和液体燃料;③在采样点周围有明显的交通

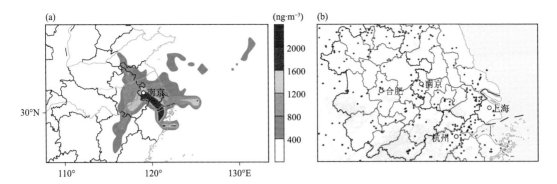

图 2.15　(a)2016 年 6 月浓度权重轨迹,色标表示黑碳的浓度;(b)2016 年 6 月 MODIS 火点图

和工业源。因此,

$$\sigma_{abs}(BC) = \sigma_{abs}(BC_{liquid}) + \sigma_{abs}(BC_{solid}) \tag{2.5}$$

式中,liquid 为液体燃料产生,solid 为固体燃料产生。

来源于液体和固体燃料的黑碳吸收系数计算如下:

$$\frac{\sigma_{abs}(370\ nm)_{liquid}}{\sigma_{abs}(880\ nm)_{liquid}} = \left(\frac{370}{880}\right)^{-\alpha_{liquid}} \tag{2.6}$$

$$\frac{\sigma_{abs}(370\ nm)_{solid}}{\sigma_{abs}(880\ nm)_{solid}} = \left(\frac{370}{880}\right)^{-\alpha_{solid}} \tag{2.7}$$

式中,α_{liquid} 和 α_{solid} 分别代表液体燃料和固体燃料产生的黑碳的光学吸收 Ångström 指数。然后,来自不同源的黑碳浓度可以通过光学吸收系数和质量系数截面积(MAC)计算得到(Hansen et al.,1984;Drinovec et al.,2015):

$$BC_{source} = \frac{\sigma_{abs}(880\ nm)_{source}}{MAC(880\ nm)} \tag{2.8}$$

式中,BC_{source} 代表不同源的黑碳浓度,包括液体燃料源和固体燃料源生成的黑碳浓度。根据式(2.5)、(2.6)、(2.7)和(2.8),液体燃料源对黑碳的贡献占比 P 可计算出:

$$P = \frac{\sigma_{abs}(880\ nm)_{liquid}}{\sigma_{abs}(880\ nm)} = \frac{BC_{liquid}}{BC} \tag{2.9}$$

根据先前的研究(Harrison et al.,2013;Oleson et al.,2015;Kirchstetter et al.,2017),α 值约等于 1.0,表明黑碳是由交通源(液体燃料)为主导;α 约等于 2.0,表明黑碳主要来源于生物质燃烧。交通排放(液体燃料)和生物质是如今黑碳仪模型中两个主要的来源,尤其是在国外地区使用广泛(Zotter et al.,2017)。然而,在中国煤和生物质都是重要的固体燃料源,已有研究表明北京地区煤和生物质的 α 值是相同的(Liu et al.,2018)。南京和北京有相似的能源结构,因此,我们能将煤和生物质当作固体燃料整体来讨论。为了确定南京液体和固体燃料不同的 α 值,本小节讨论了 α 和 P 的线性拟合关系。如图 2.16 所示,全年 P 和 α 日均值显示了明显的负相关关系,相关系数 R^2 为 0.99。然后,计算得出 $\alpha=1.0$($P=0$,即全部为固体燃料)和 $\alpha=2.2$($P=1$,即全部为液体燃料)。根据现有研究(Liu et al.,2018),北京液体和固体燃料产生的黑碳有着和本章相似的 α 值。因此,在本小节中使用 $\alpha_{liquid}=1.0$ 和 $\alpha_{solid}=2.2$ 展开研究。

图 2.17 显示了 α 和 P 的月均值,由图可知不同月份的 α 和 P 值变化较大,表明黑碳排放源的季节变化性和源强的差异性。α 和 P 的日均值分别在 1.0~1.5 和 63%~90% 之间变

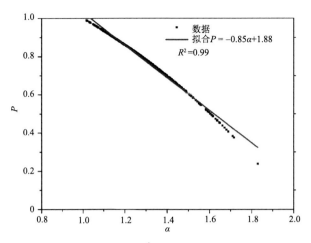

图 2.16 全年 α 和 P 日均值关系图,其中 α 为 Ångström 指数, P 为液体燃料源对黑碳的贡献占比

化。不同季节的 α 值计算结果为:秋季(1.40)>春季(1.30)>夏季(1.28)>冬季(1.23);不同季节的 P 值由高到低依次为:冬季(0.84)>夏季(0.80)>春季(0.78)>秋季(0.70)。这两个结果均显示液体燃料源(机动车排放)是全年特别是冬季和夏季黑碳最主要的来源,因此,减少交通排放对人体健康至关重要。在减排实施之前,必须合理地制定计划,相关部门可以倡导绿色出行方式,或采取合理的交通管制措施。固体燃料(煤和生物质)对黑碳浓度的相对贡献在春秋是高于冬夏的,尤其是秋季的固体燃料占比要高于其他三季。根据总的黑碳和 P 值,可以计算出液体燃料产生的黑碳浓度。结果显示秋季来自固体燃料的黑碳浓度与其他季节相比是最高的(339 ng·m^{-3}),主要由于当地的高生物质燃烧活动和高生物质燃烧地区的中距离输送。美国国家航空与航天局(National Aeronautics and Space Administration,NASA)公司的火点图(https://firms.modaps.eosdis.nasa.gov/map/)和 PSCF 的分析支持了上述秋季黑碳较高比例地源自秋季较强的生物质燃烧活动。先前的研究(Zhuang et al.,2014)也强调了生物质燃料的区域输送对南京地区黑碳的影响。

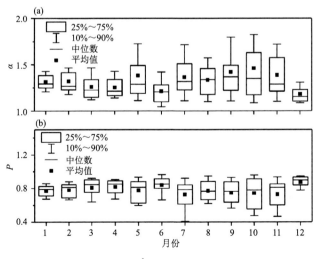

图 2.17 α(a)和 P(b)的年变化,其中 α 为 Ångström 指数, P 为液体燃料源对黑碳的贡献占比

Beegum 等(2009)指出,陆地地区黑碳的日变化是比较典型的,黑碳的日变化主要受排放源和气象状况的影响。图 2.18 和图 2.19 显示了黑碳浓度、α 和 P 的日变化。四季黑碳日变化都表现出在交通高峰期早上(07—09 时)和晚上(19—21)浓度较高,在下午 13—14 时浓度较低。高黑碳浓度是由大气扩散条件和增加的机动车尾气排放所致,下午较低的黑碳浓度则主要是由于充分发展的边界层造成的(因此,下午是外出和室外锻炼的最佳时间)。所有季节的早上黑碳峰值主要归因于较低的边界层(Stull,1998)、早高峰交通排放和城市高架源的熏烟型污染的共同作用。冬季早上峰值出现于 09 时,而其他季节出现较早,大约在 07—08 时。这种差异是和冬季推迟的边界层发展和当地的人为活动有关。另外,在所有季节,早上黑碳的平均浓度要大于晚上,因此对于健身爱好者来说,晚上锻炼要比早上锻炼好。

图 2.19 中 α 和 P 的日变化和图 2.18 中黑碳浓度的日变化分析一致,表明了早晚高峰期交通源的重要贡献。所有季节较低的 P 值显示固体燃料(生物质和煤)在 22 时—次日 04 时对黑碳贡献增加。总体而言,秋季的 P 值是四季中最低的,而且变化很大。秋季早晚的 P 值显示出较高的固体燃料源。这一结果很可能是秋季相应时段生物质焚烧活动造成的。

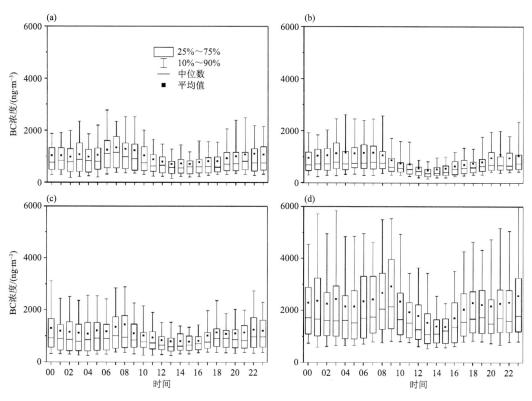

图 2.18 四季黑碳浓度的日变化箱线图
(a)春季;(b)夏季;(c)秋季;(d)冬季

2.3.5 后向轨迹(HYSPLIT)分析

后向轨迹(Hybrid Single-Particle Lagrangian Integrated Trajectory,HYSPLIT)模型是由美国国家海洋大气局(NOAA)的空气资源实验室和澳大利亚气象局联合研发的一种拉格朗日型用于计算和分析大气污染物输送、扩散轨迹的专业模型。该模型具有处理多种气象要

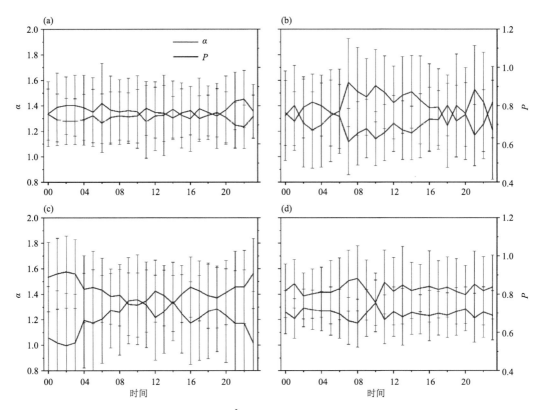

图 2.19 α 和 P 的日变化,其中 α 为 Ångström 指数,P 为液体燃料源对黑碳的贡献占比。
误差棒代表标准偏差
(a)春季;(b)夏季;(c)秋季;(d)冬季

素输入场、多种物理过程和不同类型污染物排放源功能的较为完整的输送、扩散和沉降模式,已经被广泛地应用于多种污染物在各个地区的传输和扩散的研究中。轨迹计算利用美国国家海洋大气局(NOAA)的全球同化系统(GDAS)的气象资料数据。物理量诊断分析采用 NCEP $1° \times 1°$ 再分析资料。本小节使用该后向轨迹模型结合观测数据,分析南京黑碳季节来源变化,使用的 GDAS 气象资料将全球气象数据按照 $1° \times 1°$ 格点插值到正形投影的地图上。

南京全年的风速较小,平均值约为 $2\ \text{m} \cdot \text{s}^{-1}$,低风速会造成本地源的聚集,导致黑碳的浓度上升。如图 2.20 所示,将每个季节的黑碳浓度分为 16 个等级,然后根据每个风速间隔,计算出相对应的平均黑碳浓度。显然,春夏秋季的黑碳浓度和风速呈负相关关系,冬季黑碳浓度也和较小的风速($0 \sim 5.5\ \text{m} \cdot \text{s}^{-1}$)呈负相关关系,这和之前的研究结果一致(Sharma et al.,2002;Ramachandran et al.,2007)。此外,图 2.20 还表明,在冬季高风速($5.5 \sim 7.5\ \text{m} \cdot \text{s}^{-1}$)下,会出现黑碳浓度随风速增大的情况。这些天的主导风向为西北风,并且根据中国多分辨率排放清单(Li et al.,2017a),在南京上风区域 50 km 范围内没有明显的排放源,所以黑碳污染很可能来源于中远距离的输送。为了进一步探究高风速下高黑碳浓度的原因,本小节选取了两个主要的污染事件进行分析。如图 2.21 所示,HYSPLIT 后向轨迹模型表明这些污染天的气团主要来源于北方。而且在这段时间,北方有重污染天气过程。另外,这两个污染过程的 PSCF 分析(图 2.22)显示河北和山东是气团经过的主要源区。因此,冬季高风速高黑碳事件很可能是由于河北和山东的远距离输送造成的。

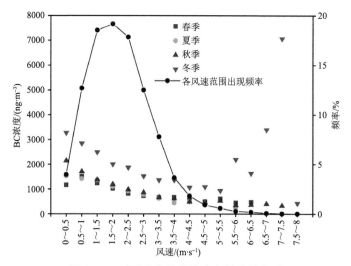

图 2.20　不同季节黑碳浓度和风速的关系

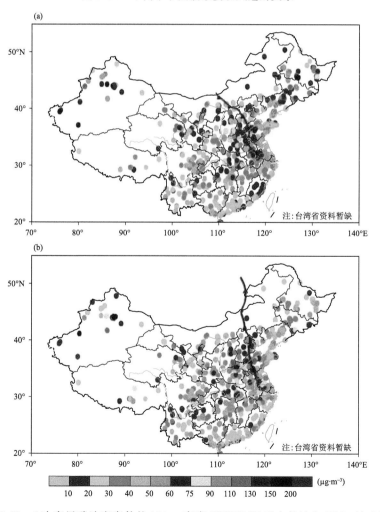

图 2.21　2 次高黑碳浓度事件的 100 m 高度 HYSPLIT 后向轨迹和 PM$_{2.5}$浓度图

(a)第一次(2016 年 1 月 22—24 日)高黑碳浓度事件;(b)第二次(2016 年 2 月 12—14 日)高黑碳浓度事件

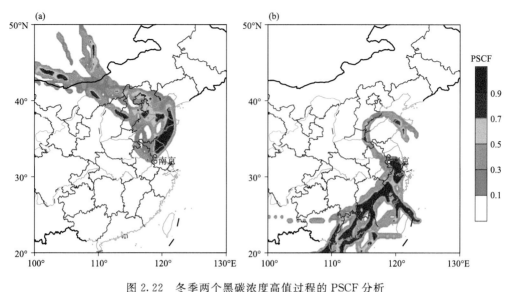

图 2.22　冬季两个黑碳浓度高值过程的 PSCF 分析
(a)第一次(2016 年 1 月 22—24 日)高黑碳浓度事件;(b)第二次(2016 年 2 月 12—14 日)高黑碳浓度事件

2.4　黑碳分布和变化的影响因子

2.4.1　气象要素对黑碳的影响

　　为了进一步研究风速和黑碳浓度的关系,我们将风速划分为不同的区间等级,计算出 5 个站点不同风速区间内黑碳浓度的平均值。上海东滩、上海浦东、安徽寿县、浙江临安和浙江洪家的年平均风速分别为 $2.86 \text{ m} \cdot \text{s}^{-1}$、$2.57 \text{ m} \cdot \text{s}^{-1}$、$2.35 \text{ m} \cdot \text{s}^{-1}$、$2.41 \text{ m} \cdot \text{s}^{-1}$ 和 $2.01 \text{ m} \cdot \text{s}^{-1}$,年均风速较小且差距不大,表明本地源对各站点黑碳浓度的贡献占主导地位。

　　图 2.23 显示了长三角地区 5 个站点风速和黑碳平均浓度的关系。从总体趋势上来看,各站点的黑碳浓度受风速影响显著,随着风速的增加,黑碳的浓度逐渐减少。但上海东滩在较高风速时,出现了随风速增加浓度又增加的情况,和之前南京地区的黑碳研究(Jing et al. ,2019)一致,很可能来源于上游黑碳高污染地区的长距离输送。

　　图 2.24 给出了长三角 5 个站点在不同风速和风向下黑碳的浓度分布。从图中可以看出,观测期间上海东滩高黑碳浓度主要发生在偏西风和西南风向下,很可能是来源于上海城区的污染输送;在东风和东南风向下黑碳浓度很低,这是由于东部海洋气团比较干净,污染较轻。上海浦东高黑碳浓度主要来源于西风和西南风向下,东部由于海洋气团的影响,黑碳浓度较低。安徽寿县的黑碳污染相对比较严重,大多风向下黑碳的浓度较高,这与寿县所处的地理位置和环境有关。寿县周围有许多大城市的污染输送,包括南京(约 200 km)和合肥(约 100 km)。寿县站及周边为农业区,生物质焚烧相对严重,所以风向对黑碳浓度影响不大。浙江临安高黑碳浓度主要分布在西南风向和东南风向下,北风风向下黑碳浓度较低。临安作为一个大气本底站,污染物主要来源于上风区污染物的输送。浙江洪家高黑碳浓度主要来源于西南风向下,与浙江临安比较接近。

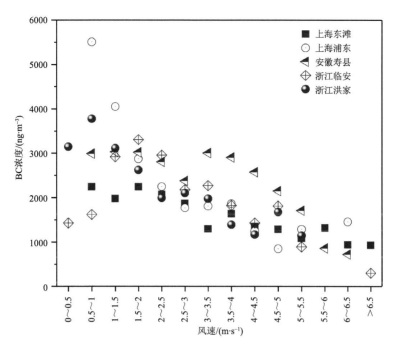

图 2.23　各站点风速和黑碳平均浓度的关系,横坐标表示风速范围,
纵坐标表示各风速区间内黑碳浓度年均值

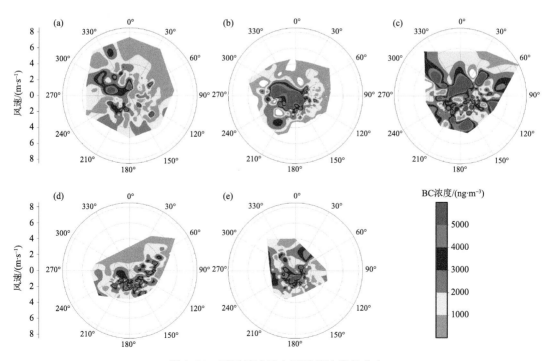

图 2.24　不同风速风向下黑碳浓度的分布
(a)上海东滩;(b)上海浦东;(c)安徽寿县;(d)浙江临安;(e)浙江洪家

图 2.25 显示了相对湿度(RH)和黑碳浓度的关系。由图可知,长三角 5 个站点当 RH 在 50%～60%之间时黑碳的平均浓度最高;RH 在 50%～60%以下随 RH 增加黑碳浓度增加;当 RH>60%时,黑碳浓度的总体呈下降趋势。在 RH 范围为 50%～60%时,上海东滩、上海浦东、安徽寿县、浙江临安和浙江洪家黑碳平均浓度分别为 2629 ng·m^{-3}、3085 ng·m^{-3}、3749 ng·m^{-3}、3515 ng·m^{-3} 和 3431 ng·m^{-3}。不同站点黑碳平均浓度最低值出现在不同的 RH 范围内。当 RH 范围为 90%～100%时,上海东滩、上海浦东和浙江临安的黑碳平均浓度最低,分别为 1483 ng·m^{-3}、2009 ng·m^{-3} 和 2086 ng·m^{-3}。安徽寿县的黑碳浓度最低值 2004 ng·m^{-3} 出现在 RH 范围 40%～50%内,浙江洪家黑碳浓度最低值 1147 ng·m^{-3} 出现在 RH 在 20%～30%范围内。

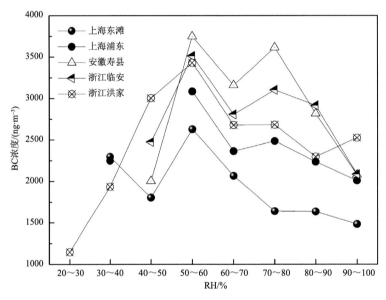

图 2.25　RH 和黑碳浓度的关系

2.4.2　周末效应及逆温强度对黑碳的影响

为了研究人为活动对黑碳浓度的影响,本小节重点分析了南京站点工作日和周末的黑碳浓度特征。由图 2.26 可知,4 个季节工作日和周末黑碳浓度的日变化均为双峰型分布,高峰时间分别为 06:00—09:00 和 20:00—22:00。其中春季和冬季工作日的早高峰出现时间晚于周末,但春季工作日晚高峰出现时间早于周末,冬季工作日晚高峰出现时间早于周末。夏季和秋季的周末与工作日高峰时间几乎一致。此外,由图 2.26 还可知,春季和夏季工作日和周末黑碳的浓度差异要比秋季和冬季的差异小,这说明了春夏季黑碳浓度的变化深受风场影响和降水影响。秋季周末黑碳小时平均浓度低于工作日,这可能是因为秋季周末的人为活动以及交通排放减少,所以黑碳浓度相对较低;而冬季黑碳则刚好相反,黑碳浓度在周末明显更高,这可能与冬季更稳定的天气形势有关。

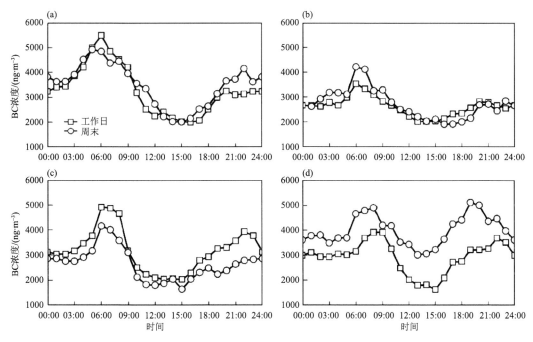

图 2.26　工作日和周末黑碳小时平均浓度日变化
(a)春季;(b)夏季;(c)秋季;(d)冬季

　　由图 2.27 知,工作日与周末的风速变化基本一致,日出前的小时平均风速较小,日出后开始增大,与黑碳浓度变化呈现负相关。但其工作日与周末的风速差异与黑碳的差异相关性很小,这表明风速不是造成黑碳周末效应的主要原因。由图 2.28 可发现春季工作日上午08:00,逆温强度为 3.6 ℃·(100 m)$^{-1}$,是周末的 4 倍。春季工作日逆温层高度低于周末,此时春季的工作日黑碳浓度高于周末。春季 20:00 周末逆温层高度仅为工作日的 0.5,周末的逆温强度是工作日的 2 倍。同时由图 2.27 发现,春季 20:00 周末的平均风速明显小于工作日,结合逆温层强度、高度及风速特征,可以解释春季黑碳次高峰周末高于工作日的现象。夏季 08:00 周末的逆温层厚度高于工作日;而 20:00 夏季工作日逆温层强度略强于周末,且逆温层高度周末为工作日的 2 倍,由此可解释夏季早高峰时周末黑碳浓度高于工作日,而次高峰时工作日黑碳浓度略高于周末。说明夏季的黑碳周末效应早上主要受逆温层厚度影响,晚上主要受逆温层高度与强度影响。秋季 08:00 工作日逆温层高度为 907 m,比周末高 52 m,工作日逆温层比周末厚22 m,此时秋季工作日黑碳浓度高于周末。20:00 秋季工作日逆温层强度为 1.6 ℃·(100 m)$^{-1}$,周末为 1.1 ℃·(100 m)$^{-1}$。此时秋季工作日黑碳浓度依旧高于周末。由此说明秋季早高峰黑碳周末效应主要与逆温层高度与厚度有关,而次高峰时周末效应主要受逆温层强度影响。08:00 冬季逆温层高度在工作日略高于周末,而在 20:00 工作日逆温层高度高于周末,且由图 2.27 发现冬季工作日的风速大于周末。而冬季周末高峰黑碳浓度高于工作日说明冬季周末效应主要受逆温层高度与风速影响。通过不同季节的周末效应与逆温层特征分析,更加凸显了逆温层对黑碳浓度的影响复杂。总之,黑碳周末效应变化复杂、影响因素不定,由于所用资料有限,周末效应特征和归因还需进一步研究。

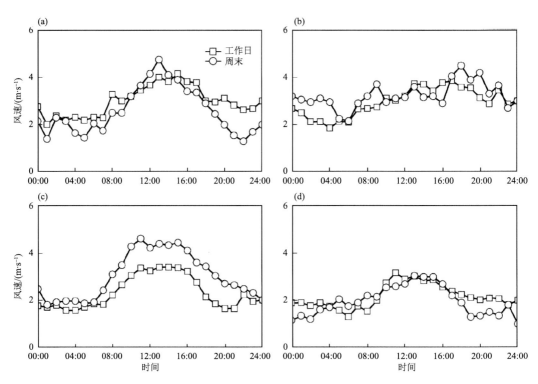

图 2.27　工作日和周末小时平均风速变化

（a）春季；（b）夏季；（c）秋季；（d）冬季

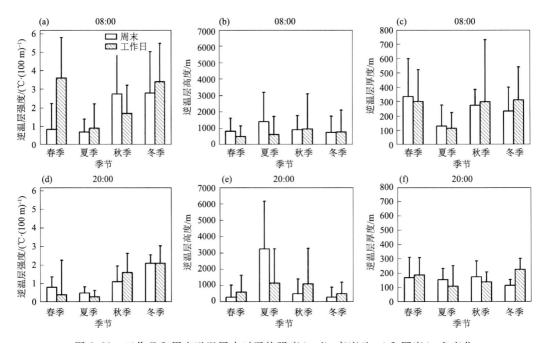

图 2.28　工作日和周末逆温层小时平均强度（a、d）、高度（b、e）和厚度（c、f）变化

2.5　垂直观测的黑碳辐射强迫及其对臭氧廓线的影响

2.5.1　黑碳辐射强迫

黑碳的辐射强迫(Radiative Forcing,RF)及其大气加热率(Heating Rate,HR)对黑碳的垂直分布表现出显著的敏感性(Lu et al.,2020),主要由各高度黑碳浓度和质量分数决定(Tripathi et al.,2007)。由于黑碳廓线多变,且缺少直接的观测数据支持,在计算黑碳 RF 和 HR 时仍然存在较大的不确定性(Haywood et al.,1998;Ding et al.,2016)。有限的黑碳廓线数据和单一的黑碳分布类型不能全面系统地反映黑碳垂直分布对 RF 和 HR 的影响。本小节利用 2016—2019 年南京北郊的多次垂直观测数据,将黑碳廓线分为三类(图 2.4),结合 OPAC 和 SBDART 模型讨论黑碳垂直分布对黑碳 RF 和 HR 的影响。

OPAC 模型提供了气溶胶光学和微物理特性的参数,其预定义了多种常见的大气气溶胶类型,根据站点周边环境,选择城市型(Urban)作为气溶胶类型,其中包括水溶性、非水溶性和黑碳组分。由于观测期间没有沙尘过程,假设气溶胶光学参数主要由 $PM_{2.5}$ 决定,粗颗粒物的贡献可忽略不计。在计算每层的气溶胶光学参数时(1 km 以下,100 m 分辨率),实际观测的黑碳浓度被直接应用到模型中,通过调整水溶性和非水溶性组分,使得总气溶胶质量浓度与实测的 $PM_{2.5}$ 浓度保持一致。此外,保证各高度模拟的气溶胶光学厚度(Aerosol Optical Depth, AOD)与站点激光雷达测得的 AOD 误差在 5% 以内,最后输出 550 nm 波段各高度的气溶胶光学参数,如 AOD、单次散射反照率(Single Scattering Albedo,SSA)和不对称因子(Asymmetry Factor,ASY)。

SBDART 由美国加利福尼亚大学圣芭芭拉分校研发,基于平面平行大气假设,可计算晴空和有云条件下地球大气和地表辐射情况的辐射传输模型。将 SBDART 模型设为 65 个大气层,低层垂直分辨率设为 0.1 km。模式的关键输入参数包括 AOD、SSA、ASY、地表反照率、臭氧柱含量、水汽柱含量、经纬度、时间和气溶胶垂直分布信息。地表反照率数据来自 MODIS 的 MCD43A3,水汽柱含量数据来自 MODIS 的 MYD05_L2,臭氧柱浓度数据来自臭氧层观测仪(Ozone Monitoring Instrument,OMI)的 OMI-Aura_L3。1 km 以下的 AOD、SSA 和 ASY 的数据由 OPAC 模型输出。由于 1 km 以上没有实际的气溶胶观测数据,假设 1 km 以上气溶胶组分占比不变,AOD 根据模型内置的气溶胶垂直分布模块基于 1 km 处的 AOD 数据推导得到(Ricchiazzi et al.,1998)。

图 2.29 显示了基于地表黑碳浓度以及不同黑碳廓线类型下黑碳所引起的在大气顶(TOA)、大气内(ATMO)和地表(SUF)的辐射强迫。由图可知,黑碳在地表引起负辐射强迫,而在大气和大气顶引起正辐射强迫。利用黑碳廓线数据与地表浓度数据计算得到的大气顶辐射强迫差异较小,而大气和地表辐射强迫存在明显的差异,NG 和 PG 廓线类型下两者差异尤为明显。在 PG 廓线案例中,由于实际的黑碳廓线和基于地表黑碳浓度推导的廓线差异较小,因此,计算得到的黑碳 RF 差异较小。在 NG 廓线案例中,基于地表黑碳浓度得到的大气和地表黑碳 RF 分别为 72.7 和 -61.2 W·m^{-2},显著高于基于廓线数据计算得到的 RF(54.5 和 -48 W·m^{-2}),分别高估了 18.2(27.5%)和 13.2(33.4%)W·m^{-2}。在 NG 廓线时,黑碳主要集中在混合层内,地表浓度较高,模型中推导的上层黑碳浓度高于实际黑碳浓度,从而引起上述的 RF 高估。与 NG 廓线相反,在 PG 廓线案例中,地表黑碳浓度低,上层黑碳浓度较高,

这导致了利用地表浓度数据计算的大气和地表黑碳 RF 低于廓线数据的结果,分别低估了 16.1(29.9%)和 15.4(35.0%)W·m⁻²。

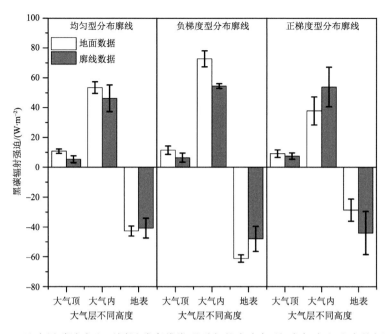

图 2.29　地表黑碳浓度和不同黑碳廓线类型引起的在大气顶、大气内和地表的辐射强迫

黑碳廓线是准确计算黑碳 RF 的关键,图 2.30 给出了基于地表和廓线数据计算得到的黑碳 RF 和 HR 廓线,两者对黑碳的廓线类型具有显著的敏感性,与 Ferrero 等(2014)结果一致。在 HO 廓线案例下,地表数据和廓线数据计算的黑碳 RF 和 HR 相似,均表现出随着高度逐渐降低的趋势。然而,NG 廓线和 PG 廓线计算的 RF 和 HR 垂直分布存在明显的差异,在 $H_s =$ 0 时趋势相反。正如上文提到,NG 廓线通常发生在不利的扩散条件下,影响整个边界层。因此,边界层内的黑碳 RF 较为均匀,大约为 4 W·m⁻²,但是在边界层上方($H_s > 0$)黑碳 RF 随高度急剧下降至 1.4 W·m⁻²。与之相对应,黑碳的 HR 廓线存在相同的变化趋势,边界层内的 HR 约为 2.7 K·d⁻¹。绝大部分的黑碳 RF 和加热均发生在边界层内,与层内高的黑碳浓度一致。然而利用地表黑碳浓度数据计算的 RF 和 HR 廓线随高度缓慢下降,顶层的 RF 和 HR 高于廓线数据计算结果,表明只利用地表数据计算的结果存在较大的偏差。在 PG 廓线案例下,黑碳的 RF 和 HR 廓线与其浓度的垂直分布相似,在边界层内($H_s < 0$)分布均匀,在边界层以上随高度逐渐增大,最大可分别达 1.8 W·m⁻² 和 1.3 K·d⁻¹。上层高浓度的黑碳往往导致更大的 RF 和 HR,从而诱发逆温导致低层污染产生,图 2.4c 展示了该现象的观测证据。然而利用地表黑碳浓度数据计算得到的 RF 和 HR 在高层有明显的低估,主要由实际黑碳廓线和模型推导的廓线差异导致。因此,黑碳的垂直分布对减小黑碳 RF 和 HR 计算误差至关重要。

2.5.2　气溶胶辐射对臭氧廓线的影响

气溶胶辐射效应是影响对流层臭氧化学变化的关键因子(Zhu et al.,2021)。气溶胶可分为散射性气溶胶和吸收性气溶胶,散射性气溶胶(如硫酸盐、硝酸盐和有机碳等)增强边界层上

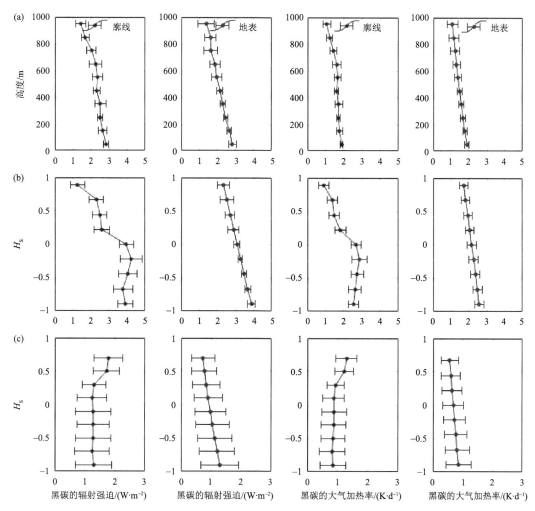

图 2.30　地表黑碳浓度和不同黑碳廓线类型引起的 RF 和 HR 垂直分布。误差棒代表标准偏差

（a）均匀型分布廓线；（b）负梯度型分布廓线；（c）正梯度型分布廓线

方短波辐射,降低近地面短波辐射(Liao et al.,1999),引起边界层上方光解率增加,刺激光化学反应,进而促进上层臭氧生成(Dickerson et al.,1997);吸收性气溶胶(如黑碳和沙尘等)减少整个对流层的短波辐射和二氧化氮光解率($J[NO_2]$),引起臭氧浓度降低(Gao et al.,2020)。此外,边界层上层的吸收性气溶胶可以加热大气,抑制污染物的垂直混合(Ding et al.,2016;Lu et al.,2020),进而弱化了上午边界层上方臭氧对地表的输送,降低地表臭氧浓度(Gao et al.,2018)。对于低对流层臭氧,模式的结果已经证明了气溶胶可以通过改变光解率引起臭氧浓度的改变(Qu et al.,2020),但目前气溶胶类型对短波辐射和光化学影响的直接观测数据不足,对臭氧垂直结构的影响尚不清晰。本小节通过分析 2018—2020 年外场探空数据,结合模型模拟,给出气溶胶辐射效应影响低对流层光化学臭氧廓线的观测证据。

图 2.31 给出了有云和晴空条件下地表散射性($PM_{2.5}$-BC)和吸收性(BC)气溶胶与臭氧的相关性以及低对流层中相关系数的廓线。选取白天(09:00—17:00)的数据以排除一氧化氮对臭氧的滴定作用。黑碳与地表臭氧在有云和晴空条件下均呈负相关,表明吸收性气溶胶弱化

臭氧的生成和积累。散射性气溶胶在有云条件下与地表臭氧呈负相关,晴空下无明显相关性,上述的差异一方面说明有云高湿条件下非均相反应对臭氧浓度降低影响显著,另一方面也说明晴空强入射辐射条件下气溶胶散射增强效应抵消了气溶胶的消光作用(Tie et al.,2005)。在低对流层中(450 m 以下),黑碳和臭氧存在明显的负相关,但在 450 m 以上各条件下(有云、晴空、稳定和不稳定)黑碳与臭氧均无明显相关性,这主要由于高浓度的黑碳聚集在边界层内,吸收了大量的短波辐射。图 2.31d 显示,有云情况下 800 m 以下散射性气溶胶与臭氧均呈负相关,但晴空条件下 300 m 以上两者呈正相关。这主要由于散射气溶胶对短波辐射的散射增强效应提高了光解率,促进了臭氧生成。因此,下文在讨论气溶胶辐射效应对臭氧廓线的影响时,选取晴空的数据以排除有云非均相化学的影响。此外,稳定(整体里查森数 $Ri_b > 0.25$)和不稳定($Ri_b < 0.25$)条件下散射气溶胶与臭氧在上层均呈正相关,说明湍流交换不会影响上层的正相关关系。

图 2.32 显示了 $PM_{2.5}$ 对臭氧和向下短波辐射(SW_{down})廓线的影响。清洁天 $PM_{2.5}$、臭氧和 SW_{down} 廓线相对均匀,但污染天在 600 m 高度以上出现明显的变化。为了更直观地表现气溶胶辐射对臭氧廓线的影响,引入了垂直变化梯度。由图 2.32c、d 可知,在低对流层中清洁天 SW_{down} 和臭氧梯度变化不显著,约为 8.5 W·m^{-2}·(100 m)$^{-1}$ 和 1.4 ppb[①]·(100 m)$^{-1}$。然而,污染天边界层顶附近存在明显的梯度变化,约为 20.6 W·m^{-2}·(100 m)$^{-1}$ 和 4.8 ppb·(100 m)$^{-1}$。高 $PM_{2.5}$ 浓度对 SW_{down} 和臭氧梯度的影响说明散射性气溶胶对辐射的散射增强效应促进了气溶胶层上部光化学臭氧的生成。

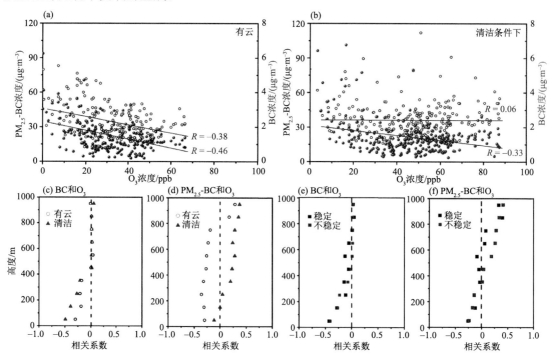

图 2.31　有云(a)和晴空(b)条件下地表臭氧浓度和散射性($PM_{2.5}$-BC)与吸收性(BC)气溶胶相关性;有云和晴空条件下低对流层中吸收性(c)和散射性(d)气溶胶与臭氧相关系数垂直分布;稳定和不稳定条件下低对流层中吸收性(e)和散射性(f)气溶胶与臭氧相关系数垂直分布

①　1 ppb 代表十亿分之一,余同。

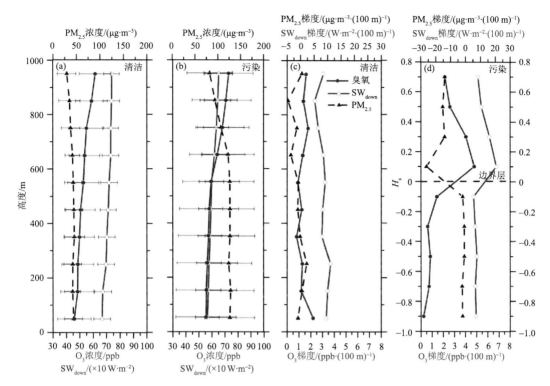

图 2.32　清洁(a)和污染天(b)PM$_{2.5}$、O$_3$ 和观测的 SW$_{down}$ 廓线;清洁(c)和污染天(d)
PM$_{2.5}$、O$_3$ 和 SW$_{down}$ 的梯度。误差棒代表标准偏差,黑色虚线代表梯度为 0

　　图 2.33 给出了清洁和污染天吸收性和散射性气溶胶引起的向上短波辐射(SW$_{up}$)的变化。吸收性气溶胶降低了整个低对流层中的 SW$_{up}$,该辐射削弱效应在污染天尤为明显,近地面和 900 m 处 SW$_{up}$ 分别减小了 3.7 W·m^{-2} 和 2.2 W·m^{-2}。散射性气溶胶在清洁条件下轻微增加了低对流层中的 SW$_{up}$(0.8~2.0 W·m^{-2}),但在污染条件下 450 m 以下高浓度的散射性气溶胶减小近地面的 SW$_{up}$(−2.8 W·m^{-2}),而由于散射增强效应显著增强上层的 SW$_{up}$(3.6 W·m^{-2})。

　　利用观测的黑碳和 PM$_{2.5}$ 廓线数据,结合 TUV 模型模拟清洁和污染天各气溶胶类型影响下的 $J[NO_2]$。该模型是由美国国家大气研究中心(NCAR)开发的对流层紫外和可见光波段辐射传输模式,可计算波长 121~1000 nm 内太阳辐射的强度、通量及各物种光解速率的大小。模型主要的输入参数包括经纬度、时间、高度、地表反照率、臭氧柱浓度、光学厚度、单次散射反照率等。通过比较有气溶胶、仅有黑碳气溶胶、仅有散射性气溶胶和无气溶胶四组试验,可了解气溶胶类型对 $J[NO_2]$ 的影响。由图 2.34a 可知,清洁条件下气溶胶对 $J[NO_2]$ 的影响较小,$J[NO_2]$ 廓线在垂直方向上没有表现出明显的差异,在地表仅降低了 4%。在污染条件下,600 m 以下黑碳和 PM$_{2.5}$ 浓度较高且分布较为均匀,约为 4.2 和 102.3 μg·m^{-3},600 m 以上气溶胶浓度急剧下降。吸收性气溶胶使各高度辐射减小,同时造成 $J[NO_2]$ 下降。与吸收性气溶胶相似,积聚在低层的散射性气溶胶减弱近地面的短波辐射,导致低层 $J[NO_2]$ 下降,但其散射增强效应使得高层 $J[NO_2]$ 增加,该结果与 Dickerson 等(1997)研究一致。

　　气溶胶引起的不同高度短波辐射和 $J[NO_2]$ 的变化能够改变臭氧的生成,从而影响臭氧

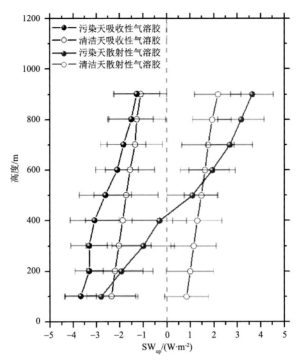

图 2.33　模拟的清洁和污染天吸收性和散射性气溶胶对向上短波辐射（SW_{up}）的影响。
误差棒代表标准偏差，灰色虚线代表梯度气溶胶对短波辐射影响为 0，既不增加也不减少

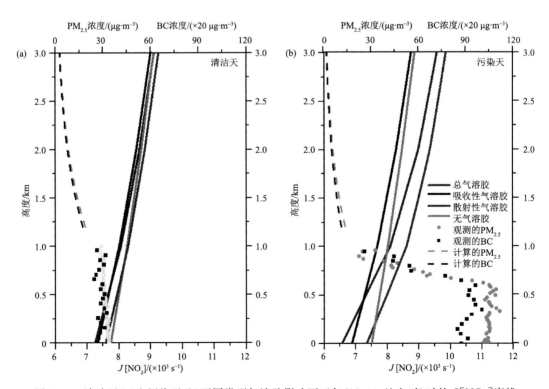

图 2.34　清洁天（a）和污染天（b）不同类型气溶胶影响下正午（12:00，地方时）时的 $J[NO_2]$ 廓线

的垂直分布。利用观测的黑碳、PM$_{2.5}$ 廓线数据,结合 NCAR MM 模型,计算各高度处吸收和散射性气溶胶对臭氧浓度的影响。该模型是美国国家大气研究中心(NCAR)开发的零维箱式机理模型,通过定义初始气体组分及其体积分数、源排放强度、稀释强度、边界层高度、温度等输入参数,结合模型内嵌的 TUV 模式计算的光解率可计算出臭氧浓度。图 2.35 给出了清洁和污染条件下吸收和散射性气溶胶对臭氧浓度及其生成速率的影响。该模型未考虑扩散和输送的影响,因此,模拟的臭氧廓线较实际的臭氧廓线有略大的梯度。在清洁条件下,低对流层中气溶胶浓度较低且分布均匀,因此,气溶胶引起的臭氧浓度和生成速率变化不明显,吸收性气溶胶的抑制作用占据主导,导致地表和 1000 m 高度处臭氧浓度分别下降约 2.0 和 0.5 ppb。在污染条件下,吸收性气溶胶可使地表和 1000 m 高度处臭氧浓度下降约 3.9 和 0.6 ppb。值得注意的是,边界层内(500 m 以下)散射性气溶胶减弱了臭氧的生成(1.0 ppb),但其散射增强效应促进了气溶胶层以上臭氧的生成(3.4 ppb)。两类气溶胶总的影响共造成地表臭氧浓度下降 4.9 ppb,高层臭氧增加 2.8 ppb,低层相对丰富的散射性气溶胶往往会刺激高层臭氧的生成。

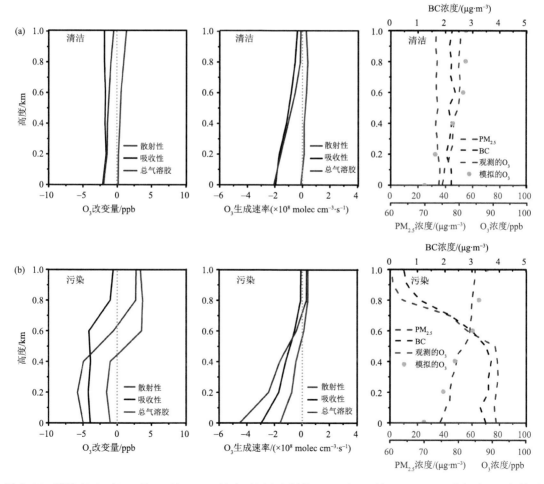

图 2.35　清洁(2020 年 11 月 11 日 14:00,地方时)(a)和污染(2020 年 11 月 7 日 14:00,地方时)(b)条件下不同气溶胶类型引起的臭氧浓度和生成速率的变化。灰色虚线表示正负分界线(改变量为正或为负)

第3章 黑碳的数值模拟及关键技术

黑碳气溶胶对气候变化和区域空气质量的影响一直以来是大气科学关注的热点。尽管黑碳在大气中的停留时间很短(只有几天到几周),且黑碳在大气中的含量远低于二氧化碳,但黑碳是除温室气体以外影响最大的大气增温物质。Bond 等(2013)指出,减排黑碳会对缓解气候变化和环境质量问题有更加立竿见影的效果。这就需要首先对黑碳的来源有一个系统和清晰的了解。本章主要利用数值模式模拟和黑碳源追踪技术,分析全球和东亚地区黑碳的区域和行业来源,了解气象因子变化对黑碳来源造成的影响,为有策略地管理和减少黑碳排放提供理论基础。

3.1 全球和区域模式及黑碳源追踪技术

3.1.1 基于通用地球系统模式(The Community Earth System Model,CESM)全球模式的黑碳源追踪方法

本章的研究以公用大气环流模式(The Community Atmosphere Model,Version 5.1,CAM5.1)为主要研究工具。该模式是通用地球系统模式(CESM)的大气模块(Neale et al.,2012)。本节主要介绍基于 CESM 模式的平流扩散方程和物理参数化方案构建黑碳源追踪的技术和方法。此外,通过卫星数据、再分析数据以及中国地面站点数据等资料,对模式模拟东亚地区的黑碳的时空分布的性能以及模式其他性能开展验证、评估和分析。

3.1.1.1 CESM 模式介绍

通用地球系统模式 CESM 由美国大气研究中心(National Center for Atmospheric Research,NCAR)推出。CESM 模式以大气圈、陆地圈、海洋圈、冰雪圈和生物圈及其相互作用为研究主体,考虑了大气与大气化学、大气与海洋、大气与冰雪圈、大气与陆地等之间的相互作用和人类活动对大气的影响等过程。对于气候与环境的演变机理,人类活动和自然过程与气候变化的相互作用,以及气候变化归因等问题的预测和研究等诸多方面都有着广泛的应用(王斌 等,2008)。CESM 模式是由单独的模式组合起来的,再由中央耦合处理器来管理各个模式之间的信息和数据的交换。此外,CESM 模式系统还提供了可以用来研究地球的过去、现在和未来气候状态的多种研究方案和数据集及设置条件。CESM 模式中可包含七个地球物理学模式:大气模式(Atmosphere)、陆地模式(Land)、海洋模式(Ocean)、海冰模式(Seaice)和陆冰模式(Land-ice)这 5 个基础模式,以及海浪模式(Ocean-wave)和河川径流模式(River-run-off)。其中,对于大多数关注大气方面的研究,大气模式可采用 CAM 模式;陆地模块可采用通用陆面模式(The Community Land Model,CLM);海洋模式可采用全球海洋模式(The Parallel Ocean Program,POP);海冰模块采用美国 Los Alamos 国家实验室发展的最新海冰模式(The Los Alamos National Laboratory Sea-ice Model,CICE);陆冰模块可采用冰盖模式(The

Glimmer Ice Sheet Model，CISM）。

　　CAM5.1 作为 CESM 模式的大气模块，其相对之前的 CAM4 版本而言，在物理过程和参数化方案等方面都有较大的改进和性能提升（Neale et al.，2012）。采用改进的湿度扰动方案来模拟层云-辐射-湍流相互作用，从而有利于研究气溶胶的间接效应。采用云宏观物理方案处理云过程，并改进层状云的微物理过程，使物理过程更加清晰透彻且模拟结果更好。采用快速辐射通量传输方法的辐射方案，以及高效准确的 K 方法计算辐射通量和加热率，对于水蒸气宽谱的连续性和精度具有很大提升。CAM5.1 的大气化学在 CESM 中也可以采用交互式的方式进行执行；生物质排放、气溶胶在雪、冰、海洋和植被上的沉降过程都可以通过其中央耦合器得以实现。

　　研究中选用的化学机制为 MOZART-4 模式（Model for Ozone and Related Chemical Tracers，Emmons et al.，2010）。MOZART 模式是一个对流层化学模式，模式涉及了 98 种气体、40 个光化学反应和 163 个气相化学反应，模拟了硫酸盐、黑碳、有机碳、沙尘和海盐气溶胶，几种气溶胶均假设为外部混合。硫酸盐气溶胶机制是基于 Tie 等（2001，2005）的工作，也就是气相态（通过与羟基自由基反应）和液相态（通过与臭氧和过氧化氢反应）的二氧化硫（SO_2）通过氧化反应形成硫酸盐气溶胶的机制。机制中只计算了气团块的质量，除海盐气溶胶外，假设所有气溶胶的半径和几何标准偏差为对数正态分布（Liao et al.，2003；Lamarque et al.，2012）。碳类气溶胶（黑碳和有机碳）从疏水性向亲水性转化的时间假设发生在 1.6 d 以内（Tie et al.，2005）。自然气溶胶（沙尘和海盐气溶胶）的描述来自 Mahowald 等（2006）的工作，这些气溶胶的来源基于模式计算的风速和地表条件。另外，二次有机气溶胶（Secondary-organic Aerosols，SOA）与大气中的非甲烷碳氢化合物（NMHCs）的气相化学过程相联系（Lack et al.，2004）。MOZART 机制包含了硫酸盐、黑碳、有机碳、沙尘和海盐气溶胶的生成和清除过程，还可以单独计算出每类气溶胶的浓度、消光特性和辐射过程。此外，MOZART 机制还包含了多种气体较完善的化学和辐射等过程。因此，MOZART 机制可以用来单独研究各类气溶胶的辐射和云效应。

　　本章主要采用 CESM 的大气模块 CAM5.1 模式对全球、特别针对东亚地区黑碳的区域与行业来源进行研究。模式中有关黑碳的时空变化的物理参数化方案包括：平流（adv）、垂直/水平湍流扩散（diff）、深对流（dp conv）、浅对流（shlw conv）、化学反应（chem）、干沉降（dry depo）以及湿沉降（wet depo）过程。下面结合模式的物理参数化方案，对我们开发的黑碳源追踪技术及其构建过程进行详细的介绍。

3.1.1.2　黑碳源追踪方法

　　CAM5.1 模式的深对流参数化方案主要基于 Zhang 等（1995）所研发的方法，并根据 Richter 等（2008）提出的对流动量传输方案以及 Raymond 等（1986，1992）开发的稀卷流计算方案进行了相应的改进。浅对流方案取自 Park 等（2009）。边界层中的湍流垂直扩散方案来自 Holtslag 等（1993）。干沉降方案采用了 Wesely（1989）的阻力方法，并进行了数次更新（例如 Wesely et al.，2000）。湿沉降方案由 Horowitz 等（2003）提出。对于黑碳气溶胶参与的平流过程，CAM5.1 模式一共包含有 4 种动力核：有限体积动力核、谱元素动力核、欧拉型动力核以及半拉格朗日型动力核。其中有限动力核能够很好地模拟大气成分的传输（Rasch et al.，2006）。为此，采用有限体积动力核作为黑碳源追踪方法的动力参数化方案。

　　目前，CAM5.1 模式的气象场除了能够进行在线模拟以外，也能够采用外部气象场数据进行离线驱动(Rasch et al.,1997),从而能够再现过去的天气和气候状况。在本章中,采用美国国家航空与航天局(National Aeronautics and Space Administration,NASA)发布的现代研究和应用回顾分析(Modern Era Retrospective-analysis for Research and Applications,MERRA)再分析资料(Rienecker et al.,2011)作为外部气象场数据,它的水平分辨率与CAM5.1模式相同,时间分辨率为6 h。在模拟过程中,CAM5.1模式的内部程序通过读取MERRA资料中的水平风、气温、地表气压、地表气温、地表位势高度、地表应力以及感热、潜热通量来驱动模式(Lamarque et al.,2012)。为了防止数据跃变,将所有的输入场数据线性插值到读取时刻之间的各个时间步长上。之后,这些输入数据被用于驱动CAM5.1模式的各模块,进而产生必要的变量并计算次网格尺度上的传输和水分循环(Lamarque et al.,2012)。

黑碳源追踪方法沿用了空气质量数值模拟研究中的大气污染物源标记方法(Wang et al.,1998;Grewe,2006;Sudo et al.,2007),该方法的核心技术可以概括为:将全球划分为若干个源区,每个源区对应不同行业源排放的黑碳(生活源、工业源、交通源、能源源、农业源以及生物质燃烧源)标识物。在本章的讨论中,全球被划分为10个源区(如图3.1所示)。由于本章主要关注东亚地区的黑碳来源,所以东亚附近的源区被细分。让这些黑碳的标识物在模式中经历与原始的黑碳相同的一系列物理过程(湍流扩散、平流、深对流、浅对流、化学、干沉降以及湿沉降)。最终,从模拟结果中得到某一黑碳源区对空间任意位置上的黑碳含量的贡献。

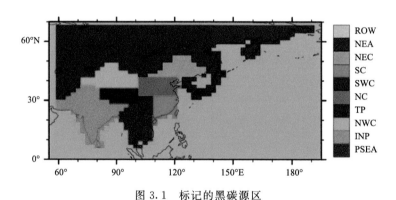

图 3.1　标记的黑碳源区

(PSEA=中南半岛、INP=印度半岛、NWC=中国西北、TP=青藏高原、NC=华北、SWC=中国西南、
SC=华南、NEC=中国东北、NEA=东北亚、ROW=全球其他地区)

来自生物质燃烧源的黑碳排放强度特征不同于其他5类人为源排放的黑碳强度分布(见图3.2),高值区位于中南半岛以及东北亚地区。在东亚,人为生活源和工业源排放强度显著高于能源源、农业源以及交通源(Zhuang et al.,2019)。考虑到后三项行业源的空间分布类似,在本章的黑碳行业源追踪中,将能源源、农业源以及交通源排放的黑碳作为整体进行标记。因此,本章主要讨论来自4类行业源的黑碳标识物(生活源、工业源、交通农业能源源以及生物质燃烧源)。他们在各标记源区的排放强度见图3.3。此外,MOZART-4模式中包含亲水和疏水两种形式的黑碳,这两种形式的黑碳也被分别追踪。

基于模式中黑碳的平流扩散方程和参数化方案,标记的黑碳示踪物的质量混合比随时间的演化如下:

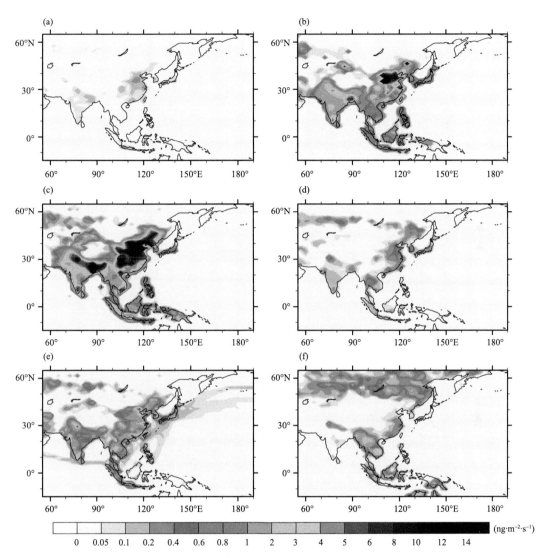

图 3.2　2000—2014 年各类行业源黑碳排放强度在东亚的分布情况
（a）能源源；（b）工业源；（c）生活源；（d）农业源；（e）交通源；（f）生物质燃烧源

$$\frac{\partial q_{\text{tg}(i,j,k)}}{\partial t} = \left[\frac{\partial q_{\text{tg}(i,j,k)}}{\partial t}\right]_{\text{diff}} + \left[\frac{\partial q_{\text{tg}(i,j,k)}}{\partial t}\right]_{\text{adv}} + \left[\frac{\partial q_{\text{tg}(i,j,k)}}{\partial t}\right]_{\text{dp conv}}$$

$$+ \left[\frac{\partial q_{\text{tg}(i,j,k)}}{\partial t}\right]_{\text{shlw conv}} + \left[\frac{\partial q_{\text{tg}(i,j,k)}}{\partial t}\right]_{\text{chem}}$$

$$+ \left[\frac{\partial q_{\text{tg}(i,j,k)}}{\partial t}\right]_{\text{dry depo}} + \left[\frac{\partial q_{\text{tg}(i,j,2)}}{\partial t}\right]_{\text{wet depo}} \tag{3.1}$$

式中，$q_{\text{tg}(i,j,k)}$ 代表来自源区 $i(i=1,2,\cdots,10)$，行业 $j(j=1,2,3,4)$ 以及为亲水或疏水形式（$k=1,2$）的黑碳标志物的质量混合比。公式右边为黑碳标志物在模式中参与的物理过程。

干沉降过程中的 $q_{\text{tg}(i,j,k)}$ 随时间的演变计算与模式原黑碳相同，但需要用黑碳标志物的相关量去替换对应的原始黑碳的相关变量：

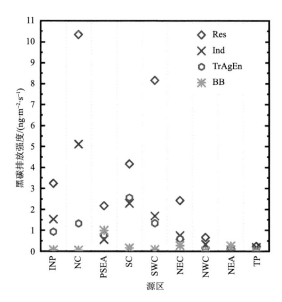

图 3.3　各地区 2000—2014 年标记的行业源（生活源（Res）、工业源（Ind）、交通农业能源（TrAgEn）、生物质燃烧源（BB））黑碳排放强度

$$\left[\frac{\partial q_{\text{tg}(i,j,k)}}{\partial t}\right]_{\text{dry depo}} = \frac{P_{\text{surf}}}{R_{\text{air}}\, T_{\text{surf}}} \text{DV}_k\, q_{\text{tg}(i,j,k)} \tag{3.2}$$

式中，P_{surf} 为地表气压，R_{air} 为干空气气体常数，T_{surf} 为地表温度，DV_k 为黑碳的沉降速率。

在湿沉降过程中，我们采用亲水黑碳标志物的质量混合比（$q_{\text{tg}(i,j,2)}$）与其对应的所有亲水黑碳标志物的加和值的比值去分配计算标记的黑碳的湿沉降趋势：

$$\left[\frac{\partial q_{\text{tg}(i,j,2)}}{\partial t}\right]_{\text{wet depo}} = \frac{q_{\text{tg}(i,j,2)}}{\displaystyle\sum_{\substack{1\leqslant i\leqslant 10 \\ 1\leqslant j\leqslant 4}} q_{\text{tg}(i,j,2)}} \left(\frac{\partial q}{\partial t}\right)_{\text{wet depo}} \tag{3.3}$$

式中，$\left(\dfrac{\partial q}{\partial t}\right)_{\text{wet depo}}$ 为原始黑碳的湿沉降趋势。

对于其他过程，模式采用与原始黑碳相同的子参数化方案对 $q_{\text{tg}(i,j,k)}$ 处理。如在平流过程中，CESM 模式中只需要将标记的黑碳在化学机制文件中进行列表，那么化学预处理程序就会自动将这些物种登记注册为平流物种。平流过程中，黑碳标识物含量（$q_{\text{tg}(i,j,k)}$）的时间变化率会由模式内部程序进行自动计算，而无须任何其他的改变。黑碳标志物之间相互独立，且它们的和约等于模式原始黑碳的浓度（图 3.4）。图中显示的微小差异为计算时产生的截断误差，最大截断误差比黑碳浓度低若干数量级，可忽略不计。注意，模式中的黑碳标记物与 CAM5.1 中的原始黑碳完全分离，对动力场和热力场没有影响。

3.1.1.3　多种资料验证模拟结果

本节利用多种资料，验证模式模拟性能。资料包括黑碳站点观测资料、飞机观测数据、MERRA2 黑碳再分析资料（Modern Era Retrospective Analysis for Research and Applications Version2，Gelaro et al.，2017）以及 NCEP/NCAR 再分析数据集（Kalnay et al.，1996）。与 MERRA 资料相比，MERRA2 增加了气溶胶观测同化资料（Gelaro et al.，2017）。图 3.5 为 MERRA2 数据集中黑碳近地面浓度与观测值的对比。MERRA2 与 MOIDIS 资料相比，能

够再现一些极端污染事件的 AOD 分布特征（Buchard et al.，2017）。与观测值相比，MER-RA2 黑碳数据集在中国的归一化平均误差（NMB）为 −27％～−21％。

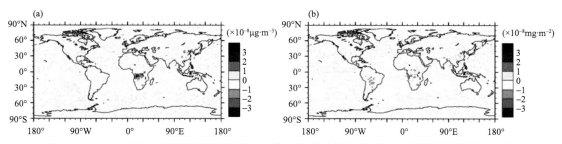

图 3.4　2000—2014 年黑碳近地面浓度（a）、柱浓度（b）的标记物的加和值以及原始黑碳之间的差异的分布情况

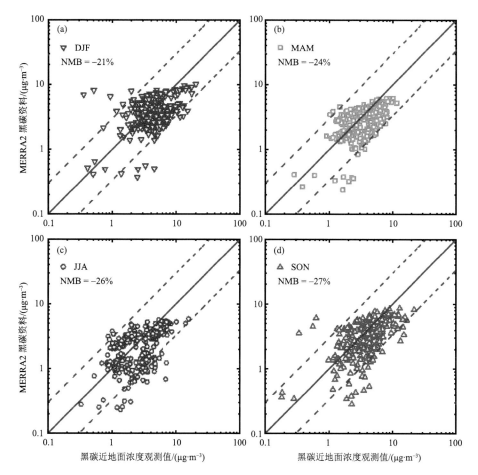

图 3.5　2000—2014 年中国黑碳近地面浓度观测值与 MERRA2 黑碳资料对比，归一化平均误差（NMB）在左上角显示。虚线表示 1∶3 和 3∶1 的比例，实线表示 1∶1 的比例
（a）冬季（DJF）；（b）春季（MAM）；（c）夏季（JJA）；（d）秋季（SON）

　　图 3.6 为模拟结果与 MERRA2 资料中黑碳近地面浓度和柱浓度在中国及周边地区的分布，图上的散点为站点观测值。模式能够较好地再现黑碳近地面浓度和柱浓度的分布特征，能够反

映地表和高空总黑碳的区域差异。与地面观测值对比,模式模拟结果甚至优于 MERRA2 资料,例如模式结果表现出中国乌鲁木齐、印度加尔各答和潘特纳加以及附近的小范围黑碳相对高值区,但 MERRA2 黑碳资料在这些地点与观测值相比偏低。这得益于本研究选用了更好的北京大学建立的黑碳排放源清单(Peking University BC Inventory,PKU-BC,Wang et al.,2014a)。

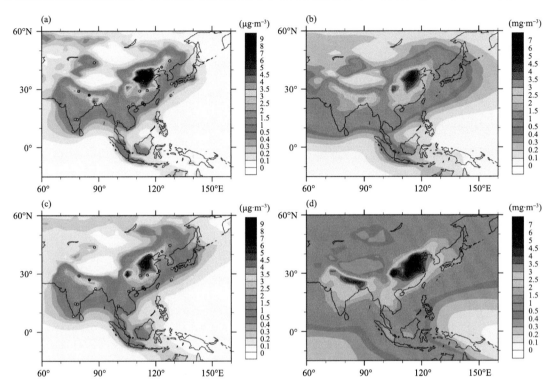

图 3.6　2000—2014 年模式模拟的中国地区黑碳年均浓度(a、b)和 MERRA2 黑碳资料(c、d)的对比;(a、c)黑碳近地面浓度、(b、d)柱浓度;(a、c)中的散点为黑碳近地面浓度观测值

图 3.7 给出了模式模拟的黑碳廓线与飞机观测资料(Zhao et al.,2015a)的对比。模式能够反映出黑碳在不同海拔高度的浓度水平以及垂直变化特征。Zarzycki 等(2010)发现模式模拟的高空黑碳浓度偏高,CAM5.1 黑碳模拟值在 1500 m 高度附近与观测相比偏高,但处于观测的误差范围内。

图 3.8 给出了 CAM5.1 模拟 2000—2014 年中国地区黑碳浓度水平与观测值的对比结果。可以看到模式的归一化平均误差(NMB,NMB$=\sum_{i=1}^{N}(M_i-O_i)/\sum O_i \times 100\%$,其中 i 为各个站点,N 为站点总数,M 为模拟值,O 为观测值)范围为$-34\%\sim+3\%$,即 CAM5.1 模拟的中国黑碳近地面浓度为观测值的 $66\%\sim103\%$,说明模式能够再现各个季节中国地区的黑碳浓度水平。夏季模式结果的归一化平均误差最大(-66%),这可能与夏季降水多,模式模拟的黑碳湿清除过强有关。Yang 等(2017)利用 CESM 模拟的中国地区黑碳浓度水平与观测值相差-48%。

本章黑碳模拟结果基于北京大学建立的黑碳排放源清单(PKU-BC)和全球火灾排放数据库(Global Fire Emissions Database Version 4.1s,GFED v4.1s,Randerson et al.,2017)排放清单。前者提供人为源黑碳排放数据。图 3.9 给出了基于其他人为排放清单的模拟结果与观

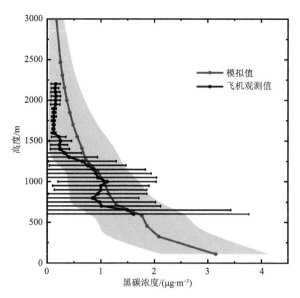

图 3.7　2012 年 4—6 月华北地区黑碳浓度模拟值与飞机观测值随高度的分布。
误差棒、浅红色阴影分别表示观测值、模拟值的标准差

测资料的对比,模拟的中国地区黑碳浓度误差范围大于基于 PKU 清单的模拟误差,这是因为后者的人均燃料消耗量更精细(Wang et al.,2014a)。

3.1.2　基于 WRF-Chem 区域空气质量模式的黑碳源追踪方法

3.1.2.1　WRF-Chem 模式介绍

大气化学和城市耦合模式(The Weather Research and Forecasting Model with Chemistry,WRF-Chem)由美国大气研究中心(National Center for Atmospheric Research,NCAR)、美国国家海洋大气局(NOAA)、美国太平洋西北国家实验室(Pacific Northwest National Laboratory,PNNL)等机构共同研发,以中尺度天气预报模式 WRF 为基础开发的一个区域在线大气动力-化学耦合模式。其与 WRF 模式具备相同的特征,即非静力平衡,可进行高分辨率计算,对各种中小尺度天气系统都具有较强的模拟能力。此外,模式高度模块化,且程序易读性强。WRF-Chem 是 WRF 模式的化学版本,其具备 WRF 模式的所有特征和计算过程,此外,在线耦合的化学模块可提供大气中气体和气溶胶的相应计算。该模式的气象模块和化学模块(Grell et al.,2005)在时间和空间上完全耦合,并且在气象场驱动化学场的同时,化学场的结果也会通过改变辐射传输的方式反馈于气象场。WRF-Chem 在实际的科学研究和业务预报中得到了广泛的应用,特别是近些年大气环境问题更加引起民众广泛关注的形势下,该模式为污染物和气象要素的相互作用以及天气预报工作提供了平台和技术支撑。

WRF-Chem 模式系统包括前处理模块(The WRF Preprocessing System,WPS)、气象主模块 WRFV3、化学模块(Chemistry,Chem)、资料同化模块(The WRF Data Assimilation,WRF-DA)、理想试验模块(Ideal Case)和模式产品后处理模块。WRF-Chem 与 WRF 模式的组成和运行流程相似,需要提供气象场的初始边界条件,还需要提供化学场的初始边界条件以及格点化的人为、自然排放清单,在模式运行结束后模式会输出化学物种的浓度场和相应的气象场,本研究所用模式版本为 3.9.1.1。

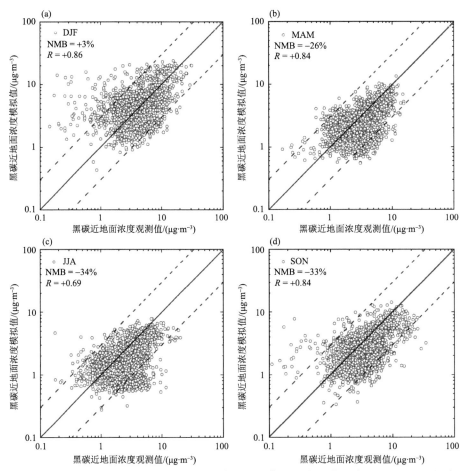

图 3.8　2000—2014 年中国黑碳近地面浓度模拟值与观测值对比,归一化平均误差(NMB)和相关系数
(R)在左上角显示,虚线表示 1∶3 和 3∶1 的比例,实线表示 1∶1 的比例
(a)冬季;(b)春季;(c)夏季;(d)秋季

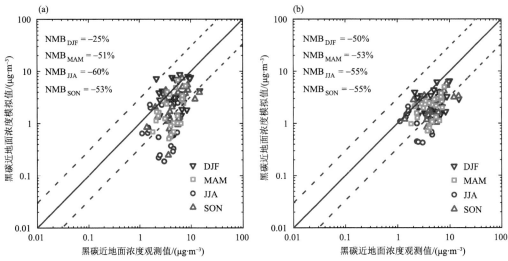

图 3.9　基于 MIX-v1.1(a)和 REAS(Regional Emission Inventory in Asia)v1.11(b)人为源黑碳排放清单
模拟的黑碳近地面浓度与观测值的对比,冬季、春季、夏季和秋季的归一化平均误差(NMB)在左上角显示

WRF 模式所用的坐标为地形追随坐标系,依据 Laprise(1992)推导方法,气压地形跟随坐标的方程表达式为:

$$\eta = (p_h - p_{ht}) / (p_{hs} - p_{ht}) \tag{3.4}$$

式中,η 是垂直坐标,p_h 为任一高度流体静力气压,p_{ht} 和 p_{hs} 分别是模式层顶气压和地表气压,由此可知,η 的范围在 0~1 之间。

WRF 模式考虑了中小尺度的预报,时间积分采用龙格-库塔(Runge-Kutta)的 3 阶积分方案。物理过程方面包括水平和垂直方向的涡度散度,辐射方面包括多种短波辐射和长波辐射方案、边界层方案、城市冠层方案、陆面方案、微物理方案、积云参数化方案等。

WRF-Chem 模式的化学模块主要计算在物理化学作用下污染物浓度在大气中的演变情况,对于任意污染物的欧拉输送方程可以表示为:

$$\frac{\partial C}{\partial t} + u\frac{\partial C}{\partial t} + v\frac{\partial C}{\partial y} + w\frac{\partial C}{\partial z} = \partial_x\left(K_x\frac{\partial C}{\partial x}\right) + \partial_y\left(K_y\frac{\partial C}{\partial y}\right) + \partial_z\left(K_z\frac{\partial C}{\partial z}\right) + \left(\frac{\partial C}{\partial t}\right)_{conv} +$$
$$\left(\frac{\partial C}{\partial t}\right)_{emis} + \left(\frac{\partial C}{\partial t}\right)_{chem} + \left(\frac{\partial C}{\partial t}\right)_{dry+wet} \tag{3.5}$$

式中:$\frac{\partial C}{\partial t}$ 表示污染物浓度随时间的变化量;$u\frac{\partial C}{\partial t} + v\frac{\partial C}{\partial y} + w\frac{\partial C}{\partial z}$ 表示平流输送过程导致的污染物浓度改变量;$\partial_x\left(K_x\frac{\partial C}{\partial x}\right) + \partial_y\left(K_y\frac{\partial C}{\partial y}\right) + \partial_z\left(K_z\frac{\partial C}{\partial z}\right)$ 为湍流过程造成的污染物浓度改变量,其中 K 表示湍流交换系数;$\left(\frac{\partial C}{\partial t}\right)_{conv}$ 表示对流作用产生的污染物浓度改变量;$\left(\frac{\partial C}{\partial t}\right)_{emis}$ 表示排放源强;$\left(\frac{\partial C}{\partial t}\right)_{chem}$ 表示该物种在大气中化学反应所引起的浓度改变量,对于一次污染物,$\left(\frac{\partial C}{\partial t}\right)_{chem} = 0$;$\left(\frac{\partial C}{\partial t}\right)_{dry+wet}$ 表示干湿沉降对污染物浓度造成的改变量。物理化学参数化方案目前较为成熟,如干沉降选用目前使用率较高的 Wesely(2007)方案,湿清除方案主要考虑的是雨水冲刷对污染物浓度的影响,此外还包含云内清除。化学方案包含气相化学和气溶胶化学两部分,气相化学选用碳键机制(Carbon-Bond Mechanism,CBM-Z)方案,而气溶胶化学则选用与之对应的气溶胶 8 档方案。

气相化学机制:CBM-Z 机制是基于 CBM-IV 发展起来的改进方案(Zaveri et al.,1999)。机制包含 55 个物种,134 个化学反应。与前身相比,CBM-Z 增加了长寿命物种的化学反应及其中间产物,此外对无机化学反应进行了部分修正,在有机化学方面其对烷烃和芳香烃的化学反应等方面的考虑和计算更加全面和周全。如,CBM-Z 利用块结构的方法浓缩了有机物种和反应,明确了活性较小的烷烃(CH_4、C_2H_6 等)的处理方法,对活性较强的烷、烯烃和芳香烃的化学反应进行了修正,特别是异戊二烯和二甲基硫的相关化学反应;另外该机制还包含了烷基和酰基的过氧自由基的相互反应。CBM-Z 扩大了模拟的空间和时间范围,并且根据地理位置的背景条件、生物群、海洋等环境分别设定了反应场景,不同的反应场景下,参与反应的反应物和反应方程也不相同。如在城市,包含的化学反应为 118 个;在背景地区包含的化学反应为 74 个;在富含生物质排放源的城市大气中,包含的化学反应有 134 个;在近海,化学反应为 153 个;在生物源影响下的近海地区,包含的化学反应为 169 个;在远离人为源的海洋地区,包含的化学反应为 109 个。

气溶胶化学方案:MOSAIC(Zaveri et al.,2008)机制根据气溶胶粒子的粒径分为 4 档和 8 档,粒子尺度分档为:0.039~0.078 μm、0.078~0.156 μm、0.156~0.3125 μm、0.3125~

0.625 μm、0.625~1.25 μm、1.25~2.5 μm、2.5~5.0 μm、5.0~10 μm。而 4 档则是在 8 档基础上,依次两档合并得到。MOSAIC 机制考虑的物种包含城市、区域以及全球尺度内主要的气溶胶粒子,如硫酸盐 SO_4^{2-}、硝酸盐 NO_3^-、铵盐 NH_4^+、钠盐 Na^+、氯盐 Cl^-、黑碳 BC、有机碳 OC;此外对于其他金属离子则整合统一认定为其他无机粒子(Other Inorganic Mass,OIN)。对于气溶胶的转化过程,MOSAIC 考虑了气粒转化过程、粒子聚合过程、挥发过程、非均相化学过程、干湿沉降过程等。与前代气溶胶化学机制相比,MOSAIC 在保证了计算精度的情况下,计算更加快捷且更加节省计算资源。

WRF-Chem 模式的运行需要有排放源清单的支持,目前模式使用的排放清单主要包括人为源、生物质源等。人为源方面,由于各地区人为活动存在很大的差异性,模式并没有提供直接使用的人为源,需要使用者根据人为源清单插值成与模拟区域范围和分辨率相匹配的格点数据进行计算使用。对于东亚地区,目前常用的人为源清单有:TRACE-P(Transport and Chemical Evolution over Pacific,Streets et al.,2003),基准年为 2001 年,分辨率为 0.1°×0.1°;INTEX-B 2006(Intercontinental Chemical Transport Experiment-Phase B,Zhang et al.,2009),基准年为 2006 年,分辨率为 0.5°×0.5°;日本国立环境研究院制作的排放清单 REAS(Resional Emission Inventory in Asia,Kurokawa et al.,2013),基准年为 2008 年,分辨率为 0.25°×0.25°;清华大学制作的中国地区排放清单 MEIC(Multi-resolution Emission Inventory for China,http://www.meicmodel.org/),基准年可供选择的有 2008、2010、2012、2013、2014、2015、2016 和 2017 年,分辨率为 0.25°×0.25°;以及同为清华大学 MEIC 团队结合东亚各地区多种类型的源清单整合制作而成的东亚地区排放清单 MIX(Li et al.,2015),基准年为 2010 年,分辨率为 0.25°×0.25°。由于各排放清单公布的时间不尽相同且和模拟时间不同,本章的模拟工作中所用到的人为源清单包括 TRACE-P、INTEX-B 2006、MEIC 和 MIX 四种。源清单包含五种源类型:工业、电厂、居民、交通和农业。每种类型均包括大气中主要的气态和颗粒污染物如:SO_2、NO_x、NH_3、CO、VOCs、BC、OC、PM_{10} 和 $PM_{2.5}$,其中 VOCs 根据化学机制的要求将其中的物种分隔开来。生物质源方面,选用 NCAR 提供(http://www.acd.ucar.edu/wrf-chem/)的天然源挥发性有机物排放模式 MEGAN(Model of Emissions of Gases and Aerosols from Nature,Guenther et al.,2006)计算生成的与模拟区域相匹配的生物质源文件用以参与模拟计算。

3.1.2.2 黑碳源追踪技术介绍

黑碳源追踪技术是用来识别不同源区排放的黑碳对特定地区黑碳贡献的质量平衡技术,它可以定量示踪并计算来自于不同源区黑碳的浓度和贡献比例,构建思路同第 3.1.1.2 节的全球模式黑碳示踪技术。在这种技术方法中,模拟区域被分为多个和黑碳相关的源区,并且每个源区的黑碳被作为独立的示踪变量,示踪变量也经历了模式中正常黑碳所经历的物理过程(平流、垂直混合和对流等),但对正常黑碳和其他化学反应、气象要素无影响、仅起到来源示踪作用。该源解析方法也应用在具有拓展功能的综合空气质量模式(CAMx)和嵌套网格空气质量预报模式(NAQPMS)模式中的颗粒物来源示踪技术(PSAT)上(Dunker et al.,2002;Wagstrom et al.,2008,2009;吴剑斌,2012)。该示踪技术还有一个优点,在预设了源区的前提下,通过一次模拟可得到各源区对区域内任意一点的黑碳浓度贡献。

黑碳来源解析的构建做了以上两个合理假设,即:①不同来源的黑碳在模拟区域内任意一点上均为充分混合,且化学性质相同;②模拟区域内每一个格点上的黑碳都可以 100% 分配到所有来源。以此为前提,将模拟区域划分为若干源区,将每一个源区的黑碳作为一个独立变量,因此,对于模拟区域内任意一点的黑碳浓度 C 均等于来自各源区的黑碳浓度 C_i 之和,即 $C = \sum_{i=1}^{n} C_i$ 。而对于任意源区的黑碳浓度在任意时间步长的浓度改变量 ΔC_i 均存在:

$$\Delta C_i = \Delta CHEM_i + \Delta PHYS_i + \Delta EMIS_i \tag{3.6}$$

式中,$\Delta CHEM_i$、$\Delta PHYS_i$ 和 $\Delta EMIS_i$ 分别表示化学过程、物理过程以及排放过程所产生的黑碳浓度改变量。各源区黑碳对应的变量带入模式的理化过程当中进行计算得到对应的 $\Delta PHYS_i$ 和 $\Delta CHEM_i$,而对于排放过程 $\Delta EMIS_i$ 进行如下处理:

$$\Delta EMIS_i(x,y,z) = \begin{cases} \Delta EMIS(x,y,z) & \text{在区域 } i \text{ 内} \\ 0 & \text{在区域 } i \text{ 外} \end{cases} \tag{3.7}$$

式中,$\Delta EMIS$ 为单位时间内由于排放所导致的黑碳浓度改变量,当此格点属于源区 i 时,$\Delta EMIS_i$ 等于 $\Delta EMIS$,而当格点不属于源区 i 时,$\Delta EMIS_i$ 等于 0。(x,y,z) 为三维数组。因此,每一个源区的黑碳通过模式的计算可以得到其在模拟区域内任意一点上的浓度信息,进而实现黑碳的定量来源追踪。相对于经典的源敏感性试验方法,该方法不影响模式本身的模拟计算,并且可避免非线性过程导致的污染物质量不守恒问题;通过一次模拟便可计算得到所有源区的浓度贡献信息,在不影响计算精度的前提下,大大减少了计算量。

3.1.2.3　过程分析技术介绍

WRF-Chem 化学模块中的物理过程包括水平平流(Horizontal Advection,HADV)、垂直平流(Vertical Advection,VADV)和水平/垂直混合(Vertical Mixing,VMIX)等。对于每一个标记的黑碳,在模式中都将作为独立变量存在,它们随着模式计算的流程参与模式相关的物理计算,并且浓度随着物理过程发生相应的改变。在这个过程中,源区间和物种间,变量不会相互影响,浓度的变化仅与物理过程有关,需要注意的是计算前后需要保证质量守恒,模拟区域内任意点各源区相同污染物浓度贡献之和始终等于该点污染物实际模拟浓度值。此外,需要注意的是,在物理过程中,标记变量仅跟随模式的计算流程进行计算,并不会影响原本模式中变量的相关计算过程和计算结果。

3.1.2.4　用于模式验证的统计特征量介绍

用于模式验证的气象要素观测值(温度(T)、相对湿度(RH)、风速(WS)和风向(WD))取自气象信息综合分析处理系统(Meteorological Information Comprehensive Analysis and Processing System,MICAPS)的地面站点数据集,观测值的时间精度为 3 h。$PM_{2.5}$ 小时浓度数据来自于中国生态环境部污染物实时发布平台。北京地区的黑碳数据由飞机搭载的 SP2 仪器采集,南京地区的黑碳数据由无人机搭载的新一代黑碳测量仪 AE-33 采集,有关 SP2、AE-33 仪器的使用细节详见参考文献 Stephens 等(2003)和 Sharma 等(2017)。

为了验证模式模拟性能的好坏,利用统计特征量对模拟结果的准确性进行验证,主要包括:相关系数(R)、一致性指数(IOA)、平均偏差(MB)、总偏差(GE)、标准化平均偏差(NMB)、标准化平均误差(NME)、平均分数偏差(MFB)和平均分数误差(MFE)和均方根误差(RMSE)。统计特征量的公式如下:

$$R = \frac{Cov(x,y)}{\sqrt{D(x)} \sqrt{D(y)}} \tag{3.8}$$

式中,x 是观测值,y 是模拟值,$D(x)$、$D(y)$ 分别是 x、y 的方差,$Cov(x,y)$ 是 x、y 的协方差。

$$IOA = \frac{\sum_{i=1}^{N} (M_i - O_i)^2}{\sum_{i=1}^{N} (|M_i - \overline{M}| + |O_i - \overline{O}|)^2} \qquad (3.9)$$

$$MB = \frac{1}{N} \sum_{i=1}^{N} (M_i - O_i) \qquad (3.10)$$

$$GE = \frac{1}{N} \sum_{i=1}^{N} |M_i - O_i| \qquad (3.11)$$

$$NMB = \frac{\sum_{i=1}^{N} (M_i - O_i)}{\sum_{i=1}^{N} O_i} \times 100\% \qquad (3.12)$$

$$NME = \frac{\sum_{i=1}^{N} |M_i - O_i|}{\sum_{i=1}^{N} O_i} \times 100\% \qquad (3.13)$$

$$MFB = \frac{1}{N} \sum_{i=1}^{N} \frac{M_i - O_i}{O_i + M_i/2} \qquad (3.14)$$

$$MFE = \frac{1}{N} \sum_{i=1}^{N} \frac{|M_i - O_i|}{O_i + M_i/2} \qquad (3.15)$$

$$RMSE = \sqrt{\frac{1}{N} \sum_{i=1}^{N} (M_i - O_i)^2} \qquad (3.16)$$

式中,i 为各个站点,N 为站点总数,M 为模拟值,O 为观测值,$\overline{M}$ 为模拟平均值,$\overline{O}$ 为观测平均值。

利用以上统计特征量对加入黑碳在线追踪技术的 WRF-Chem 模拟结果的验证分析在第 3.5 小节介绍。

3.2 黑碳全球分布及其相互影响

由于黑碳气溶胶的短寿命性质和时空分布的极不均匀性,使得对它的观测研究受到很大的限制,无论从时间还是空间上,观测资料都很难完全再现全球或区域的黑碳分布。另一方面,由于观测技术的局限性,使得观测资料难以区分来自不同行业源的黑碳时空分布。因此,利用加入黑碳追踪技术的全球模式 CESM 进行模拟,能够很好地弥补观测上的不足。上节也对全球模式的模拟性能进行了评估,证明模式能够再现黑碳时空分布特性。

3.2.1 全球和中国黑碳排放情况

在对东亚乃至全球各地区黑碳浓度分布和区域来源情况分析之前,我们先了解全球和中国黑碳排放情况。图 3.10—3.12 中 PKU-BC 排放清单提供月均人为源黑碳排放数据,GFED v4.1s 提供逐日生物质燃烧源排放数据,第 3.1.1 小节介绍了本节涉及全球模拟时利用的黑碳排放清单情况。

图 3.10 给出了 1980—2014 年期间全球各地区各个行业源的黑碳年排放量和黑碳排放总量的年际变化。东亚地区黑碳排放总量明显高于其他地区,且主要来源于生活源和工业源排

放,交通源黑碳排放在东亚地区也不容忽视(图 3.10a)。中国所在的东亚地区因其密集且持续增长的人口,生活源排放在 1988 年前缓慢增长。但之后由于城市地区燃料的更新,例如中国城市 1988 年后逐渐使用石油/天然气等作为主要生活用燃料,替代传统的固体燃料;乡村地区的木柴、稻草和煤炭的燃烧量在 2005 年前后有所下降;发展中国家生活源排放中固体燃料来源的比例从 1960 年的 82％下降至 2007 年的 70％(Wang et al.,2014b),这些都使得东亚地区生活源黑碳排放量逐年下降。相反的是,由于中国经济的快速发展和能源需求的快速增长,1991年前后东亚地区工业源排放量激增。但自 1996 年中国实施了《煤炭法》,禁止使用蜂窝式焦炉,工业源排放量出现了大幅下降,东亚地区的黑碳排放总量也在这一年前后开始快速下降。尽管交通工具的黑碳排放因子因技术更新下降,但中国逐年猛增的交通工具数量(自 2000 年的 1.2亿辆增至 2010 年的 7.8 亿辆,Wang et al.,2014b)使得交通源黑碳排放持续增长。

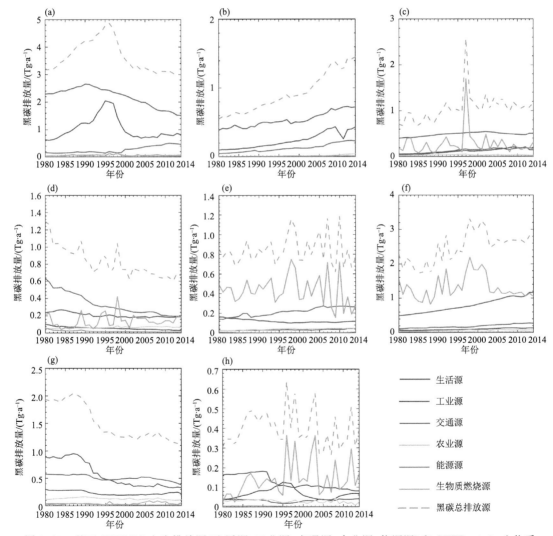

图 3.10　基于 PKU-BC 人为排放源(生活源、工业源、交通源、农业源、能源源)和 GFED v4.1s 生物质
燃烧源估算的 1980—2014 年全球各地区黑碳排放量和排放总量
(a)东亚(EA);(b)南亚(SA);(c)东南亚(SEA);(d)北美(NAM);(e)拉丁美洲(LAM);
(f)非洲(AF);(g)西欧(EUP);(h)东欧—高加索—中亚地区(EECCA)

可以看到，东亚地区黑碳排放总量主要来自生活源、工业源和交通源排放，所占比例分别为 60.1％、28.3％和 7.4％（图 3.11a）。因此，东亚地区黑碳总排放量年际变化主要受这三个源排放变化的影响。而东亚地区的农业源、能源源和生物质燃烧源黑碳排放占总黑碳排放比例很小（分别为 2％、0.4％和 1.7％）。

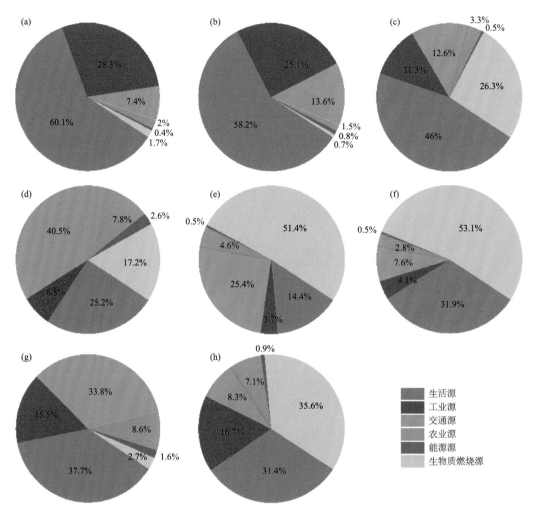

图 3.11 基于 PKU-BC 人为排放源（生活源、工业源、交通源、农业源、能源源）和 GFED v4.1s 生物质燃烧源估算的 1980—2014 年期间全球各地区黑碳各行业源平均排放占比
(a)东亚；(b)南亚；(c)东南亚；(d)北美；(e)拉丁美洲；(f)非洲；(g)西欧；(h)东欧—高加索—中亚地区

同东亚地区类似，以发展中国家为主要构成的南亚地区，其黑碳行业源排放主要为生活源排放（58.2％）、工业源排放（25.1％）和交通源排放（13.6％，图 3.11b），且近年在持续增长（图 3.10b）。作为发展中国家集中的地区，东南亚地区的工业源排放和交通源排放近年也在持续增长，但需要注意的是，该地区生物质燃烧源排放占黑碳总排放比例很大（26.3％，图 3.11c），且年际变化显著（图 3.10c），所以该地区黑碳排放总量的年际变化受生物质燃烧源排放的影响，并呈较大的年际波动。生物质燃烧源黑碳排放强且排放总量呈波动变化的地区还有热带地区的南美和非洲，生物质燃烧源排放分别占这两个地区黑碳总排放量的 51.4％（图 3.11e）

和 53.1%(图 3.11f)。东欧—高加索—中亚一带由于春夏季西伯利亚平原生物质燃烧频发，其生物质燃烧源黑碳排放比例也很高(35.6%,图 3.11h)。

北美和西欧地区主要为发达国家，其黑碳排放总量逐年下降，且主要以交通源黑碳排放量下降为主(图 3.10d 和 g)。交通源黑碳排放分别占其排放总量的 40.5%(图 3.11d)和 33.8%(图 3.11g)。大约在 1978 年前后，发达国家交通源黑碳排放减少，这是由于尽管当地机动车辆数量增加，但每辆车黑碳排放因子显著降低造成的(Wang et al. ,2012b)。西欧地区生活源黑碳排放十分重要，占当地总排放的 37.7%(图 3.11g)，且自 20 世纪以来也在持续下降(图 3.10g)。

从之前的分析可知，中国所在的东亚地区黑碳排放水平明显高于全球其他地区。为确认中国黑碳排放水平，图 3.12 给出了 1980—2014 年期间中国地区和全球黑碳排放量年际变化以及中国黑碳排放量占全球排放总量的比例。可以看到 1980—2014 年期间中国的黑碳排放总量为 2.66~4.42 Tg·a^{-1}，与东亚地区黑碳排放年际变化特征类似(图 3.10a)，黑碳排放主要由于我国能源改革，自 20 世纪 90 年代中后期开始下降。1980—2014 年期间全球黑碳排放总量为 10.89~14.82 Tg·a^{-1}，中国的黑碳排放量占这期间全球黑碳排放总量的约 26.7%。可以看到，自 20 世纪 90 年代中后期，中国黑碳排放对世界总排放量的比例也明显下降。但不可否认的是，尽管中国黑碳排放持续下降，到 2014 年对世界总排放量的贡献仍占近 1/4 (23%)。Bond 等(2007)在 SPEW(Speciated Pollutant Emissions Wizard)排放源中估算 2000 年东亚地区黑碳排放量占全球黑碳排放总量的 18.83%。Wang 等(2014b)基于 PKU-BC 排放清单，估算 2000—2007 年东亚黑碳排放占全球黑碳排放比例为 24.8%。尽管①计算黑碳排放量时定义的中国/东亚地区空间上的差异；②计算的年份的差异；③使用的排放源的差异(本研究结合了 PKU-BC 和 GFED v4.1s 排放清单；Bond 等(2007)使用 SPEW 排放清单；Wang 等(2014b)使用 PKU-BC 排放清单)等会造成本小节给出的结果与以上研究的结果有所差异，但

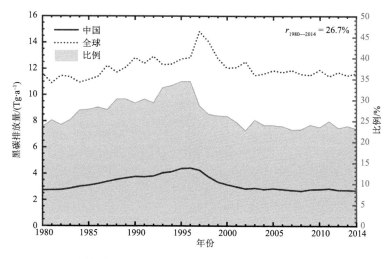

图 3.12　基于 PKU-BC 人为排放源和 GFED v4.1s 生物质燃烧排放源估算的 1980—2014 年中国(包含图 3.1 定义的中国西北、青藏高原、华北、西南、华南和东北地区)和全球黑碳排放量年际变化以及中国黑碳排放量占全球黑碳排放总量比例。右上角 r 为 1980—2014 年期间中国黑碳排放量占全球黑碳排放总量平均比例

总体来说,本小节给出的东亚黑碳排放占全球黑碳排放总量的比例接近以上研究结果。

3.2.2　黑碳的全球分布

图 3.13 给出了 CESM 模式追踪的分别排放自生活源(Res)、工业源(Ind)、交通农业能源源(TrAgEn)、生物质燃烧源(BB)以及总源的全球近地面黑碳分布情况。黑碳近地面浓度最大出现在东亚,尤其是华北地区,最大值超过 $8\ \mu g \cdot m^{-3}$。东亚地区的极高黑碳浓度主要来自人为源排放,尤其是生活源排放。由图 3.13a 可以看到,生活源排放的黑碳浓度值在东亚最高,超过 $5\ \mu g \cdot m^{-3}$。事实上,除生物质燃烧源以外,人为源排放的黑碳浓度最高值都位于东亚华北地区,其中东亚工业源排放的黑碳浓度最高超过 $4\ \mu g \cdot m^{-3}$,来自交通农业能源源排放的黑碳在东亚的浓度范围为 $0.1 \sim 1\ \mu g \cdot m^{-3}$。

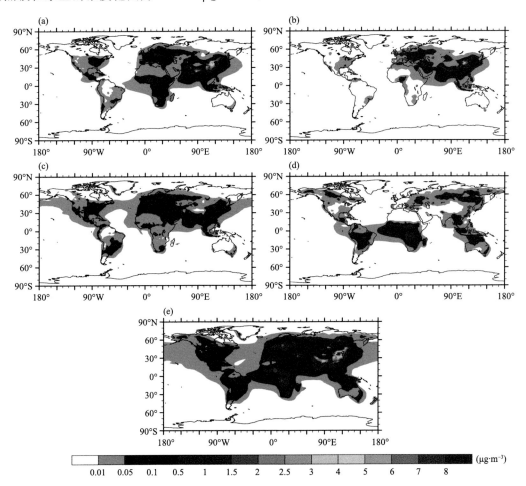

图 3.13　2000—2014 年 CESM 模式追踪的行业源((a)生活源;(b)工业源;(c)交通农业能源源;
(d)生物质燃烧源)黑碳以及总黑碳(e)近地面浓度全球分布

除东亚地区以外,南亚、东南亚黑碳浓度值同样偏高,其中印度—孟加拉国有一黑碳浓度高值带,近地面浓度最大值为 $5 \sim 6\ \mu g \cdot m^{-3}$。西欧地区黑碳浓度最高超过 $2\ \mu g \cdot m^{-3}$,且大部分地区黑碳近地面浓度范围为 $1 \sim 1.5\ \mu g \cdot m^{-3}$。北美和拉丁美洲地区黑碳浓度略次于欧洲西部,高值区的近地面黑碳浓度范围为 $0.1 \sim 0.5\ \mu g \cdot m^{-3}$,最高为 $0.5 \sim 1\ \mu g \cdot m^{-3}$。非洲以及东欧—高加索—中亚的黑碳浓度较高,最高分别为 1.5～2 $\mu g \cdot m^{-3}$ 以及 0.5～1 $\mu g \cdot m^{-3}$。非洲中部强烈的生物质燃烧排放的黑碳浓度在全球最高,最大值为 0.5～1.5 $\mu g \cdot m^{-3}$,除此之外,以生活源为首的人为源黑碳对非洲大陆也有很大贡献,其最高贡献浓度达 0.5～1 $\mu g \cdot m^{-3}$。东欧—高加索—中亚一带的黑碳浓度高值很大一部分来自于生物质燃烧源贡献。

3.2.3　全球各地区黑碳的行业源贡献以及东亚地区黑碳排放对全球各地的影响

由上小节可知,东亚、南亚、东南亚、北美、拉丁美洲、非洲、东欧—高加索—中亚一带和西欧地区是黑碳浓度高值区,且由不同的行业源排放主导。Bond 等(2013)指出,在中国、苏联和一些东欧国家,居民用煤的贡献很大,非洲黑碳以生物质燃烧排放(60%～80%)为主,而在欧洲、北美和拉丁美洲,道路和非道路柴油燃料燃烧是主要的排放源(约 70%)。因此,图 3.14 对各个季节不同的行业源排放对全球各地区黑碳近地面浓度和柱浓度的相对贡献进行总结。可发现,行业源对黑碳近地面浓度和柱浓度的相对贡献尽管数值上有微小差异,但是贡献的相对大小基本类似,以下也以各个季节行业源对黑碳近地面浓度的相对贡献特征为例进行说明。

亚洲地区的黑碳高值区(东亚、南亚、东南亚和东欧—高加索—中亚一带),生活源贡献比例最高,尤其是由于东亚冬季的供暖和用电需求,导致生活源排放对近地面黑碳的相对贡献为 71%,其余季节的贡献比例也超过了一半(50%～55%)。冬季较高的生活源排放也会对其他地区造成影响,东欧—高加索—中亚一带冬季生活源黑碳比例为 61%,远高于在其他季节的比例(9%～30%),这主要是由于来自东亚地区的黑碳对其的贡献,具体可见图 3.15 的分析。东亚其余行业源贡献从大到小分别为工业源、交通农业能源源和生物质燃烧源(20%～30%、9%～18% 和 0～5%)。东亚黑碳来自生物质燃烧排放的比例较低,与其他季节相比春季偏高的生物质燃烧黑碳比例主要是由于东南亚强烈的生物质燃烧的影响。南亚的黑碳行业源贡献四季基本类似,其中生活源贡献比例最大(52%～58%),其次为农业源和交通农业能源源(26%～29% 和 15%～19%),生物质燃烧源黑碳比例很小(少于 2%)。春夏季为东南亚和东欧—高加索—中亚一带西伯利亚平原生物质燃烧频发的季节,因此,这两个地区在春夏季的生物质燃烧源排放对黑碳贡献比例与其他季节相比明显增强。不同的是,东南亚地区生物质燃烧源排放贡献比例最高在春季,约占总排放量的 30%;而东欧—高加索—中亚一带生物质燃烧源排放贡献比例最高在夏季,占总排放量的 68%。

在主要由发达国家组成的地区(如欧洲、北美)以及发展中国家为主的拉丁美洲,交通农业能源源对黑碳的贡献最大,且主要是来自交通源(图略)。在欧洲,除冬季外,交通农业能源源的贡献比例为 49%～56%,冬季贡献比例最低(37%),这是由于生活源黑碳比例的提高,且该地区的生活源黑碳主要来自东亚地区(见图 3.15 分析)。欧洲黑碳的第二大行业源为生活源(15%～47%),再次为工业源(16%～19%),生物质燃烧源贡献比例较小,最大值出现在春季和夏季(5%～11%),可能来自东欧—高加索—中亚地区。北美地区的四季交通农业能源源贡献比例为 36%～58%,且大部分都是来自道路和非道路柴油燃料燃烧。生活源是北美地区除交通排放外第二大的人为源(9%～43%),但在春季和夏季,生物质燃烧源排放对北美黑碳的贡献比例接近生活源排放。尤其是夏季,生物质燃烧源排放在北美的贡献比例为 50%,超过交通源,在春季为 21%。除本地较少的生物质燃烧排放贡献以外,这些黑碳可能主要来自南美亚马孙平原和非洲中部强烈的季节性生物质燃烧。工业源排放对北美黑碳的贡献比例为 5%～8%。南美冬季和春季贡献比例最大的行业源为交通农业能源源(50%～55%),夏季和秋季则为生物质燃烧源(54%～68%)。生活源和工业源对黑碳的贡献比例相对较低(9%～

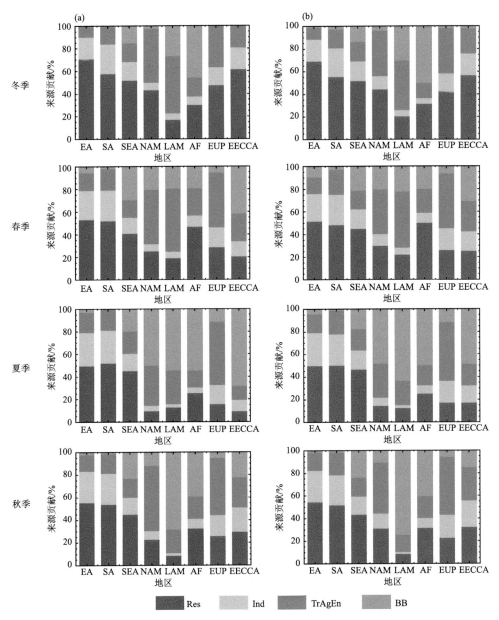

图 3.14　2000—2014 年各行业源排放(生活源(Res)、工业源(Ind)、交通农业能源源(TrAgEn)、生物质燃烧源(BB))对全球各地区(东亚(EA)、南亚(SA)、东南亚(SEA)、北美(NAM)、拉丁美洲(LAM)、非洲(AF)、西欧(EUP)和东欧—高加索—中亚地区(EECCA))黑碳近地面浓度(a)和柱浓度(b)的四季(冬季、春季、夏季和秋季)相对贡献

19％和 2％～6％)。

　　除春季外,非洲的黑碳主要来自于生物质燃烧源排放(39％～54％)。其次为生活源和交通农业能源源排放,四季的相对贡献比例范围分别为 25％～47％和 15％～24％,工业排放对黑碳的贡献较少(5％～10％)。

　　东亚,尤其是华北地区的黑碳浓度远超全球其他地区数倍,因此,不少研究探究了全球不

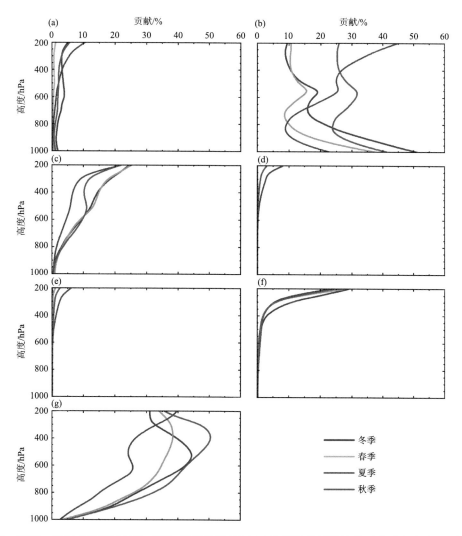

图 3.15　2000—2014 年四季(冬季、春季、夏季和秋季)东亚地区黑碳区域输送对全球各个地区(南亚(a)、
东南亚(b)、北美(c)、拉丁美洲(d)、非洲(e)、西欧(f)以及东欧—高加索—中亚地区(g))
黑碳的相对贡献比例随高度的分布

同地区黑碳受东亚黑碳区域输送的影响(Zhang et al.,2015a;Yang et al.,2015,2017,2018)。
图 3.15 对四季东亚黑碳区域输送对全球各地区黑碳的相对贡献垂直廓线进行总结。除东南
亚地区,全球其他地区来自东亚的黑碳比例随高度增加。东亚黑碳排放对周边地区(东南亚、
东欧—高加索—中亚一带)贡献比例最大。东南亚上空来自东亚的黑碳比例最高出现在对流
层低层(20%~50%),其中冬季最高,表明冬季东亚强烈的生活源排放对周边地区的影响。在
500~600 hPa 高度附近,出现了东亚黑碳贡献比例的次高值(15%~35%),但最大值出现在
秋季,其次为夏季。在东南亚、东欧—高加索—中亚一带,东亚黑碳贡献比例最高出现在秋季
和冬季(最高分别为 50% 和 45%),最低在夏季。这可能与东亚黑碳排放强度在秋冬强于春夏
有关。另一方面,夏季东亚位于季风区,较强的降水对黑碳进行湿清除,缩短了黑碳的寿命,因
此,少有黑碳能够向南输送至东南亚、向西北输送至东欧—高加索—中亚一带。

　　此外,尽管北美距离东亚较远,但仍有不少黑碳(最高约 25%)来自东亚输入。其中冬春两季东亚黑碳排放对北美的贡献比例最高,除了冬季东亚地区较强的生活源黑碳排放,冬春季的大气环流场有利于东亚黑碳向北美地区的输送。夏季东亚黑碳排放对北美的贡献比例最低。值得注意的是,南美与北美的经度位置类似,但几乎没有黑碳来自东亚地区,这主要是由于跨半球的输送很弱,最高值出现在夏季对流层顶,约为 5%。

　　由于青藏高原的阻隔,南亚对流层中低层几乎没有黑碳来自东亚地区,最大值出现在冬季的 600 hPa 附近,贡献比例小于 5%。此外,地形阻隔、较远的距离以及不利的环流形势导致非洲地区的黑碳同样受东亚影响很小。欧洲上空对流层中低部几乎没有来自东亚地区的黑碳,但在对流层顶部(200～400 hPa),东亚黑碳贡献比例随高度增加,且冬季最高。

3.3　东亚黑碳关键区之间的相互影响

　　东亚、南亚、东南亚地区的黑碳浓度远高于全球平均水平(Cao et al.,2007;Lin et al.,2013;Wang et al.,2014b;Verma et al.,2017)。除此之外,属于东欧—高加索—中亚一带的黑碳浓度在生物质燃烧源排放强的季节较高。以上地区地理位置接近,黑碳进行跨区域相互输送,再加上这些地区各自黑碳的主要贡献行业源有所差异,使得不同季节不同地区的黑碳来源各不相同。因此,使用黑碳源追踪技术定量分析东亚黑碳关键区之间的相互影响十分重要。

3.3.1　不同行业源排放黑碳在东亚及其周边地区的四季分布特征

　　图 3.16 给出了 CESM 追踪的生活源、工业源、交通农业能源源、生物质燃烧源黑碳在亚洲的四季分布。在亚洲大部分地区,四个季节生活源对黑碳近地面浓度的贡献都高于其余行业源,尤其是在冬季,在华北地区的浓度超过 8 $\mu g \cdot m^{-3}$,在印度—孟加拉国一带浓度最大值超过 5 $\mu g \cdot m^{-3}$。中国西南部的四川盆地有一小范围生活源黑碳浓度高值区,冬季浓度最大值超过 5 $\mu g \cdot m^{-3}$。工业源黑碳和交通农业能源源黑碳浓度值在亚洲大部分地区接近,但华北地区工业源黑碳浓度显著强于交通农业能源源的贡献,且在冬季最高,其次为秋季和春季,夏季最低,冬季最高浓度超过 5 $\mu g \cdot m^{-3}$。交通农业能源源黑碳主要集中在东亚、南亚和东南亚地区,且浓度分布较为均匀,大部分地区的交通农业能源源黑碳近地面浓度为 0.1～0.5 $\mu g \cdot m^{-3}$,城市带地区(如京津冀地区、长三角地区、珠三角地区、泰国中部以及印度新德里地区)交通发达,交通农业能源源黑碳近地面浓度为 0.5～1 $\mu g \cdot m^{-3}$。与东亚和南亚不同,位于东南亚地区的中南半岛冬季和春季生物质燃烧源对近地面黑碳浓度贡献高于周边地区,高达 1.5～2 $\mu g \cdot m^{-3}$;位于东南亚地区的马来群岛的生物质燃烧源黑碳则在夏季和秋季浓度最高,但由于该地区距离亚洲大陆较远,对东亚、南亚等地区的影响较小,下文讨论东南亚地区黑碳对周边地区的影响时,只考虑来自中南半岛的黑碳排放。在东北亚地区,来自生物质燃烧源贡献的黑碳浓度高于来自人为源排放的贡献,且春季、夏季浓度高于秋季,春季生物质燃烧源黑碳在东北亚最高为 0.5～1 $\mu g \cdot m^{-3}$。

3.3.2　黑碳关键区之间的相互影响

　　图 3.17 为不同区域源对亚洲黑碳关键区(东亚、南亚、东南亚以及东北亚)上空黑碳的相对贡献。可以看到,除南亚地区,从地面到高空,本地排放对黑碳的贡献都显著下降。南亚地区的黑碳则完全由本地排放主导,其中 98%～99% 的黑碳近地面浓度和 91%～96% 的黑碳柱浓度排放自南亚本地。此外,有极少的黑碳可从东南亚输送至南亚,输送量最多的季节为夏

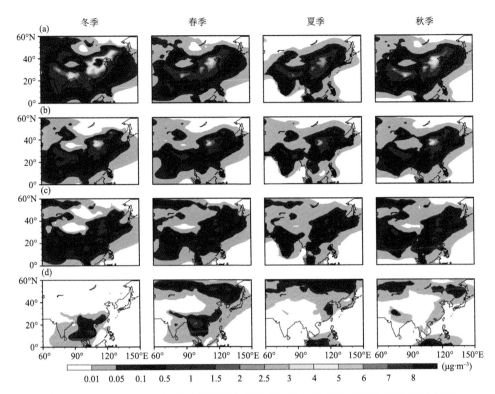

图 3.16　2000—2014 年标记的各行业源黑碳近地面浓度在亚洲的四季空间分布
(a)生活源(Res);(b)工业源(Ind);(c)交通农业能源(TrAgEn);(d)生物质燃烧源(BB)

季,占南亚黑碳柱浓度的 3%。

与南亚类似,东亚地区近地面附近的黑碳由本地排放主导,占总黑碳的 93%～98%。然而,虽然本地排放贡献了大多数东亚高空总黑碳,来自其他地区的黑碳柱浓度对东亚地区的影响明显强于对南亚的黑碳柱浓度的影响,且有显著的四季变化。春季外地排放对东亚地区黑碳的影响强于夏季、秋季和冬季,约有 23% 的黑碳柱浓度来自于亚洲其他国家和地区,其中 11% 来自于南亚,8% 来自于东南亚。夏季外地排放的贡献占东亚总黑碳柱浓度的 13%,秋季和冬季则占 11%。

与东亚和南亚不同,东南亚以及东北亚不管是黑碳近地面浓度还是黑碳柱浓度,都易受外地排放的影响。除夏季外,东南亚有 22%～41% 的黑碳近地面浓度以及 43%～55% 的黑碳柱浓度来自区域输送。其中冬季受外地排放影响最大,东亚地区对东南亚黑碳贡献最大,占黑碳近地面浓度的 22% 和柱浓度的 28%;南亚次之,占黑碳近地面浓度的 19% 和柱浓度的 27%。秋季,东亚地区的黑碳排放也是东南亚黑碳的最大的外地来源,但在春季和夏季,南亚超过东亚,成为东南亚黑碳的最大的外地来源。此外,区域输送对夏季东南亚地区的黑碳贡献减小,这可能与夏季降水最强,大量黑碳被湿清除,难以进行远距离输送有关。

东亚同样为东北亚上空黑碳的最大外地来源。东北亚的黑碳近地面浓度有 13%～28% 来自东亚地区的黑碳排放。对于东北亚上空的黑碳柱浓度,东亚的贡献比例为 36%～56%。与东亚地区相比,其他地区对东北亚黑碳的贡献较少,南亚排放对东北亚地区黑碳近地面浓度几乎没有影响,对黑碳柱浓度贡献了 3%～10%。东北亚黑碳易受东亚排放的影响,尤其是在秋季和冬季东亚生活源排放强烈的时候。

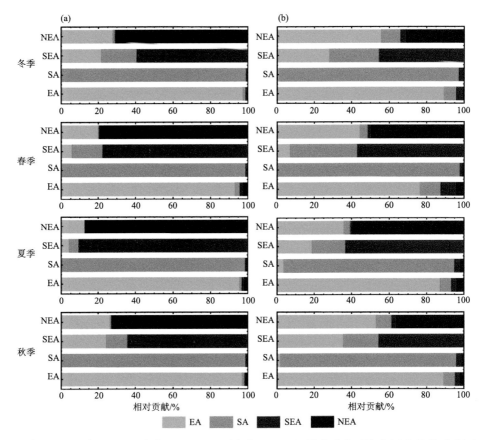

图 3.17　东亚(EA)、南亚(SA)、东南亚(SEA)以及东北亚(NEA)黑碳近地面浓度(a)和柱浓度(b)在冬季、春季、夏季和秋季的区域相对贡献(%)

　　图 3.18 进一步展示了在东亚、南亚、东南亚以及东北亚,不同区域源分别对标记的生活源、工业源、交通农业能源源和生物质燃烧源黑碳的相对贡献。上一节提到南亚地区的黑碳几乎完全由本地排放主导,在将南亚上空总黑碳分解至不同行业源黑碳时,可发现本地排放主导的是来自生活源和工业源的黑碳。而排放自交通农业能源源和生物质燃烧源的黑碳易受区域输送的影响,尤其是黑碳柱浓度。有 18%～35% 的交通农业能源源黑碳柱浓度和 32%～86% 的生物质燃烧源黑碳柱浓度来自外地排放。对于南亚交通农业能源源黑碳来说,除亚洲以外的全球其他地区的黑碳源贡献最大,考虑为印度半岛周边海域船舶排放的影响。对于生物质燃烧源黑碳来说,外地贡献有着明显的季节变化。冬季和夏季区域输送对南亚生物质燃烧源黑碳影响最大,其中贡献最大的外地来源为全球其他地区生物质燃烧源排放。贡献第二的地区在冬季为东南亚,在夏季则为东北亚,这是因为东南亚和东北亚生物质燃烧源排放频发的季节差异。尽管交通农业能源源和生物质燃烧源的黑碳易受区域输送的影响,但由于在南亚这两类行业源黑碳贡献比例远小于生活源和工业源黑碳,因此,南亚地区的总黑碳仍由本地排放主导。

　　与南亚类似,东亚地区的交通农业能源源和生物质燃烧源的黑碳易受区域输送的影响。不同的是,东亚不管是生物质燃烧源对黑碳近地面浓度的贡献,还是对柱浓度的贡献,都易受

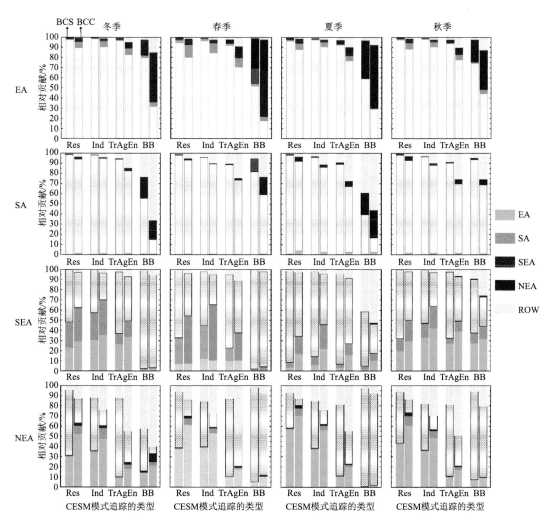

图 3.18　2000—2014 年标记的东亚（EA）、南亚（SA）、东南亚（SEA）以及东北亚（NEA）生活源（Res）、工业源（Ind）、交通农业能源源（TrAgEn）和生物质燃烧源（BB）黑碳近地面浓度（BCS）和柱浓度（BCC）在冬季、春季、夏季和秋季的区域相对贡献，ROW 指全球其他地区

区域输送的影响。东亚以外区域的生物质燃烧源贡献了黑碳近地面浓度的 20%～48% 的和柱浓度的 56%～82%。生物质燃烧源区域输送对东亚影响最强的季节为春季，这是由于此时为东南亚和东北亚生物质燃烧频发的季节。春季东南亚对东亚生物质燃烧源黑碳的近地面浓度贡献为 15%，柱浓度贡献为 45%；南亚对东亚地区生物质燃烧源黑碳的近地面浓度贡献为 30%，柱浓度贡献为 31%。在夏季和秋季，由于中南半岛生物质燃烧事件的减少，东北亚为东亚地区生物质燃烧源黑碳的主要外地来贡献源区，贡献了生物质燃烧源黑碳近地面浓度的 22%～37%，柱浓度的 38%～62%。

东南亚和东亚易受外地排放影响的行业源黑碳与东亚和南亚不同，为生活源和工业源。其中，东南亚除夏季外，黑碳受区域输送影响显著，有 33%～49% 的生活源黑碳近地面浓度和 47%～58% 的工业源黑碳近地面浓度来自外地排放，其中贡献最大的外地源在春季为南亚，在秋季为东亚，冬季两个地区对东南亚生活源和工业源黑碳的影响相当。东亚和南亚黑碳排放对东南亚生活源和工业源黑碳柱浓度的影响更大。东亚黑碳排放在春季和夏季对东南亚生活源和工业源黑碳柱浓度影响较小,在秋季和冬季则对东南亚地区贡献了29%~30%的生活源黑碳柱浓度和36%~42%工业源黑碳柱浓度。南亚黑碳排放对东南亚地区生活源和工业源黑碳柱浓度的影响在四季都较大,占东南亚上空17%~47%的生活源黑碳柱浓度和22%~25%的工业源黑碳柱浓度。

东北亚地区生活源和工业源黑碳则主要受东亚地区黑碳排放的影响,尤其是黑碳柱浓度。东亚地区人为排放主导该地区生活源和工业源黑碳柱浓度,占东北亚上空53%~70%的生活源黑碳柱浓度和48%~56%的工业源黑碳柱浓度。东北亚地区交通农业能源源黑碳同样易受外地排放的影响,其中22%~30%的交通农业能源源黑碳近地面浓度和59%~70%的交通农业能源源黑碳柱浓度来自东北亚以外的外地排放。与生活源和工业源黑碳的主要外地来源不同,交通农业能源源黑碳的最大外地来源是亚洲以外的全球其他地区,其中柱浓度被亚洲以外的全球其他地区的黑碳源主导,占东北亚上空39%~49%的交通农业能源源黑碳柱浓度,这些黑碳可能主要来自于欧洲地区的交通源。约有12%~19%的交通农业能源源黑碳近地面浓度来自亚洲以外的全球其他地区。东北亚地区的生物质燃烧源黑碳在春季、夏季和秋季都是由本地排放主导。但在冬季,由于积雪积冰覆盖,几乎没有大规模生物质燃烧活动,导致该地区的生物质燃烧源黑碳主要来自外地排放,但是浓度值很低(图3.16d)。

3.4 中国地区黑碳的时空分布及其区域与行业来源

Ohara等(2007)研究认为,亚洲地区因人口的高度集中和经济的高速发展,成为全球黑碳的第一排放源区,尤其是中国。尽管20世纪90年代中期中国进行能源改革使黑碳的排放量逐渐下降,但中国黑碳排放总量相比全球其他地区仍处于较高水平(Wang et al.,2012a,2014b)。因此,中国已成为世界上黑碳浓度和辐射强迫的主要贡献者之一(Bond et al.,2013;Li et al.,2016b)。Yang等(2019)发现,黑碳对温度的影响速度远快于温室气体。因此,厘清中国黑碳时空分布特征及其来源贡献,可以为我国同时应对气候变化和空气污染提供依据。

3.4.1 黑碳在中国的时空分布

3.4.1.1 黑碳地面和飞机观测资料介绍

本节中使用的黑碳地面质量浓度观测资料均从我国大气成分观测站网(China Aerosol Watching Net,CAWNET)中获取。在中国气象局的统一组织协调下,中国气象局大气成分观测与服务中心从2005年底开始按照规划在全国14个关键区域布设30个大气成分观测站点,形成基本覆盖全国主要地理区域的大气成分观测站网(Zhang et al.,2008,2014a),即CAWNET。表3.1列出了本节使用的有黑碳地面质量浓度观测值且位于研究区域的14个CAWNET站点,包括:9个城市站点(北京、郑州、浦东、杭州、定海、温州、大连、桂林和武汉)、4个乡村站点(榆社、惠民、寿县和宜昌)和1个大气本底站点(临安)。根据站点地理位置,以33°N为界线,分成南、北两个部分,具体位置如图3.19所示。站点的观测频率为5 min一次,但由于观测数据容易受到人工操作、局地污染、仪器误差等因素的影响,本节中的观测数据均经过筛选。为了方便对比研究,观测数据分别处理成小时值、日值、月值。本节所选站点的黑碳数据最早起始于2006年,并保证了所有站点都有8个月以上的连续观测。

表 3.1 14 个 CAWNET 站点的基本资料

站点名	代码	经度/°E	纬度/°N	海拔/m	类型	N
榆社	YS	112.59	37.04	1042.30	乡村站点	30
北京	BJ	116.28	39.48	32.50	城市站点	60
宜昌	YC	111.22	30.44	257.50	乡村站点	18
寿县	SX	116.47	32.26	26.90	乡村站点	17
浦东	PD	121.32	31.14	8.10	城市站点	17
临安	LA	119.42	30.13	118.60	大气本底站点	111
杭州	HZ	120.10	30.14	42.60	城市站点	13
定海	DL	122.06	30.02	36.70	城市站点	23
温州	WZ	120.39	28.02	29.00	城市站点	14
大连	DL	121.38	38.54	92.50	城市站点	72
惠民	HM	117.50	37.49	11.70	乡村站点	16
桂林	GL	110.18	25.19	165.60	城市站点	71
武汉	WH	114.03	30.36	24.40	城市站点	29
郑州	ZZ	113.65	34.72	111.60	城市站点	107

注:N 表示月平均值的样本量。

飞机探测所用的运-12 机型,时速达到 200 km·h^{-1}。飞机上搭载了各种仪器,用以观测黑碳质量浓度、数浓度、黑碳核直径(D_c)和黑碳直径(D_p),以及记录对应飞行高度。观测地点和时间分别是:北京上甸子(40.39°N,117.07°E),2016 年 8 月 11 日上午和 2016 年 8 月 12 日上午;山东省济南市(36.36°N,117.00°E),2015 年 6 月 10—12 日;湖北省武汉市(30.36°N,114.03°E),2015 年 1 月 16 日。北京地区在 2016 年 8 月 11 日上午的观测只记录到了飞机从约 2 km 高度层处下降至距离地面 70 m 处的黑碳浓度。在 2016 年 8 月 12 日上午的观测较为完整,飞机上升阶段获得了 70~4500 m 的黑碳浓度,下降阶段获得了 3000~70 m 高度间的黑碳浓度。武汉的飞机观测获得了飞机下降时从约 6500 m 到近地面 70 m 间黑碳的垂直数据。济南的飞机观测分别获得了两次下降和一次上升阶段的黑碳垂直数据。

3.4.1.2 MERRA2 再分析资料介绍

MERRA2 是始于 1980 年的 NASA 大气再分析资料。MERRA2 利用升级的戈达德地球观测系统 5 号模型(Goddard Earth Observing System Model,Version 5,GEOS-5)数据同化系统代替了原来的 MERRA 再分析资料。MERRA2 代替 MERRA 的主要原因是 MERRA 数据同化系统 2008 年开始无法吸收一些重要的新的数据类型。随着老的卫星传感器的失效,用于 MERRA 同化的观测数据的数量急剧减少。MERRA2 是长达几十年的再分析资料,将气象和观测数据共同加入全球同化系统中。用于同化 MERRA2 AOD 的数据主要来自高级甚高分辨率辐射计(Advanced Very High Resolution Radiometer,AVHRR,1979—2002 年)、MODIS Terra(从 2000 年至今)、MODIS Aqua(从 2002 年至今)、多角度成像光谱仪(Multiangle Imaging Spectro Radiometer,MISR,从 2000 年至今)和全球自动观测网(AErosol RObotic NETwork,AERONET,1999—2014 年,Gelaro et al.,2017)。MERRA2 同化的 AOD 资料来自于 NOAA Polar Operational Environmental Satellites(POES)、NASA Earth Observing

System(EOS)平台、NASA 地基观测。每 3 h,MERRA2 系统就会在全球范围内对不容易观测到的参数和气溶胶进行诊断分析和网格化输出,潜在的应用范围包括空气质量预测、气溶胶-气候和气溶胶-天气相互作用的研究(Bocquet et al.,2015)。MERRA2 在经度方向有 576 个格点,在纬度方向有 361 个格点。数据输出在分辨率为经度 0.625°,纬度 0.5°的网格上。MERRA2 包含了 AOD、气溶胶辐射强迫、硫酸盐、黑碳、沙尘、有机碳和海盐 AOD 等数据集。MERRA2 数据可以通过戈达德地球科学数据(Goddard Earth Sciences,GES)数据和信息服务中心(Data and Information Services Center,DISC)(http://disc.sci.gsfc.nasa.gov/mdisc/)获取。MERRA2 数据的文件说明等可以从 http://gmao.gsfc.nasa.gov/reanalysis/MERRA2/获取。

本节采用的数据均是基于 MERRA2 中的黑碳再分析资料(https://giovanni.gsfc.nasa.gov)。为了研究 MERRA2 黑碳产品的适用性和准确性,在第 3.4.1.3 节对 MERRA2 黑碳产品与华东地区不同时间间隔的地面观测结果进行了比较。

3.4.1.3 MERRA2 地面黑碳质量浓度的验证

本节利用地面观测资料对 MERRA2 黑碳再分析资料在中国东部地区的适用性进行了对比验证(Xu et al.,2020)。考虑到 MERRA2 再分析资料空间分辨率为 0.5°×0.625°,MERRA2 的一个格点足够大,可以覆盖一个 CAWNET 站点代表的区域。所以选取与 CAWNET 站点地理位置最接近的 MERRA2 的格点作为对比分析的对应值。图 3.19 展示了中国东部 2006—2016 年间 14 个 CAWNET 站点的黑碳月观测值和 MERRA2 产品值的比较。由于 MERRA2 产品的分辨率远大于地面观测仪器,所以本节依据表 3.1 挑选各站点经纬度最相近的 MERRA2 格点数据与对应站点观测值做相关性分析。图 3.19 中的散点图展示了遥感数据和观测数据之间较好的相关性,相关系数(R)为 0.55~0.96。所有站点的相关系数都通过了 P=0.01 水平的显著性检验。针对样本数量不超过 30 个(N≤30)的 9 个站点,宜昌的相关系数最低(R=0.69),寿县的相关系数最高(R=0.96);样本数量在 60~70 个的大连、北京和桂林的相关系数分别为 0.55、0.56 和 0.69;样本数量超过 100 个的郑州和临安站的相关系数均为 0.69。总体上,大多数站点的遥感数据和地面观测值均体现出较好的相关性,相关系数在 0.70 左右。各站点的均方根误差(RMSE)在 0.55~2.33 $\mu g \cdot m^{-3}$ 之间。宜昌、杭州、定海、温州和大连这 5 个站点的均方根误差小于 1.00 $\mu g \cdot m^{-3}$,而空气污染较严重的北京和郑州则分别达到 2.24 $\mu g \cdot m^{-3}$ 和 2.33 $\mu g \cdot m^{-3}$。Song 等(2018)用 AERONET 和中国气溶胶监测网的 AOD 数据验证了中国华北地区的 MERRA2 AOD。他指出,MERRA2 AOD 在部分地区存在负偏差,这可能是由于 MERRA2 同化了没有矫正误差的 MISR AOD,或者是受限于资料被同化的卫星本身在重污染过程中有限的 AOD 反演能力。这种反演能力的不足有可能是导致北京和郑州出现较低的相关性和较大的均方根误差的原因之一。

3.4.1.4 中国主要黑碳高值区——华东地区黑碳气溶胶的时空分布

中国是全球主要黑碳排放源区之一,其中华东区域是中国黑碳的高排放区(Zhang et al.,2015b;Ding et al.,2016;Lou et al.,2018)。本节介绍了基于 MERRA2 再分析资料中黑碳浓度产品,对华东地区黑碳气溶胶时空分布进行的研究。

图 3.20a 显示基于 MERRA2 月产品描述的 2000—2016 年中国东部的黑碳年平均地面浓度的空间分布。可以看出整个东部地区的年平均黑碳地面浓度为 3.41 $\mu g \cdot m^{-3}$,整体呈

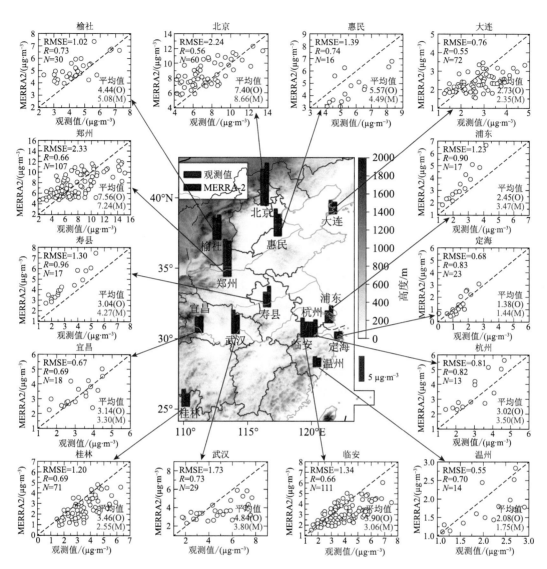

图 3.19　华东地区 14 个 CAWNET 站点观测值和 MERRA2 再分析资料中黑碳地面质量浓度月平均值
及总体平均值的比较(附图中的虚线表示 $Y=X$ 的直线,总平均观测值和 MERRA2 分别用 O 和 M 标记);
图中站点代码和介绍见表 3.1;RMSE 表示均方根误差,R 表示相关系数,N 表示样本数量

"北高南低"的分布特征。京津冀一带是地面浓度高值中心,浓度超过 7.00 μg·m^{-3}。同时,
石家庄和郑州局地浓度也超过了 7.00 μg·m^{-3}。绝大部分中部地区包括山西省、山东省、安
徽省、江苏省、湖南省以及湖北省的部分地区,处于次高浓度区(3.00~5.00 μg·m^{-3})。总体
上,北京—河南一带是黑碳地面浓度相对高值区($\geqslant$5.00 μg·m^{-3}),西北部和东南沿海地区
是相对低值区($\leqslant$3.00 μg·m^{-3})。

此外,由于黑碳对可见光的强烈吸收作用,在区域乃至全球尺度范围内,黑碳的垂直结构
会通过影响地气系统的辐射收支平衡继而产生一系列气候、环境效应(Samset et al.,2013;
Bond et al.,2013)。因此,根据 MERRA2 黑碳柱浓度密度分析了华东地区 2000—2016 年黑
碳柱浓度变化。图 3.21 为 2000—2016 年的年平均黑碳柱质量浓度的分布和线性趋势。从图

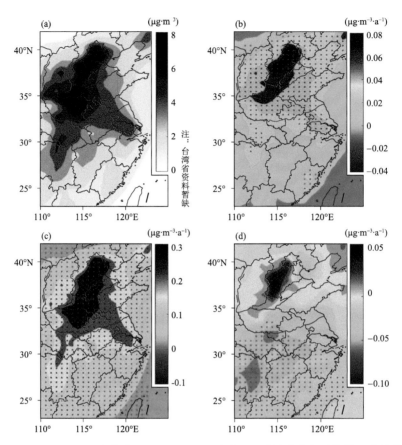

图 3.20　2000—2016 年华东地区 MERRA2 黑碳地面质量浓度年平均值和线性趋势
(a)地面质量浓度年平均值;(b)地面质量浓度增长速率;(c)分段线性趋势 2000—2007 年;
(d)分段线性趋势 2008—2016 年

中可以看出,大部分地区柱浓度在 3.00 mg·m^{-2} 以上,整体呈北部高、东南部和西北部低的
分布趋势。华东地区整体年平均柱浓度为 3.78 mg·m^{-2}。与地面浓度不同,相对较高的柱
浓度出现在冀中地区,浓度超过 6.00 mg·m^{-2}。特殊的地形和较强的局部排放加速了黑碳
在垂直方向的积累。柱浓度超过 4.00 mg·m^{-2} 的区域占比接近研究区面积的一半,包括山
东、湖南、湖北、山西、江西部分地区和北长三角地区。东南沿海地区浓度最低,为 1.00~2.00
mg·m^{-2}。2000—2016 年、2000—2007 年和 2008—2016 年的增长率如图 3.21b—d 所示,灰
色圆点表示通过了 0.01 水平的显著性检验。在图 3.21b 中,中国东部东北地区年变化率总体
呈上升趋势,南部地区总体呈下降趋势。黑碳柱浓度在京津冀—山东北部有较快增长(≥0.02
mg·m^{-2}·a^{-1}),而在安徽—湖北—江西交界下降最快(>−0.02 mg·m^{-2}·a^{-1})。第一阶
段(图 3.21c),黑碳柱浓度在华东地区呈上升趋势,其中京津冀以北、广西—西南、广东、山东、河
南、安徽、江苏、湖北、湖南、江西等地增速约为 0.20 mg·m^{-2}·a^{-1}。而在第二时期仅石家庄地
区的柱浓度有所增加,湖北东部—湖南北部地区为下降中心(>−0.12 mg·m^{-2}·a^{-1})。

　　Samset 等(2013)在研究中指出,黑碳辐射平衡的不确定性中有 20% 与黑碳垂直结构有
关。但是受技术限制,针对较大范围尤其是大气污染较严重的中国东部地区,暂时没有较多的

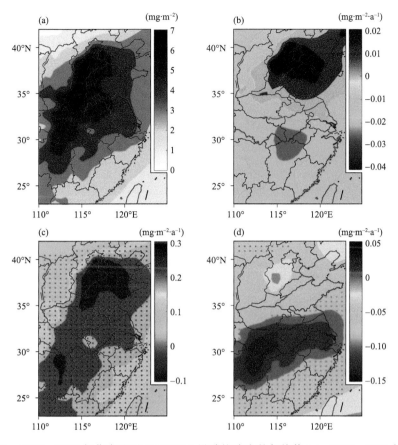

图 3.21　2000—2016 年华东地区 MERRA2 黑碳柱浓度的年均值(a)；2000—2016 年(b)、
2000—2007 年(c)、2008—2016 年(d)华东地区 MERRA2 黑碳柱浓度的变化率

有关黑碳垂直分布的研究分析。本节基于 MERRA2 再分析资料中的瞬时黑碳垂直廓线数据,对 2006 年 3 月—2016 年 2 月间研究区域的黑碳垂直分布结构及变化进行分析,具体如图 3.22 和图 3.23 所示。

图 3.22a 展示了 2006 年 3 月—2016 年 2 月、2006 年 3 月—2011 年 2 月(阶段一)、2011 年 3 月—2016 年 2 月(阶段二)中国东部地区平均黑碳垂直廓线。可以看出 10 a、前 5 a 和后 5 a 平均黑碳浓度在垂直方向上的结构基本一致,均从地面往高空逐渐减小,在距离地面约 3 km 的高度处快速降低,在 8 km 以上黑碳浓度非常低。在近地面,阶段一的黑碳浓度约为 2.02 $\mu g \cdot m^{-3}$,阶段二的黑碳浓度约为 1.95 $\mu g \cdot m^{-3}$。整体上,后 5 a 的平均黑碳垂直浓度较前 5 a 略下降,空气质量治理措施的效果有所体现。图 3.22b 描述了 2006 年 3 月到 2016 年 2 月这 10 a 间的各个高度层的平均季节黑碳浓度变化。在约 2 km 以下的高度层,冬季的黑碳浓度最大,近地面达到 2.81 $\mu g \cdot m^{-3}$;秋季浓度次之,近地面达到 2.04 $\mu g \cdot m^{-3}$;春季浓度比秋季略小,近地面浓度达到 1.81 $\mu g \cdot m^{-3}$;夏季浓度最低,近地面达到 1.40 $\mu g \cdot m^{-3}$,几乎是冬季浓度的一半。在 2 km 高度层以上,随着高度的不断升高,冬季和秋季黑碳浓度迅速减小,与夏季浓度趋于接近,而春季的黑碳浓度成为四季最高;在约 6 km 高度层以上,四个季节的黑碳浓度基本接近,并随高度升高越来越小。

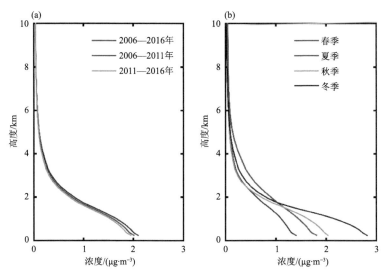

图 3.22　基于 MERRA2 的 2006 年 3 月—2016 年 2 月、2006 年 3 月—2011 年 2 月和 2011 年 3 月—2016 年 2 月的平均黑碳垂直廓线(a)及 2006 年 3 月—2016 年 2 月的季节平均黑碳垂直廓线(b)

图 3.23 描述了 2006 年 3 月—2016 年 2 月这 10 a 间中国东部地区各个月份的平均黑碳垂直廓线。可以看出近地面(约 100 m)黑碳浓度从 1 月的 2.99 $\mu g \cdot m^{-3}$ 开始逐渐降低,7、8 月达到最低约 1.34 $\mu g \cdot m^{-3}$,9 月以后又逐渐升高。黑碳浓度随高度的升高逐渐减小,到距地面 3~5 km 后迅速下降,在 10 km 高度处基本趋于零。3—8 月(即春季、夏季)的黑碳垂直廓线突变层较其他月份高,冬季月份的廓线突变层最低。近地面黑碳浓度高主要是受地面排放的影响,所以呈现夏低冬高的变化特征。另外,冬季逆温频发,导致黑碳在近地层堆积,而夏季垂直对流旺盛,所以夏季黑碳浓度随高度的递减梯度较小。

3.4.1.5　中国典型站点黑碳浓度变化特征

郑州市位于我国中部平原,是人口大省河南省的省会,2016 年的常住人口达到 972 万人(中国统计年鉴),经济发展迅速。受产业结构、地理位置和经济发展的影响,郑州的大气污染较为严重。在国家环保部发布的"重点区域和 74 个城市空气质量状况"排名显示,2013—2016 年郑州市空气质量年均排名均在倒数十名之列,主要污染物为细颗粒物。临安大气本底站位于浙江,周围以林地和农田为主,受人类生产生活产生的污染源影响较小。桂林是我国南方的旅游城市,以山清水秀闻名,但随着经济、工业、能源、人口等的发展,大气污染也日益严重(龙凤翔 等,2019)。图 3.24 展示了 2006—2016 年临安、桂林和郑州的黑碳近地面浓度观测值的年变化折线图。从图中可以看出,临安和桂林的月均黑碳浓度非常接近,郑州的月均黑碳浓度最高。郑州的黑碳浓度在 1 月最高、7 月最低,分别达到 11.82 $\mu g \cdot m^{-3}$ 和 5.44 $\mu g \cdot m^{-3}$。临安的 12 月黑碳浓度最高、7 月最低,分别达到 5.54 $\mu g \cdot m^{-3}$ 和 2.40 $\mu g \cdot m^{-3}$。两个城市的黑碳月变化趋势基本为"U"形,即黑碳近地面浓度在 7、8 月较低。与临安和郑州不同,桂林的黑碳浓度虽然同样在 7 月达到最低(2.40 $\mu g \cdot m^{-3}$),但是最高值出现在 3 月,达到 4.76 $\mu g \cdot m^{-3}$。3 月是东南亚地区生物质燃烧最旺盛的月份,所以东南亚的黑碳很有可能在西南风的作用下被输送到中国南部沿海地区(Kondo et al.,2004),使得桂林在 3 月的黑碳浓度最高。

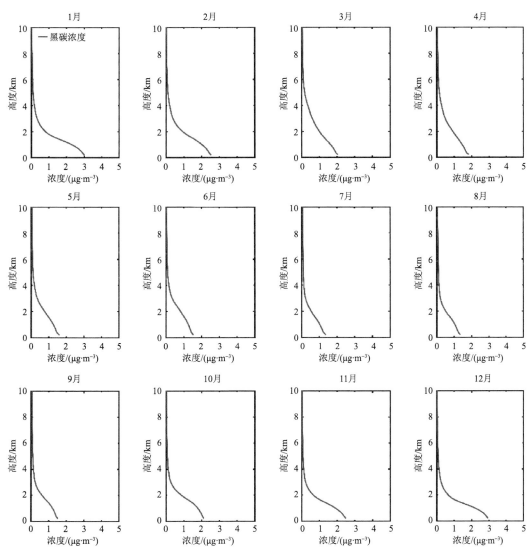

图 3.23　基于 MERRA2 的 2006 年 3 月—2016 年 2 月中国东部各月份

黑碳平均浓度垂直廓线

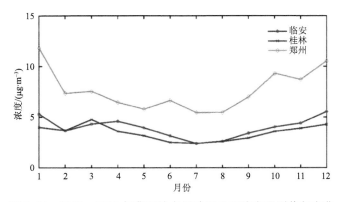

图 3.24　2006—2016 年典型站点黑碳近地面浓度观测值年变化

图 3.25 分析了临安、桂林和郑州在 2006—2016 年间黑碳近地面浓度的年际变化趋势。考虑到各城市每年的数据样本缺失的情况,图 3.25 中的年平均数值只保留了有效月观测值数超过 6 $\mu g \cdot m^{-3}$ 的年份。郑州、临安和桂林站点的平均黑碳浓度分别为 7.53 $\mu g \cdot m^{-3}$、3.84 $\mu g \cdot m^{-3}$ 和 3.40 $\mu g \cdot m^{-3}$。从图中可以看出,郑州的年均黑碳浓度在 2006 年最高,达到 9.40 $\mu g \cdot m^{-3}$,2010 年后逐渐下降,但在 2013—2015 年之间有所反弹。临安的年均黑碳浓度在 2008 年和 2009 年达到了约 5.20 $\mu g \cdot m^{-3}$,然后从 2011 年开始持续下降到 2016 年的 2.69 $\mu g \cdot m^{-3}$。桂林的黑碳浓度与临安黑碳浓度相近,在 2012—2016 年间也呈下降趋势,从 3.76 $\mu g \cdot m^{-3}$ 降低到 2.53 $\mu g \cdot m^{-3}$。从三个站点的总年均值变化趋势也能看出,总平均值从 2009 年的 7.19 $\mu g \cdot m^{-3}$ 开始逐年下降,在 2013—2015 年有所反弹。这个反弹主要是因为郑州的黑碳浓度升高。为了保护环境,中国政府在"十一五"(2006—2010 年)期间开始关注温室气体排放,并在"十二五"(2011—2015 年)期间制订了具体的节能减排计划(Yuan et al.,2011)。虽然浓度年变化略有波动,但是三个城市在 2012—2016 年的平均黑碳质量浓度与 2006—2011 年的相比均有所降低。

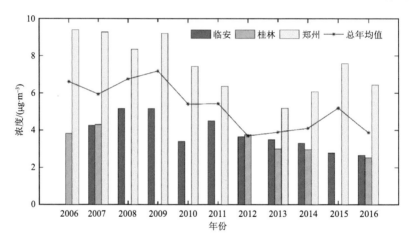

图 3.25 2006—2016 年典型站点黑碳近地面浓度观测值年际变化

3.4.2 中国总体的黑碳区域与行业来源

3.4.2.1 区域来源

由上节分析可知,东亚地区除了本地的黑碳人为排放,一定程度上也会受到周边地区交通农业能源源排放以及东南亚和东北亚地区生物质燃烧源排放的影响。然而,中国本地黑碳排放十分不均匀,不同地区的排放特征不同。因此,图 3.26 和图 3.27 对 CESM 模式追踪的中国各地区,亚洲其他黑碳排放关键区(中南半岛、东北亚)以及全球其他地区在不同季节对中国总黑碳近地面浓度和柱浓度的贡献进行总结。中国黑碳近地面浓度冬季最高,为 2.34 $\mu g \cdot m^{-3}$。其次为秋季和春季,分别为 1.34 和 1.22 $\mu g \cdot m^{-3}$。夏季浓度最低,为 0.91 $\mu g \cdot m^{-3}$。大多数中国地区黑碳近地面浓度来自境内排放,占总黑碳的 92%~97%。中国上空四季黑碳柱浓度从大到小依次为冬季、春季、夏季和秋季,浓度值分别为 1.48、1.30、1.19 和 1.17 $mg \cdot m^{-2}$。中国境内排放占中国总黑碳柱浓度的 75%~88%。

各地区对中国近地面黑碳的贡献中,华北是最大的来源,提供了 0.44~1.31 $\mu g \cdot m^{-3}$,占总黑碳的一半左右,为 47%~56%。其中冬天浓度值最高且占比最大,这是由于该地区冬季

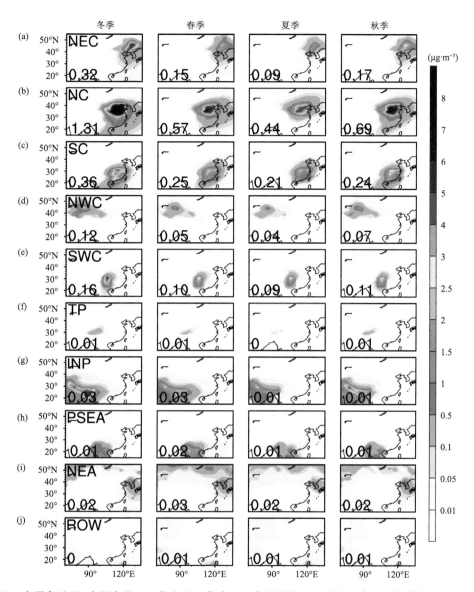

图 3.26　中国各地区(中国东北(a)、华北(b)、华南(c)、中国西北(d)、中国西南(e)、青藏高原(f)、印度半
岛(g)、中南半岛(h)、东北亚(i)以及全球其他地区(j))对中国黑碳近地面浓度在冬季、春季、夏季和秋季的
区域贡献。图中左下角数值代表各地区对中国黑碳近地面浓度的贡献值

的居民生活需求导致的生活源黑碳排放最强。华南地区为中国近地面黑碳的第二贡献地区,
提供了 0.21~0.36 μg·m^{-3}黑碳,占总黑碳的 15%~23%。尽管华南地区同样是冬天排放
的黑碳最高,但华南对中国近地面黑碳浓度的相对贡献是在夏季最高,可能是由于夏季偏南季
风的输送效应。中国东北部为中国近地面黑碳的第三大来源,提供了 0.09~0.32 μg·m^{-3}黑
碳。中国西南部和西北部为中国近地面黑碳的第四和第五大来源,分别为中国提供了 0.09~
0.16 μg·m^{-3}和 0.04~0.12 μg·m^{-3}黑碳。青藏高原人口稀少,黑碳排放较少,因此,来自青
藏高原的黑碳仅占中国近地面总黑碳的 0.36%~0.53%。对于亚洲其他地区对中国近地面
黑碳的贡献,从大到小依次为印度半岛、东北亚和中南半岛,排放自这些地区的黑碳分别占中国

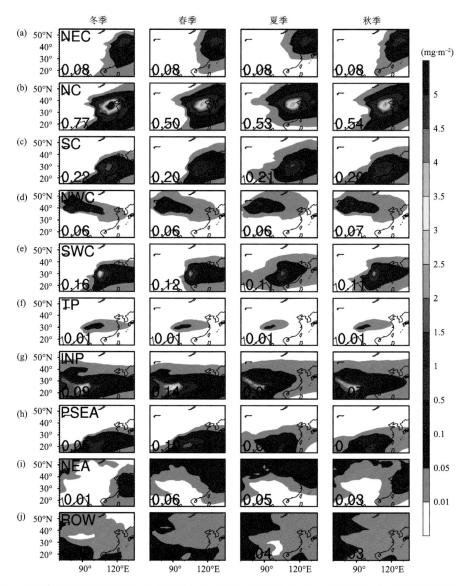

图 3.27 中国各地区(中国东北(a)、华北(b)、华南(c)、中国西北(d)、中国西南(e)、青藏高原(f)、印度半岛(g)、中南半岛(h)、东北亚(i)以及全球其他地区(j))对中国黑碳柱浓度在冬季、春季、夏季和秋季的区域贡献。图中左下角数值代表各地区对中国黑碳浓度的贡献值

总黑碳近地面浓度值的 1.1%~2.5%、0.7%~2.6% 和 0.5%~1.7%。其中春季东北亚由于生物质燃烧排放,对中国近地面黑碳的贡献超过印度半岛,占中国近地面黑碳浓度值的 2.6%。

华北和华南仍然是中国黑碳柱浓度的主要区域来源,分别为中国提供了 $0.50 \sim 0.77$ mg·m^{-2} 和 $0.20 \sim 0.22$ mg·m^{-2} 的黑碳,分别占中国总黑碳柱浓度的 39%~52% 和 15%~18%。中国黑碳柱浓度的第三大区域来源为中国西南部,超过了中国东北部,排放了 $0.11 \sim 0.16$ mg·m^{-2} 的黑碳柱浓度,占总黑碳的 9%~11%。中国东北部和西北部则为中国近地面黑碳的第四和第五大来源,分别为中国提供了 0.08 mg·m^{-2} 和 $0.06 \sim 0.07$ mg·m^{-2} 黑碳。在亚洲其他地区对中国黑碳柱浓度的贡献中,贡献最大的依然是印度半岛,中国来自该地区的黑碳柱浓度为 0.07~0.14 mg·m^{-2},占总黑碳的 6%~11%。除夏季外,中南半岛对中国黑碳柱浓度的贡献仅次于印度半岛,占总黑碳的 3%~8%,这些黑碳主要来自于东南亚的生物质燃烧排放。夏季同样由于东北亚的生物质燃烧,排放自东北亚的黑碳占中国总黑碳柱浓度的 4%。

3.4.2.2　行业来源

图 3.28 和图 3.29 分别给出了 CESM 模式追踪的各行业源在不同季节对中国总黑碳近地面浓度和柱浓度的贡献。可以看到,不管是近地面浓度还是柱浓度,生活源均为中国黑碳的最主要的行业来源,为中国提供了 0.46~1.65 μg·m^{-3} 的近地面浓度和 0.59~1.03 mg·m^{-2} 的柱浓度,分别占中国黑碳近地面浓度的 53%~70% 和柱浓度的 50%~69%。其中,生活源排放对中国黑碳的贡献在冬天最大,其次为秋季和春季,最小在夏季。工业源排放为中国黑碳近地面浓度和柱浓度的第二大行业来源,分别占总黑碳的 20%~31% 和 20%~30%。对于黑碳近地面浓度,中国的工业源黑碳浓度在冬季最高,夏季最低;然而中国的工业源黑碳柱浓度在夏季最高,冬季最低,主要是由于夏季较强的垂直扩散条件。交通农业能源源排放对中国黑碳的贡献的四季变化特征与工业源黑碳相同,交通农业能源源排放对中国黑碳近地面浓度的贡献在冬季最大,夏季最小,而对中国黑碳柱浓度的贡献在夏季最大,冬季最小。交通农业能源源排放提供了 0.15~0.21 μg·m^{-3} 的中国黑碳近地面浓度和 0.14~0.19 mg·m^{-2} 的柱浓度。生物质燃烧源黑碳在中国的占比很低,仅占中国黑碳近地面浓度的 0.44%~4.45% 和柱浓度的 1.21%~8.63%,其中在春季的占比最大,这是由于此时中南半岛和东北亚地区的生物质燃烧对中国的影响。

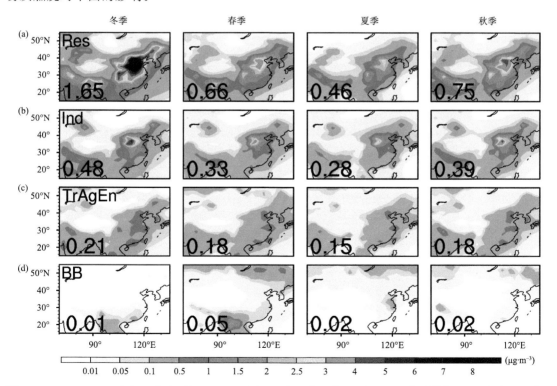

图 3.28　2000—2014 年标记的生活源(a)、工业源(b)、交通农业能源源(c)和生物质燃烧源(d)对中国黑碳近地面浓度在冬季、春季、夏季和秋季的贡献。图中左下角数值代表各行业源对中国黑碳近地面浓度的贡献值

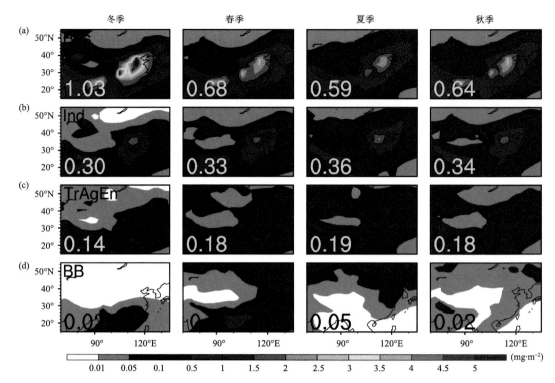

图 3.29　2000—2014 年标记的生活源(a)、工业源(b)、交通农业能源源(c)和生物质燃烧源(d)对中国黑碳柱浓度在冬季、春季、夏季和秋季的贡献。图中左下角数值代表各行业源对中国黑碳柱浓度的贡献值

3.4.3　中国各地区黑碳来源特征

3.4.3.1　黑碳在中国各地区之间的区域输送

由上节可知,中国各地区黑碳排放分布不均匀,地区间黑碳的相互输送导致不同地区的黑碳来源各不相同。图 3.30 为 CESM 模式追踪的各区域源,包括中国各地区和印度半岛(INP)、中南半岛(PESA)、东北亚(NEA)以及全球其他地区(ROW),对中国东北(NEC)、华北(NC)、华南(SC)、中国西北(NWC)、中国西南(SWC)以及青藏高原(IP)黑碳浓度的相对贡献。

华北地区无论是黑碳在近地面的浓度还是柱浓度,都较少受区域输送的影响,黑碳浓度由本地排放主导。本地排放对该地区黑碳近地面浓度的贡献为 88%～96%,对柱浓度的贡献为 76%～85%。中国以外地区的黑碳排放也对该地区影响很小,华南和中国西南部对华北有微弱影响,对华北黑碳柱浓度的贡献分别为 4%～9%、4%～6%。然而,华北地区的黑碳排放影响着中国其他地区的黑碳浓度。除青藏高原受华北黑碳排放影响较小,东北地区黑碳近地面浓度的 11%～34% 以及柱浓度的 40%～52%,华南地区黑碳近地面浓度的 7%～32% 以及柱浓度的 16%～37%,西南地区黑碳近地面浓度的 4%～14% 以及柱浓度的 8%～20%,西北地区黑碳近地面浓度的 3%～10% 以及柱浓度的 5%～11%,都来自华北地区。其中东北地区和华南地区受华北黑碳排放影响较大,但这两个地区受影响最大的季节不同,华北地区黑碳排放对东北地区黑碳的贡献在夏季最大,而对华南地区黑碳的贡献在冬季相对更大。这是由于中国位于季风控制区,夏季和冬季盛行风向的差异导致的(图 3.31)。夏季盛行的偏南季风有利于华北地区排放的黑碳向东北地区的输送,而冬季盛行的偏北季风促进华北地区的黑碳向华

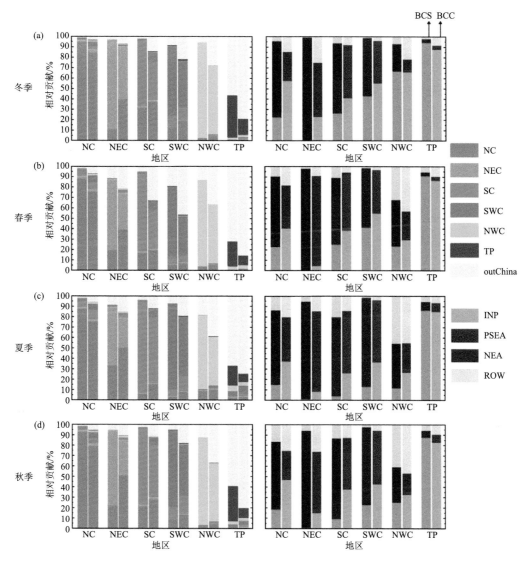

图 3.30　CAM5.1 追踪的各区域源对中国东北、华北、华南、中国西北、中国西南以及青藏高原黑碳近地
面浓度(BCS)和柱浓度(BCC)在冬季(a)、春季(b)、夏季(c)和秋季(d)的相对贡献,其中左列为中国各
地区和中国以外(outChina)的地区对中国总黑碳浓度的贡献百分比,右列为中国以外的各地区黑碳
排放占国外排放对中国黑碳总贡献的百分比

南地区的输送。

除了已经提到的华北地区,本地排放对东北地区黑碳近地面浓度的贡献为 56%~86%,
柱浓度的贡献为 29%~50%;对华南地区黑碳近地面浓度的贡献为 64%~88%,柱浓度的贡
献为 37%~64%;对西南地区黑碳近地面浓度的贡献为 67%~82%,柱浓度的贡献为 38%~
57%;对西北地区黑碳近地面浓度的贡献为 71%~91%,柱浓度的贡献为 46%~65%;对青藏
高原黑碳近地面浓度的贡献为 19%~41%,柱浓度的贡献为 8%~15%。可以看到青藏高原
地区本地排放对当地黑碳浓度贡献较小。事实上,青藏高原地区黑碳主要来自国外黑碳排放,
占总黑碳近地面浓度的 56%~72%和柱浓度的 74%~85%。其中,印度半岛的人为源黑碳排

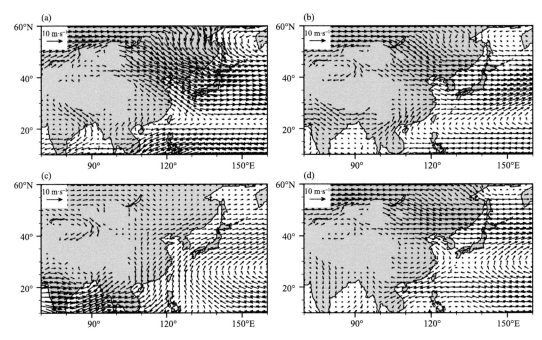

图 3.31　2000—2014 年 850 hPa 水平风场在中国及周边地区的水平分布
(a)冬季;(b)春季;(c)夏季;(d)秋季

放为青藏高原黑碳的主要来源,在国外排放对青藏高原黑碳近地面浓度的贡献中占 87%～
94%,对柱浓度的贡献中占 83%～88%。

　　国外排放除了对青藏高原地区黑碳有显著贡献,对华南、西南和西北地区黑碳也有影响。
国外排放对华南和西南地区黑碳的贡献在冬季和春季最大,对华南地区黑碳柱浓度的贡献为
14%～32%,对西南地区黑碳柱浓度的贡献为 22%～46%,在春季贡献值相对最大。这是由
于中南半岛春季强烈的生物质燃烧造成的黑碳排放对这两个地区的影响。对于西北地区,黑
碳近地面浓度的 6%～18% 和柱浓度的 28%～38% 来自中国以外地区的黑碳排放。在中国以
外各地区对西北地区的贡献中,冬季贡献最大的是印度半岛的黑碳排放,占国外排放对青藏高
原黑碳近地面浓度贡献的 67% 和柱浓度贡献的 66%。而在其他季节,贡献最大的是东北亚的
生物质燃烧排放和全球其他地区。前者占国外排放对青藏高原黑碳近地面浓度贡献的 34%
～45% 和柱浓度贡献的 18%～26%,后者占国外排放对青藏高原黑碳近地面浓度贡献的 32%
～45% 和柱浓度贡献的 43%～47%。根据西北地区春季、夏季和秋季的盛行风向分析可得
(图 3.31),全球其他地区对西北地区的贡献主要来自于欧洲地区,根据第 3.2 小节的分析,可
能主要为交通源排放。

　　除华北地区黑碳排放对中国其他地区黑碳的贡献,华南地区黑碳排放对西南地区黑碳也
有影响,占西南地区黑碳近地面浓度的 7%～12% 以及柱浓度的 7%～18%。由于西南地区上
空盛行的偏东风(图 3.31),华南地区黑碳排放对西南地区黑碳的贡献在秋季最大。

3.4.3.2　行业源排放对中国各地区黑碳的贡献

　　图 3.32 为 CESM 模式追踪的生活源、工业源、交通农业能源源和生物质燃烧源排放对中
国各地区黑碳柱浓度的相对贡献。在中国各地区,生活源排放为黑碳的第一大行业来源,并在

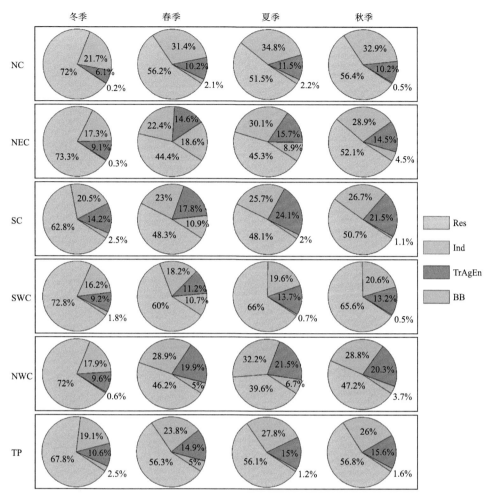

图 3.32　CAM5.1 追踪的生活源(Res)、工业源(Ind)、交通农业能源源(TrAgEn)和生物质燃烧源(BB)
排放对中国东北、华北、华南、中国西北、中国西南以及青藏高原黑碳柱浓度在
冬季、春季、夏季和秋季的相对贡献

冬季占比最大,在中国各地区黑碳中占比 67.8%～73.3%。这既与本地生活源排放在冬季最强有关,也与华北地区排放的生活源黑碳向这些地区的输送有关。在其他季节,生活源排放对各地区黑碳的贡献在西南地区最大,占当地总黑碳的 60%～66%;在西北地区占比相对较小,占当地总黑碳的 39.6%～47.2%。工业源排放为中国各地区黑碳的第二大行业来源,除了在冬季由于生活源黑碳的强排放,导致工业源黑碳在各地区对总黑碳的相对贡献较小,其余季节工业源黑碳在总黑碳的相对贡献基本相似,季节变化不明显。其中工业源排放在华北地区对黑碳的贡献最大,占当地黑碳的 31.4%～34.8%。交通农业能源源作为中国各地区黑碳的第三大来源,同样在除冬季以外,季节变化特征不明显。它对华南、西南和西北地区的贡献相对更大。由上小节可知,华南和西南地区的交通农业能源源主要来自本地排放,分别占当地总黑碳的 17.8%～24.1%和 11.2%～13.7%。而西北地区的交通农业能源源可能主要来自欧洲的交通运输排放,占当地总黑碳的 19.9%～21.5%。由于中国的生物质燃烧源黑碳排放不高,各地区生物质燃烧源排放对当地黑碳的贡献较小。但是在春季中南半岛生物质燃烧增加

时,华南和西南地区受黑碳区域输送的影响,生物质燃烧源黑碳占比增加,分别占当地总黑碳的 10.9% 和 10.7%。在春季和夏季,由于东北亚地区生物质燃烧活动的影响,东北地区生物质燃烧源黑碳占比同样增加,为 8.9%~18.6%。

3.4.4 中国中东部污染地区黑碳来源

中国中东部黑碳气溶胶浓度水平在整个中国乃至东亚地区都相对较高,由于其排放分布不均以及大气扩散条件的复杂多变,该地区黑碳的分布、区域来源贡献存在较大的变化和不确定性。为了深入了解黑碳的分布和来源特征,制定有针对性的减排政策。本节利用耦合了黑碳源示踪方法的区域在线大气化学模式 WRF-Chem 对中国中东部秋季平均黑碳的浓度分布特征和来源贡献进行定量分析,WRF-Chem 模式相对于全球模式分辨率更高,在区域尺度空气质量模拟和过程、机制分析中具有优势。同时使用敏感性试验的方法,对秋季清华大学公布的黑碳排放清单 MEIC 中不同行业源类型排放源排放黑碳的贡献情况进行研究。

3.4.4.1 秋季区域来源追踪

图 3.33 给出了 WRF-Chem 模式对中国中东部地区秋季黑碳的区域来源追踪结果,可以看出四个典型区域的黑碳来源以区域内源区贡献为主,区域外源区输送贡献为辅。京津冀地

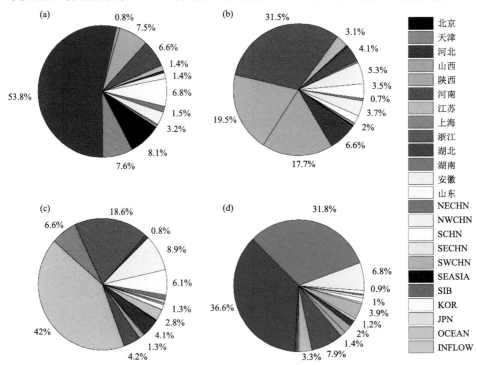

图 3.33　不同源区对四个典型地区黑碳的来源贡献占比((a)京津冀包括北京、天津、河北;(b)汾渭包括山西、陕西、河南;(c)长三角包括江苏、上海、浙江;(d)两湖地区包含湖北、湖南。NECHN=中国东北部,包括黑龙江、吉林、辽宁;NWCHN=中国西北部,包括内蒙古、陕西、宁夏、甘肃、青海;SCHN=中国南部,包括湖南、湖北、广西、广东、海南、香港、澳门;SECHN=中国东南部,江西、福建和台湾;SWCHN=中国西南部,包括重庆、四川、云南、贵州;SEASIA=东南亚地区,包括泰国、老挝、菲律宾、越南;SIB=西伯利亚地区,包括俄罗斯、蒙古国;KOR=朝鲜半岛,包括朝鲜和韩国;JPN=日本;OCEAN=海洋;INFLOW=边界流入)

区的黑碳主要来自河北(53.8%),其次是北京(8.1%)、天津(7.6%),外来源区山西、山东、河南等地理位置较近的源区对京津冀的黑碳也有部分贡献,贡献分别为 7.5%、6.8%、6.6%。中东部四个黑碳浓度较高区域的黑碳来源中,本地源区贡献为 67.2%～69.5%,外部源区贡献黑碳的占比为 32.8%～30.5%。外来贡献的占比接近于本地源区贡献的一半,说明中国中东部四个黑碳浓度较高的典型区域,秋季黑碳浓度 2/3 的贡献为本地源贡献,其余 1/3 为外来输送的贡献。

3.4.4.2　秋季行业来源追踪

图 3.34 给出了 WRF-Chem 模式追踪的不同类型排放源(工业源、生活源、交通源)对中国中东部地区秋季黑碳的贡献在空间上的分布。工业源是我国黑碳的主要来源,主要高值区分布在京津冀、汾渭、长三角和两湖地区,这些地区工业源平均贡献浓度及贡献百分比可达到 $0.8～1\ \mu g \cdot m^{-3}$ 和 31.3%～41.7%。生活源高值区主要分布在两湖地区(平均贡献 $1.2\ \mu g \cdot m^{-3}$),四川东部、贵州和河北北部也出现了高值区,这是由于这些地区工业发展水平有限、农村人口密度较大、生活源排放量较高(Qin et al.,2012)。东北地区由于居民采暖,生活源对黑碳的贡献比例也出现了高值区。交通源对黑碳贡献最大的地区出现在韩国,贡献达 80%,这是由于韩国的城市化极为发达,交通密集造成当地黑碳主要来源于交通。我国交通排放贡献的黑碳主要分布在京津冀、山东、长三角($1.5～3\ \mu g \cdot m^{-3}$,30%～40%),大于中国其他地区。对比图 3.34a、b、c,我们可以看到工业源贡献黑碳浓度的高值区更为集中,在大城市尤其是省会地区贡献强度大,呈点状分布。而生活源和交通源的贡献分布呈现扩散的片状分布,以大城市为中心,覆盖其与周边地区。

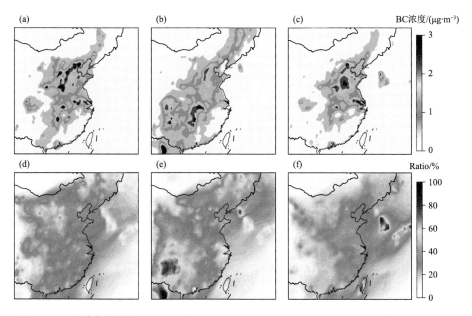

图 3.34　不同类型排放源(工业源(a、d)、生活源(b、e)和交通源(c、f))贡献黑碳(BC)的浓度(a—c)和百分比(Ratio)的水平(d—f)分布特征

3.4.5　区域输送对各行业源黑碳的贡献——以春季华南地区为例

华南位于中国南部,它所包含的珠江三角洲是中国经济发展最快的地区之一。城市化和

经济发展使得该地区空气污染加重,霾事件频发(Cheung et al.,2005;Kwok et al.,2010;Wang et al.,2016b)。已有不少研究发现,春季中南半岛强烈的生物质燃烧排放对华南、香港乃至大西洋地区均有强烈影响(Bey et al.,2001),甚至会传输至长三角地区(Fu et al.,2012),向这些区域输送的气溶胶中包含了黑碳(Zhang et al.,2005;Deng et al.,2008;Huang et al.,2013;Lin et al.,2013)。另有研究发现,在冬季风的输送下,华南 35% 的地表黑碳来自于华北地区(Yang et al.,2017),但是其他季节华北黑碳排放对华南黑碳影响尚不清楚。由于华南黑碳来源区域较广,本节仍以 CESM 模式黑碳源追踪的结果开展分析。

图 3.35 给出了春季华南地区的三个主要区域来源:华南本地、华北和中南半岛对不同行业源黑碳的相对贡献及分布。华南地区近地面生活源黑碳 54.34% 来自本地排放,其次为华北的远距离输送(25.94%),两者贡献了超过 80% 的生活源黑碳。但到了高空本地和华北排放贡献的比例都下降,但仍贡献了近 50% 的生活源黑碳柱浓度。与生活源黑碳的区域来源特征类似,近地面来自工业源和交通农业能源源的 80%~90% 的黑碳都来自本地和华北,但到了高空这两个地区的影响减弱,中南半岛等地区贡献增加(图 3.35)。但是有一点不同的是,图 3.35a_1—b_1 展示出华南地区近地面交通农业能源源的黑碳几乎都来自本地排放(78.05%),华北对其的输送较弱(6.67%)。再加上华北向华南输送的生物质燃烧源黑碳仅占总生物质燃烧源黑碳的 1% 左右,间接说明华北向华南地区输送的黑碳可能主要由生活源和工业源组成。分析各个地区对生物质燃烧源黑碳的贡献可知,华南地区大量的生物质燃烧源黑碳几乎都来自中南半岛的输入(图 3.35)。图 3.35c_2 表明中南半岛地区贡献了华南地区上空生物质燃烧源黑碳的近 80%。此外,尽管第 3.4.3 节分析了华南地区近地面黑碳主要来自本地以及华北的黑碳排放,但是中南半岛输入的生物质燃烧源仍占华南地表生物质燃烧源黑碳的 38.36%,几乎与本地排放的贡献持平(41.13%)。

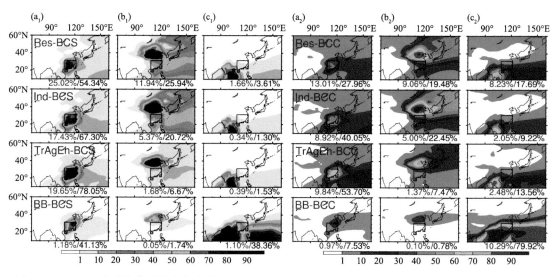

图 3.35 CESM 追踪的春季来自华南本地(a_1、a_2)、华北(b_1、b_2)和中南半岛(c_1、c_2)的生活源、工业源、交通农业能源源和生物质燃烧源排放对各行业源黑碳近地面浓度(BCS,a_1、b_1 和 c_1)和柱浓度(BCC,a_2、b_2 和 c_2)的相对贡献的水平分布。其中对华南地区总黑碳浓度和各行业源黑碳浓度的贡献分别表示为小图右下侧红色和黑色数值

值得注意的是,各外地源的主要输送高度并不相同。图 3.36c 展示了各外地源输入对华南各高度黑碳浓度的贡献比例。可以看到华北对华南黑碳的输送主要集中在对流层低层(850 hPa 以下),在这一高度层来自华北的黑碳占总外地源输入的 50%~75%。但是随着高度上升,华北对华南的黑碳输送减弱,国外输送的黑碳开始控制华南上空,尤其是来自中南半岛和印度半岛地区的黑碳。与来自华北的输送高度不同,中南半岛和印度半岛对华南黑碳的输送主要发生在对流层中上层(850 hPa 高度以上),占该高度层总外地源输入的 55%~74%。随高度上升,西南地区和全球其他地区向华南输入的黑碳贡献比例也逐渐增大,与中南半岛和印度半岛向华南地区的黑碳输送情况类似。

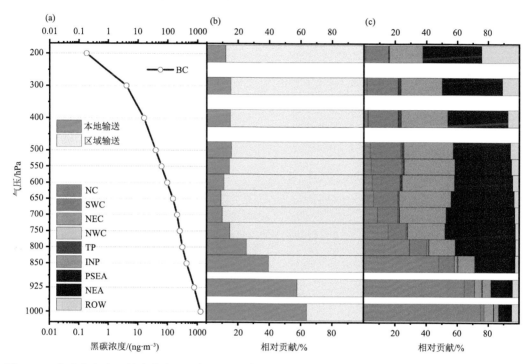

图 3.36 春季华南地区黑碳浓度(a)、本地和区域输送对华南地区黑碳的相对贡献(b)以及各非华南本地源(中国东北、华北、中国西北、中国西南、青藏高原、印度半岛、中南半岛、东北亚以及全球其他地区)对华南地区来自区域输送的黑碳的相对贡献(c)在不同垂直气压层的分布

图 3.37 为春季华南地区上空来自各地区的黑碳的行业源组成。华北向华南输送的黑碳在各个高度的行业来源比例基本相同,50%~60% 是生活源,其次为工业源(30%~40%)。来自交通农业能源源的黑碳很少,几乎不输送生物质燃烧源黑碳(分别为 5%~8% 和 0.5% 以下)。中南半岛主要输送的是生物质燃烧源黑碳,在 600 hPa 高度层以下所占比例为 50%~60%,其次为生活源和交通农业能源源黑碳(分别占该高度层黑碳的 20%~30% 和 10%),工业源黑碳比例很小。而印度半岛主要输送生活源黑碳,其次为工业源和交通农业能源源黑碳,生物质燃烧源黑碳反而很少,比例构成分别为 60%、25%、11% 和 3%~5%。国内其他地区的黑碳排放在各个高度向华南输送的黑碳主要也是生活源(50%~60%)。但是华南本地排放的黑碳组成与中国其他地区稍微不同。虽然也是生活源黑碳最多,但比例为 40%~50%,比国内其他地区低了 10% 左右,原因为交通农业能源源黑碳比例的增长,华南地区交通农业能源

源排放对当地黑碳的贡献与其他地区相比高 10% 左右。有研究强调交通源排放对华南地区
$PM_{2.5}$ 气溶胶的重要性(Yin et al.,2017；Yu et al.,2018)。因此是由于华南地区本地交通排
放较高,使交通农业能源源黑碳相对比例增加。全球其他地区向华南地区输送的黑碳主要也
由交通农业能源源构成(40%～60%,600 hPa 以下),这可能与华南周边临海船舶运输排放
有关。

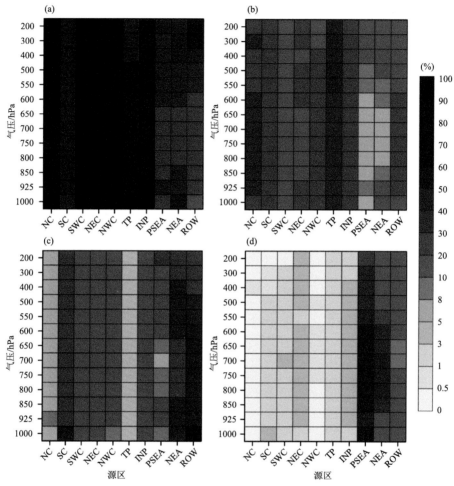

图 3.37　春季华南地区上空来自中国东北、华北、华南本地、中国西北、中国西南、青藏高原、印度半岛、中南
半岛、东北亚以及全球其他地区源区的黑碳的行业源(生活源(a)、工业源(b)、交通农业能源源(c)、生物质燃
烧源(d))在不同垂直气压层组成的变化

3.4.6　东亚季风对中国各区域黑碳来源的影响——以春季华南地区为例

　　东亚夏季风通常在春季爆发,此时季风区的风向会发生逆转,即由冬季的偏北风转为偏南
风(He et al.,2008；Zhu et al.,2011；Wang et al.,2016a)。季风会对气溶胶的形成、分布、输
送以及沉降等产生重要影响(Niu et al.,2010；Zhu et al.,2012；Guo et al.,2014；Wu et al.,
2016)。华南地区处于东亚季风区的大陆架前沿,季风爆发会对该地区黑碳的来源和输送有重
要影响。本节通过将黑碳排放源固定,分离出气象因子的扰动,并利用 CESM 的黑碳追踪技
术,研究春季东亚夏季风爆发对华南地区黑碳浓度和来源的影响。

由图 3.38 可知,当东亚夏季风爆发偏早或偏晚时,华南及其周边区域的黑碳浓度的变化特征相反。华南、华北是中国黑碳浓度季节变化最明显的地区。当东亚夏季风爆发偏早时,华南以及附近海域的黑碳浓度减少,华北地区黑碳浓度反而增加。而当东亚夏季风爆发偏晚时,各个地区的黑碳浓度变化基本与爆发偏早时的特征相反,主要表现为华南以及附近海域的黑碳浓度增加,华北地区黑碳浓度减少。表 3.2 给出了当东亚夏季风爆发偏早或偏晚时,华南和华北地区黑碳柱浓度的变化。当季风爆发偏早时,华南地区平均的黑碳柱浓度比平时的浓度水平减少了 6%,约为 0.11 mg·m^{-2}。与此同时华北地区黑碳柱浓度增加了 3%(0.06 mg·m^{-2})。季风爆发偏晚引起的浓度变化范围更大,华南和华北地区黑碳柱浓度分别增加和减少了 0.14 mg·m^{-2},均占自身平均浓度水平的 6%。也就是说,东亚夏季风爆发时间的变化可引起华南地区约 12% 的黑碳浓度变化范围。季风爆发时间的不同引起的黑碳近地面浓度的变化特征与黑碳柱浓度基本相同(表略),当东亚夏季风爆发偏早或偏晚时,华南地区黑碳近地面浓度的变化范围为 $-2\% \sim 7\%$,华北地区黑碳近地面浓度的变化范围为 $-2\% \sim 2\%$。Mao 等(2017)曾对东亚夏季风强度强弱对东亚地区黑碳近地面浓度的影响量级进行总结。东亚夏季风较强或较弱时,华南地区黑碳浓度变化范围为 $-5\% \sim 5\%$,华北地区黑碳浓度变化范围为 $-1\% \sim 2\%$。东亚冬季风强度的不同使华南地区黑碳浓度减少或增加 2%,华北地区黑碳变化了 $-2\% \sim 3\%$。因此,东亚夏季风的爆发时间和强度对黑碳气溶胶的影响大小量级相同。

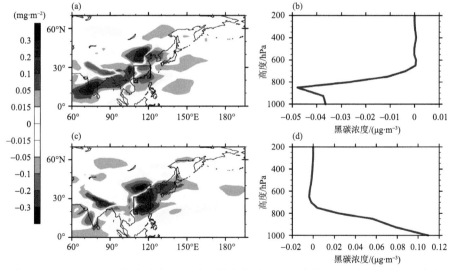

图 3.38　2000—2014 年春季东亚夏季风爆发偏早(a、b)、偏晚(c、d)时的黑碳柱浓度与模拟期间平均黑碳柱浓度的差异的水平分布(a、c)和在华南地区上空的垂直分布(b、d)

表 3.2　华南(SC)和华北(NC)地区在东亚夏季风爆发偏早、偏晚和模拟期间平均的春季平均黑碳柱浓度以及它们之间的差异

地区	季风爆发时间	黑碳柱浓度/(mg·m^{-2})	偏差/(mg·m^{-2})	偏差比值/%
华南(SC)	偏早	1.91	−0.11	−6
	偏晚	2.16	0.14	6
	平均	2.02		
	标准差[a]	0.86		

续表

地区	季风爆发时间	黑碳柱浓度/(mg·m⁻²)	偏差/(mg·m⁻²)	偏差比值/%
华北（NC）	偏早	2.40	0.06	3
	偏晚	2.20	−0.14	−6
	平均	2.34		
	标准差	1.35		

注：ᵃ表示模拟期间黑碳平均浓度的标准差。

下面采用黑碳源追踪技术，分析东亚夏季风爆发偏早或偏晚时华南地区黑碳浓度异常的区域来源。从图 3.39 可以发现，无论东亚夏季风爆发偏早或偏晚，相比于华南本地排放的黑碳的流出流入，华北向华南的区域间输送都是引起华南黑碳柱浓度变化的最大贡献量。当东亚夏季风爆发偏早时，华北向华南地区输送的黑碳减少了约 0.07 mg·m⁻²。而当东亚夏季风爆发偏晚时，华北向华南地区输送的黑碳增加了约 0.10 mg·m⁻²。而由其他地区黑碳排放引起的华南地区黑碳浓度变化在特征和数值上并不明显。因此，主要是由于华北向华南区域间输送的变化引起了华南地区黑碳柱浓度的变化。图 3.38 给出的华南地区黑碳浓度变化在垂直方向上的分布也证实了这一点。可以看到黑碳浓度主要在低层产生变化，然后随高度递减。前文的分析中提到，作为向华南输送黑碳的主要地区，来自华北的黑碳向华南地区的输送高度在 850 hPa 以下，来自中南半岛和印度半岛的黑碳则在 850 hPa 以上高度层向华南地

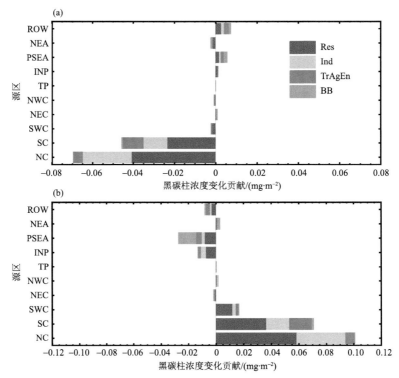

图 3.39 CESM 追踪的春季东亚夏季风爆发偏早(a)或偏晚(b)时中国东北、华北、华南本地、中国西北、中国西南、青藏高原、印度半岛、中南半岛、东北亚以及全球其他地区源区黑碳排放对华南地区上空黑碳柱浓度异常的贡献。其中不同颜色代表各个行业源排放的贡献(生活源、工业源、交通农业能源源、生物质燃烧源)

区输送(图 3.36)。图 3.40 给出了东亚夏季风爆发偏早或偏晚时,春季华北地区排放的黑碳的平均平流异常与平均 850 hPa 水平风异常。填色图的值为正或负表示来自华北的黑碳在该地区有流入或流出。当东亚夏季风爆发偏早(偏晚),华南和华北地区夏季风(冬季风)的偏南风(偏北风)盛行,阻碍(促进)华北地区黑碳向南传输,因此,华南地区来自华北的黑碳流量为负(正),华北地区本地黑碳流量为正(负)。又因为季风爆发时间变化时,来自华北的黑碳主导华南黑碳浓度变化,从而华南地区上空黑碳浓度减少(增加)。

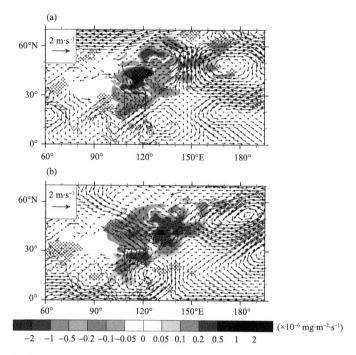

图 3.40　春季东亚夏季风爆发偏早(a)或偏晚(b)时华北地区排放的平均黑碳
平流异常(填色)与平均 850 hPa 水平风异常(矢量)

　　图 3.41 展示了去除排放因子年变化的模拟以及气象和排放因子有年变化的模拟的华南地区黑碳年均浓度、东亚夏季风爆发时间以及华南地区年均黑碳排放强度的年际变化。在只考虑气象因子年变化,黑碳排放固定的模拟中,华南地区黑碳浓度与东亚夏季风爆发时间的年变化中显示出很强的正相关($R_{n\_vEMIS\text{-}onset} = 0.66$, $p < 0.05$,图 3.41a)。也就是说,东亚夏季风爆发时间越早,华南地区的黑碳浓度就越低。值得注意的是,在同时包含气象和黑碳排放因子年际变化的模拟中(图 3.41b),华南地区的黑碳浓度与排放强度之间的相关性未通过显著性检验($R_{Ctrl\text{-}Emission} = 0.34$, $p < 0.05$),即黑碳排放的年际变化不是华南黑碳年际变化的主要因素;而黑碳浓度仍与气象因子(东亚夏季风爆发时间)的年变化呈正相关($R_{Ctrl\text{-}onset} = 0.62$, $p < 0.05$),这表明春季华南地区黑碳浓度的年变化可能主要受气象因素的控制。在图 3.42 中还展示了秋季华南地区黑碳浓度与东亚夏季风撤退时间之间的关系,为显著的负相关($R_{Retreat\text{-}Ctrl} = -0.64$, $p < 0.05$)。也就是说,东亚夏季风撤退越早,华南地区的黑碳浓度就越高,这进一步验证了东亚夏季风爆发时间与华南地区黑碳浓度之间的关系。值得一提的是,与春季不同,秋季华南地区的黑碳浓度与黑碳排放强度显著相关,这表明秋季华南地区黑碳浓度的年变化受气象因子和排放因子的共同影响。

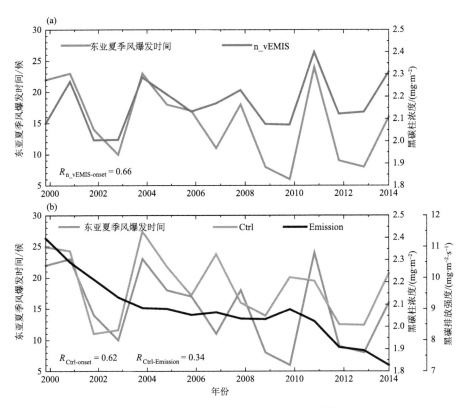

图 3.41 春季华南地区东亚夏季风爆发时间、去除排放因子年变化的模拟中的黑碳浓度（n_vEMIS，a）、气象和排放因子有年变化的模拟中的黑碳浓度（Ctrl，b）以及黑碳排放强度（Emission，b）的时间变化序列。东亚夏季风爆发时间与去除气象因子年变化的模拟中的黑碳浓度的相关系数（$R_{\text{n\_vEMIS-onset}}$，a），与气象和排放因子有年变化的模拟中的黑碳浓度的相关系数（$R_{\text{Ctrl-onset}}$，b）以及气象和排放因子有年变化的模拟中的华南地区黑碳浓度与黑碳排放强度的相关系数（$R_{\text{Ctrl-Emission}}$，b）在左下角给出

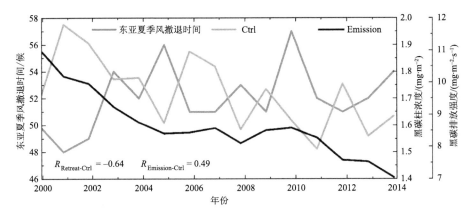

图 3.42 秋季华南地区东亚夏季风撤退时间、气象和排放因子有年变化的模拟中的黑碳浓度（Ctrl）以及黑碳排放强度（Emission）的时间变化序列。华南地区黑碳浓度与东亚夏季风撤退时间（$R_{\text{Retreat-Ctrl}}$）以及与黑碳排放强度的相关系数（$R_{\text{Emission-Ctrl}}$）在左下角给出

3.5 区域空气质量模式揭示的黑碳分布、来源及其形成过程

3.5.1 北京上空自由对流层黑碳来源追踪

第 2 章中指出,在北京上空的 4000 m 高空曾观测到黑碳高值层的特殊个例,难以从边界层结构日变化等观测角度加以解释。本节结合 WRF-Chem 模式系统讨论其形成过程和机制。

3.5.1.1 试验设计

基于 2018 年 5 月 5 日北京地区一次飞机观测到的自由对流层黑碳高值现象(图 3.43),利用第 3.1.2.2 节所述方法对其进行来源追踪。此次模拟时段为 2018 年 4 月 27 日—5 月 10 日,模拟前 72 h 设定为模式预热时间,模拟采用两层嵌套,模拟区域如图 3.44 所示,各源区包含的行政区域如表 3.3 所示。投影方式为 Lambert 投影,两条标准纬度分别为 30°N 和 60°N。中心经纬度为(116.2°E,39.6°N),第一层网格分辨率为 36 km×36 km,第二层网格为 12 km×12 km,内外层均包含 99×99 个网格。模式层顶设在 50 hPa 处,自地表到模式层顶共分为 38 个不等距层,其中 1 km 以下包含 10 层。

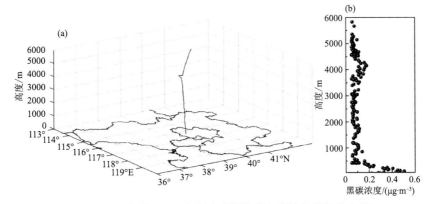

图 3.43 飞机航线(a)以及观测到的黑碳浓度随高度的分布(b)

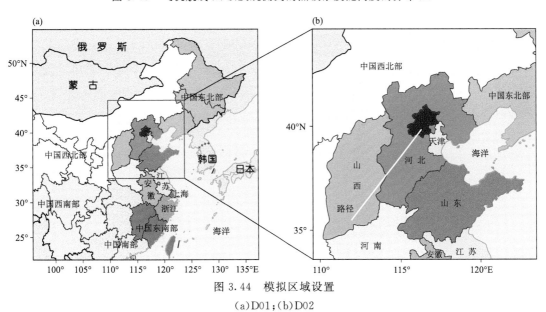

图 3.44 模拟区域设置

(a)D01;(b)D02

表 3.3　源区划分

源区名称	包含行政区	源区名称	包含行政区
BJ	北京	NECHN	黑龙江、辽宁和吉林
TJ	天津	SWCHN	云南、贵州、四川、重庆和西藏
HB	河北	SECHN	江西、福建和台湾
SX	山西	SCHN	湖南、湖北、广东和广西
SD	山东	KOREA	韩国和朝鲜
HN	河南	JAPAN	日本
AH	安徽	RUSSIA	俄罗斯
JS	江苏	ZJ	浙江
NWCHN	陕西、甘肃、宁夏、青海、内蒙古和新疆	SH	上海
MONGOLIA	蒙古国	OCEAN	渤海、黄海、东海、南海和西太平洋
VIETNAM	老挝		

参数化方案设置方面需要强调的是气相化学机制为 CBM-Z 机制(Zaveri et al.,2008),而气溶胶方案则选用与之对应的 MOSAIC 8 档方案,即在该方案中气溶胶粒径从 0.039 μm 到 10 μm 共分为 8 个粒径段进行计算,其余参数化方案如表 3.4 所示。

表 3.4　主要参数化方案设置

项目	方案选择	参考文献
边界层方案	MYJ scheme	Janjic,2002
微物理方案	Lin scheme	Lin et al.,1983
长波辐射方案	RRTM	Iacono et al.,2008
短波辐射方案	RRTM	Iacono et al.,2008
陆面过程方案	Noah land surface model	Chen et al.,2001a
干沉降方案	Wesely scheme	Wesely,1989

虽然 WRF-Chem 模式在空气质量研究方面应用广泛,但使用不同的参数化方案,模拟结果存在显著差异。此次研究中为了评估模式的模拟性能,将北京站的 $PM_{2.5}$、黑碳、温度(T)和风的模拟(SIM)和观测(OBS)结果进行了对比(图 3.45)。由图 3.45 可知,此次模拟结果再现了模拟时间段内 $PM_{2.5}$、黑碳和气象要素的数值大小和变化特征,模拟结果较为理想,垂直方向污染物及气象要素对比见图 3.48。

为了进一步验证模拟效果,计算了各要素的统计特征量(表 3.5),表 3.5 中所列出气象参数的判断标准阈值参考自 Emery 等(2001),$PM_{2.5}$ 与黑碳的阈值参考 EPA(2007)建议的阈值标准。

由表 3.5 可知,$PM_{2.5}$、黑碳和气象要素模拟值与观测值的 R 值均大于 0.5,并达到显著性水平(显著性水平=0.01),其中温度最高达 0.93;污染物的 IOA 值均大于(或等于)0.7,其中 $PM_{2.5}$ 最高,IOA 值为 0.93;气象要素的 IOA 值均大于(或等于)0.75,其中温度最高,IOA 值达 0.95;此外黑碳与气象要素的 MB、RMSE 和 GE 均在阈值范围内,仅纬向风分量(U_a)的 NMB 和 MFB 超出阈值。总体上认为所有变量的模拟值与观测值一致性较好,此次模拟结果较好地重现了污染物及主要气象要素,为研究黑碳的来源提供了良好的基础。

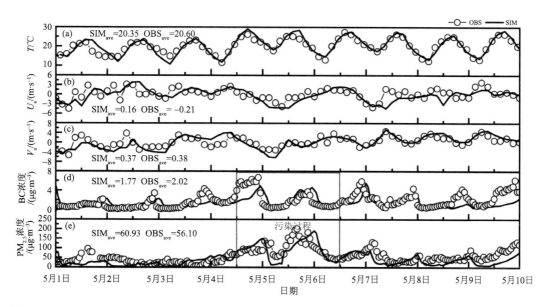

图 3.45　北京 $PM_{2.5}$ 浓度、黑碳浓度(BC)、风速(经向风分量 V_a、纬向风分量 U_a)和温度(T)的模拟验证,
红框内为此次主要污染过程。SIM、OBS 分别表示模拟值、观测值

表 3.5　统计特征量评估模拟结果

变量	相关系数 (R)	一致性指数 (IOA)	平均偏差 (MB)	均方根误差 (RMSE)	标准化平均偏差 (NMB)	平均分数偏差 (MFB)	总偏差 (GE)
温度 (T,℃)	0.93	0.95	−0.25 ([−0.5,0.5])	1.88 (≤2.0)	−0.01 ([−0.15,0.15])	−0.002 ([−0.6,0.6])	1.44 (≤2.0)
纬向风分量 (U_a,m·s⁻¹)	0.60	0.75	−0.36 ([−0.5,0.5])	1.68 (≤2.0)	**−2.32**	**2.01**	1.26 (≤2.0)
经向风分量 (V_a,m·s⁻¹)	0.76	0.85	−0.01 ([−0.5,0.5])	1.82 (≤2.0)	−0.02 ([−0.15,0.15])	0.009 ([−0.6,0.6])	1.41 (≤2.0)
黑碳 (BC浓度,μg·m⁻³)	0.51	0.70	−0.42	1.47	−0.23	−0.06	1.02
$PM_{2.5}$浓度/ (μg·m⁻³)	0.73	0.93	−11.2	33.79	−1.29	−0.06	26.48

注:不满足阈值的统计特征量加粗表示。

3.5.1.2 京津冀地区地面天气形势与黑碳分布特征

此次北京的地面黑碳污染时期主要为 5—6 日(图 3.45)。由图 3.46a 可知,在 5 月 4 日 17:00 在山西和西北地面存在弱低压系统,大气低层开始出现辐合上升。到 5 月 5 日 08 时(图 3.46b),弱低压系统发展,控制范围扩大,包括山西、西北、河北和河南等地,而北京始终位于此低压中心的前方。因此,在近地面周围地区的空气污染物会向北京积聚(图 3.46d 和 e)。此时,在自由对流层 3~4000 m 存在一个明显的从山西到北京的"传输通道"(图 3.46h)。随后,地面低压系统南移,到 5 月 6 日 08:00,北京近地面处于均压场(图 3.46c),对黑碳扩散不

利(图 3.46f)。而在约 4000 m 的高度,由于北风清洁作用,黑碳被清除(图 3.46i)。

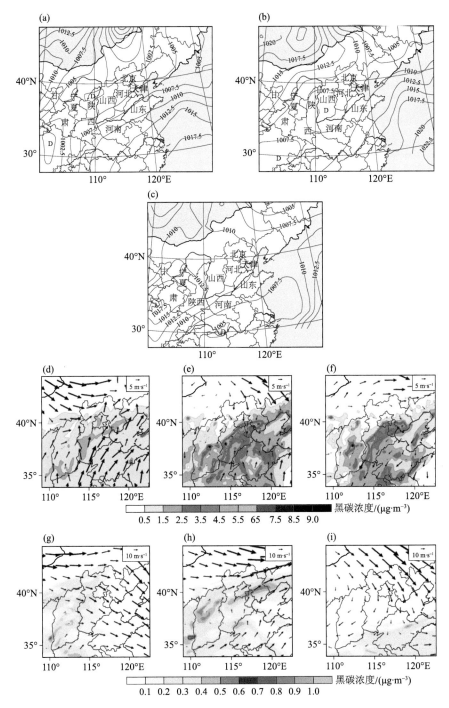

图 3.46 地面天气图(a—c,图中 D 为低压中心),黑碳近地面浓度和风场(d—f),对流层(约 4000 m)
黑碳浓度和风场(g—i),时间分别为 5 月 4 日 17:00(a、d、g)、5 月 5 日 08:00(b、e、h)
和 5 月 6 日 08:00(c、f、i)

3.5.1.3 区域输送对北京地区黑碳浓度影响

为进一步探究污染成因,对污染期的黑碳进行定量源追踪,结果如图 3.47 所示。图 3.47a 表明,污染期间黑碳的平均浓度为 2.29 $\mu g \cdot m^{-3}$,且呈现出"昼低夜高"的变化特征,这主要与边界层日变化有关。此外由图 3.47a 和图 3.47b 可知,污染期间北京黑碳主要来自北京本地、河北、河南、天津及山东等地,贡献率分别为 44.9%、30.4%、7.1%、5.2% 和 4.4%,其中京津冀对北京黑碳的贡献率超过 80%,进一步证实弱低压型天气形势控制,周边地区大气污染物容易向北京地区辐合聚积(Chen et al.,2008b),北京本地污染难以向外输送。

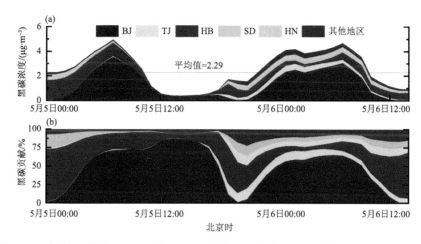

图 3.47 各源区(北京(BJ)、天津(TJ)、河北(HB)、山东(SD)、河南(HN)和其他地区)
黑碳浓度(a)以及对北京黑碳的贡献(b)

近地面黑碳主要来源于北京本地源及其周边地区,而自由对流层(约 4000 m)的黑碳则主要由外来源区输送。WRF-Chem 模型再现了垂直方向上黑碳、T、相对湿度(RH)和高层风的主要特征(图 3.48a—d)。黑碳浓度从地面到约 700 m 呈现下降趋势,但从约 3000 m 开始上升,在约 4000 m 的高度形成一个峰值(图 3.48a)。如图 3.48e 所示,700 m 以下北京和河北的总贡献率高达 96.7%,这与地面附近的东风有关(图 3.48d)。对于自由对流层(约 4000 m)中的黑碳峰值,几乎所有的黑碳(99.8%)都来自外来源贡献,包括山西、NWCHN、SWCHN、河北、河南,甚至 SCHN 等地,其贡献率分别为 24.7%、23.5%、10.5%、9.4%、8.9 和 7.1%。此外,图 3.48d 说明该高度主要受偏西风(约 225°)控制,3000 m 以上风速明显增大,有利于黑碳的长距离传输。

3.5.1.4 "抬升输送"过程对自由对流层中黑碳浓度的影响

为了进一步确定黑碳来源并验证上述源追踪结果,利用美国国家海洋大气局(NOAA)开发的混合单粒子拉格朗日综合轨迹(Hybrid Single Particle Lagrangian Integrated Trajectory,HYSPLIT)模型,分析了 5 月 5 日 08:00 气团后向轨迹(24 h)(图 3.49)。如图 3.49 所示,近地面的气团(红线)来自北京及其周边地区,这与源追踪的结果一致(图 3.48)。而高层气团(蓝线)在 5 月 4 日 08:00 到 5 月 5 日 08:00,从山西的地面沿西南方向抬升,经过河北,到达北京的高层(约 4000 m)。在此期间,中国中部(包括山西、河北和河南)被气旋系统控制(图 3.48a 和 b),导致该地出现辐合和抬升运动,有利于近地面气团的抬升,与后向轨迹模式结果一致。

参照后向轨迹,沿图 3.49 所示路径,对黑碳浓度、风向和黑碳等值线(包括北京、山西和 NWCHN)进行剖面,结果如图 3.50 所示。由图 3.50 可知,5 月 4 日 08:00—18:00,山西—北

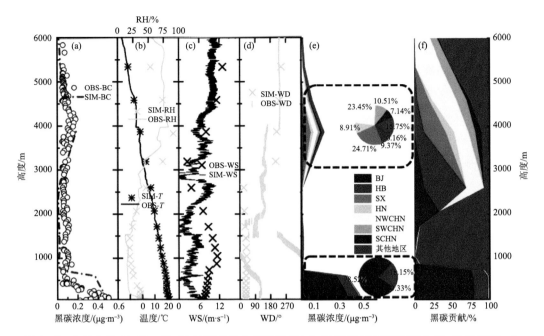

图 3.48　5 月 5 日 10:00—11:00 垂直方向上黑碳浓度(a)、温度和相对湿度(RH;b)、风速(WS;c)、风向(WD;d)的模式验证(SIM 指模拟,OBS 指观测),(e)各源区(北京(BJ)、河北(HB)、山西(SX)、河南(HN)、中国西北部(NWCHN)、中国西南部(SWCHN)、中国南部(SCHN)和其他地区)黑碳浓度及占比,(f)各源区的贡献率

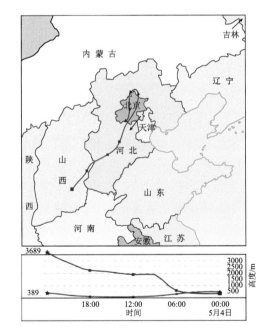

图 3.49　5 月 5 日 08:00 气团的后向轨迹(24 h,北京、天津、河北、山东和山西)

京线上西南风盛行(图 3.50a、b),对黑碳输送有利。起源于 NWCHN 的黑碳被输送到山西,并与山西地区排放的黑碳混合。到 5 月 4 日 16:00,山西地区的上升运动显著,导致近地面黑

碳开始向上抬升(图 3.50b),与图 3.49 中显示的气团初始上升位置一致。源自 NWCHN 和山西的黑碳被抬升到 3000 m,并被输送到河北和北京,形成高值(图 3.50c)。然而在 5 月 5 日 08:00,近地面风向从偏西风转为偏东风,而高空仍受偏西风控制(图 3.50d)。因此,北京的近地面黑碳扩散到周边地区,但在高空,源自 NWCHN 和山西的黑碳仍被输送到北京,并进一步抬升到约 4000 m(图 3.50d)。至此,在近地面和北京上方的自由对流层都存在黑碳高值,这与图 3.48 的观测和源追踪结果一致。

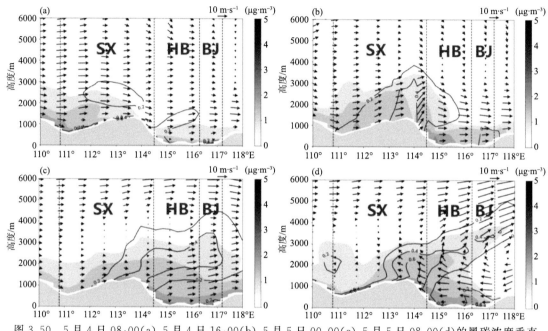

图 3.50　5 月 4 日 08:00(a)、5 月 4 日 16:00(b)、5 月 5 日 00:00(c)、5 月 5 日 08:00(d)的黑碳浓度垂直截面和风场(其中垂直速度乘以 100)。黑线是山西加中国西北地区源区的黑碳等值线,红虚线是北京源区的黑碳等值线

3.5.1.5　平流过程和垂直混合过程对黑碳抬升输送过程的影响

为了进一步确定黑碳抬升输送过程中的主要驱动因子,我们进一步量化了黑碳在源区(山西)和受体区(北京)的主要传输过程,包括水平平流(HADV)、垂直平流(VADV)和垂直混合(VMIX)过程。由图 3.51 可知,HADV 和 VADV 在气旋引起的辐合和上升运动以及黑碳的区域输送中起着重要作用。从 5 月 4 日 14:00—18:00,在边界层内(<2 km),HADV 对山西的黑碳浓度有正贡献,而 VADV 有相反的作用,说明其中存在辐合和上升运动(图 3.51a 和 b)。同时,在自由对流层(约 4 km),VADV 和 HADV 对黑碳浓度的贡献与边界层相反,表明源自山西的黑碳被 VADV 从地表提升到自由对流层(图 3.51a 和 b),这与剖面分析(图 3.50b 和 c)一致。在北京上层(约 3 km),HADV 在 5 月 4 日 14:00—22:00 对黑碳浓度为正贡献,表明黑碳被西风从山西输送过来。然后,在 5 月 5 日 02:00—08:00,VADV 将 HADV 输送过来的黑碳进一步抬升至约 4 km(图 3.51d 和 e),与图 3.50c 和 d 的分析一致。至于 VMIX,山西和北京的 VMIX 主要发生在 5 月 4 日湍流运动较强的下午(图 3.51c 和 f)。

至此,此次北京上空自由对流层中的黑碳来源已经较为清晰,图 3.52 为此次特殊的黑碳廓线的形成机制。起源于山西、河北、河南和 NWCHN 的近地层黑碳在大约 16 h 前被气旋系

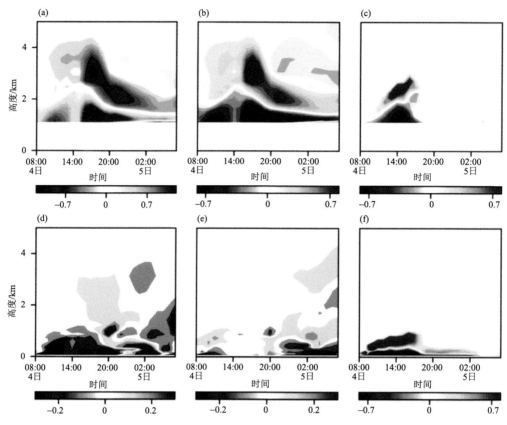

图 3.51 5 月 4 日 08：00—5 月 5 日 08：00，水平平流（a、d）、垂直平流（b、e）和垂直混合（c、f）过程
对山西（a—c）和北京（d—f）的垂直高度上黑碳浓度的贡献

统抬升，输送到北京上方大约 3 km 的高度，然后被垂直平流过程抬升到大约 4 km。在地表，
北京及其周围处于弱气压梯度领域，导致黑碳的积累。二者共同作用下形成了此次观测到的
特殊的黑碳廓线。

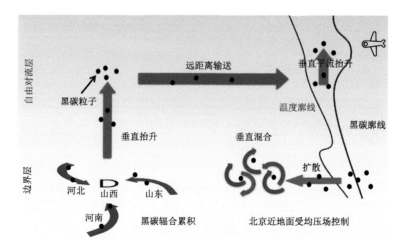

图 3.52 自由对流层中黑碳高值的形成机制

3.5.2 长三角地区黑碳的区域来源和子区域相互影响

3.5.2.1 试验设计

本节中模式的模拟区域采用两层嵌套,中心经纬度为(31.5°N,119.0°E),两层区域均包含 99×99 个网格,第一层网格分辨率为 36 km×36 km,第二层网格分辨率为 12 km×12 km(如图 3.53 所示)。D01 覆盖了东亚大部分地区及周边海洋,为内层模拟区域提供气象和化学边界条件;D02 覆盖了长三角(Yangtze River Delta,YRD)及周边地区,用以研究污染物的输送过程。本节将整个模拟区域划分为 18 个地理源区,各源区名称缩写及所含区域如表 3.6 所示。

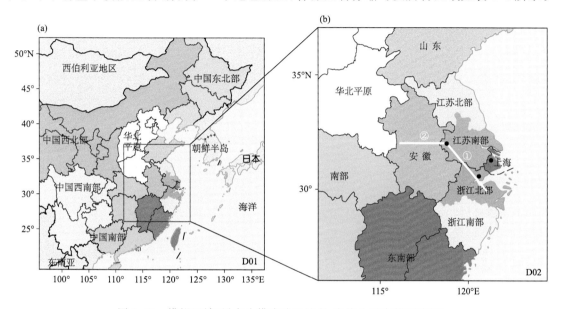

图 3.53　模拟区域(黑点为模式验证站点,白线为垂直剖面路径)

本节重点分析的 YRD 地区包括江苏南部(JSS)、浙江北部(ZJN)及上海(SH)三个子区域。另外,外层模拟区域的化学初始条件(Initial Condition)及全球化学模式为模拟区域提供的化学侧边界条件(Lateral Boundary)分别被记作 Initial 和 Boundary 作为独立贡献量,以分离其在源解析过程中的不确定性,在后文分析中,将其合并到表 3.6 中贡献较小的源区 Other。模式层顶设置在 50 hPa 高度,自地表到模式层顶共分 38 层,2 km 以下约为 12 层。模拟运行的模拟时间为 2017 年 11 月 1 日 00 时—10 日 00 时,前 5 d 作为初步运算(Spin-up)的时间。模式结果为逐小时平均量的输出。模式使用的主要物理化学参数化方案如表 3.7 所示。

表 3.6　源区划分

源区名称		包含区域
YRD	JSS	江苏南部,包括南京、无锡、常州、苏州、南通、扬州、镇江、泰州
	SH	上海
	ZJN	浙江北部,包括杭州、湖州、嘉兴、宁波、绍兴、舟山
	JSN	江苏北部,包括淮安、连云港、宿迁、徐州、盐城
	ZJS	浙江南部,包括丽水、台州、温州、金华、衢州
	SD	山东

续表

源区名称		包含区域
YRD	AH	安徽
	NCP	华北平原,包括北京、天津、河北、河南、山西
	SCHN	中国南部,包括湖南、湖北、广西、广东、海南、香港、澳门
	SECHN	中国东南部,包括江西、福建、台湾
	NECHN	中国东北部,包括黑龙江、吉林、辽宁
	NWCHN	中国西北部,包括内蒙古、陕西、宁夏、甘肃、青海
	SWCHN	中国西南部,包括重庆、四川、云南、贵州
Other	SIB	西伯利亚地区,包括俄罗斯、蒙古国
	SEASIA	东南亚地区,包括泰国、老挝、菲律宾、越南
	KOR	朝鲜半岛,包括朝鲜和韩国
	JPN	日本
	OCEAN	海洋

表 3.7 主要参数化方案设置

项目	方案选择	参考文献
边界层方案	YSU scheme	Hong et al. ,2006
微物理方案	Purdue-Lin scheme	Lin et al. ,1983
气相化学方案	CBM-Z scheme	Gery et al. ,1989
气溶胶化学方案	MOSAIC-4bin	Emmons et al. ,2010
辐射方案	RRTMG scheme	Iacono et al. ,2008
陆面过程方案	Noah land surface model	Chen et al. ,2001a
干沉降方案	Wesely scheme	Wesely,1989

为了评估模式对污染物和气象参数的模拟能力,本研究选取 YRD 内的 3 个站点(南京、上海、杭州)和 YRD 外的 1 个站点(北京),对模拟时段内各站点的 $PM_{2.5}$、黑碳温度、风速(WS)和风向(WD)的地面模拟和观测结果进行对比。至于垂直方向的模拟能力,基于有限的垂直观测数据及本研究重点分析的垂直廓线特性,将南京地面至 1000 m 高度处,11 月 6 日 08 时,11 月 7 日 05 时、20 时及 11 月 8 日 08 时、20 时的黑碳浓度以及 11 月 6 日 14 时、11 月 7 日 08 时、11 月 8 日 02 时的 T、RH、WS 和 WD 进行对比。

由图 3.54 可以看出,模拟结果有效地再现了此次污染过程中四个站点污染物浓度的数值大小和变化趋势,且从图 3.55 也可以看出,此次污染过程中的气象要素模拟结果也较为理想。尤其是 T 的模拟结果较为良好,WS 的模拟结果普遍有效地再现了日变化特征,除个别时刻,WD 的模拟结果在南京、上海、杭州同测量值也呈现较好的一致性。

为进一步评估此次模式的模拟结果,表 3.8 中列出了各要素的几种统计特征量,对于所有评估站点,污染物浓度的模拟与观测数值的相关系数均在 0.5 以上,达到了显著相关水平。且 MFB 和 MFE 均符合阈值标准(Emery et al. ,2001),表明此次模拟结果对污染物的模拟准确性较好。气象要素方面,除杭州、北京的 WD 超出阈值范围,所有站点的统计特征量均符合阈值标准。整体来看,上述统计指标表明,此次模拟结果与观测值在时间序列变化上的一致性较

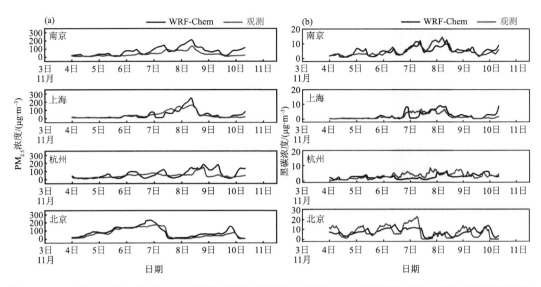

图 3.54　四个站点 PM$_{2.5}$浓度(a)和黑碳浓度(b)的模式和观测对比(灰色阴影表示本研究中的污染事件)

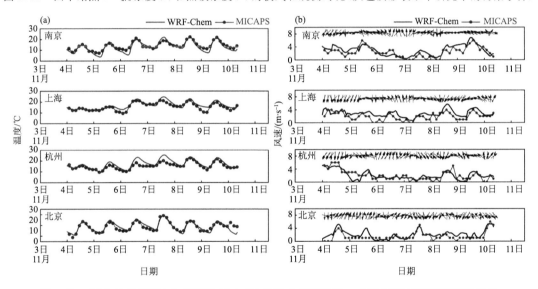

图 3.55　四个站点温度(a)、风速和风向(b)的模式(WRF-Chem)和 MICAPS 观测资料对比

好,这为后续分析黑碳来源问题提供了良好的条件。

表 3.8　统计特征量

变量	统计标准	南京	上海	杭州	北京	参考标准
黑碳 (BC)	相关系数(R)	0.57	0.68	0.51	0.59	[−0.6,0.6] ≤0.75
	一致性指数(IOA)	0.68	0.81	0.56	0.71	
	平均分数偏差(MFB)	−0.02	0.13	−0.07	0.19	
	平均分数误差(MFE)	0.23	0.33	0.31	0.43	
	总偏差(GE)	2.10	1.15	1.43	3.67	
	均方根误差(RMSE)	3.59	1.84	1.93	4.53	

续表

变量	统计标准	南京	上海	杭州	北京	参考标准
PM$_{2.5}$	相关系数(R)	0.82	0.85	0.55	0.92	[−0.6,0.6] ≤0.75
	一致性指数(IOA)	0.64	0.92	0.61	0.94	
	平均分数偏差(MFB)	0.44	−0.01	0.11	0.24	
	平均分数误差(MFE)	0.47	0.28	0.37	0.31	
	总偏差(GE)	35.0	17.9	32.5	22.3	
	均方根误差(RMSE)	44.5	26.6	44.1	29.0	
温度 (T)	相关系数(R)	0.65	0.89	0.91	0.87	≥0.8 [−0.6,0.6] ≤2.0
	一致性指数(IOA)	0.81	0.91	0.87	0.93	
	平均分数偏差(MFB)	−0.05	0.05	0.07	−0.13	
	总偏差(GE)	1.83	1.51	1.85	1.56	
	均方根误差(RMSE)	3.71	1.97	2.40	2.27	
风速 (WS)	相关系数(R)	0.77	0.76	0.74	0.77	≥0.6 [−0.6,0.6] ≤2.0 ≤2.0
	一致性指数(IOA)	0.85	0.62	0.85	0.81	
	平均分数偏差(MFB)	0.33	0.52	0.19	0.41	
	总偏差(GE)	0.97	1.24	0.83	0.87	
	均方根误差(RMSE)	1.14	1.46	1.06	1.05	
风向 (WD)	一致性指数(IOA)	0.86	0.83	0.92	0.71	[−10,10]
	平均偏差(MB)	−0.34	10.6	−11.3	61.8	
	总偏差(GE)	40.7	53.8	101.7	98.4	
	平均分数偏差(MFB)	0.09	0.14	0.11	0.44	
	均方根误差(RMSE)	82.4	100.5	151.6	133.2	

对于垂直方向的模拟性能,图 3.56、图 3.57 分别显示了此次模拟时段内部分时刻南京垂

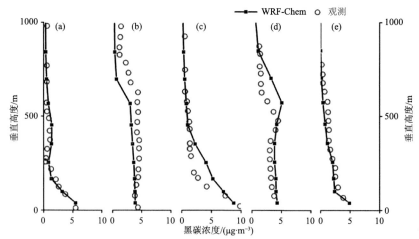

图 3.56 2017 年 11 月 6 日 08:00(a)、11 月 6 日 14:00(b)、11 月 7 日 05:00(c)、11 月 7 日 20:00(d)和
11 月 8 日 20:00(e)南京地区垂直高度上黑碳浓度模拟值和观测值对比

直方向黑碳浓度及气象要素的模拟和观测结果对比。从图 3.56 可以看出,此次模拟结果将 11 月 6—8 日污染过程中黑碳垂直浓度的数值范围、昼夜变化特征及多种廓线变化特征(如负梯度变化、均匀分布、高层浓度峰值)良好地呈现出来。垂直方向上的逆温现象、风向的转变及风速的变化也经此次模拟较好地再现(如图 3.57 所示)。综合以上评估,可以认为此次模拟结果对于分析该污染过程中 YRD 的黑碳来源是可行的。

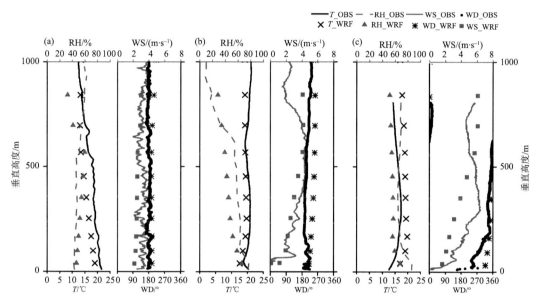

图 3.57　2017 年 11 月 6 日 08:00(a)、11 月 6 日 14:00(b)、11 月 7 日 05:00(c)、11 月 7 日 20:00(d)和 11 月 8 日 20:00(e)南京地区垂直方向上温度、相对湿度、风向和风速的模拟值和观测值(OBS)对比

3.5.2.2　长三角地区地面天气形势与黑碳分布特征

本节分析的长三角地区高 PM$_{2.5}$、高黑碳事件始于 2017 年 11 月 6 日 08 时,持续到 2017 年 11 月 8 日下午。地面天气图显示,从 11 月 6 日 08:00—11 月 7 日凌晨,西北太平洋上空出现了一个高压中心。YRD 位于高压后部的均压区,近地面到高空的等压线很稀疏(图 3.58a、d),以弱偏南风为主(图 3.59a、e)。我们把这个时期定义为第 1 阶段。在此期间,YRD 中部、AH、NCP 和 SCHN 出现了黑碳污染的带状分布,并逐渐扩散为片状分布(图 3.59a、b)。

11 月 7 日 08:00 以后,太平洋上空的高压中心向东移动。YRD 位于一个低压的均压场底部,等压线稀疏(图 3.58b)(我们把这个时期定义为第 2 阶段)。此时,从 850 hPa 天气图可看出,YRD 此时处于一个横跨我国东部地区的高空槽前部(图 3.58e),YRD 上空有盛行西南气流(图 3.59f)。11 月 7 日晚,随着高空槽的东移(图 3.58f),西北气流可以将 NCP 相对较高的黑碳浓度输送到 YRD 北部边界层以上区域。

直到 11 月 8 日 08:00,YRD 大部分地区,包括东南部的 NCP 和 SCHN,都出现了广泛的黑碳污染,地表的黑碳浓度超过 10 μg·m^{-3}(图 3.59d)。11 月 8 日午后,在西伯利亚高压的影响下,YRD 的风速迅速增大(图 3.59 h),来自海上的较强清洁风将黑碳污染清除。

3.5.2.3　区域输送对长三角及其三个子区域的黑碳浓度影响

对此次事件中 2 个阶段 YRD 及其三个子区域(JSS、SH、ZJN)的地面黑碳区域来源进行

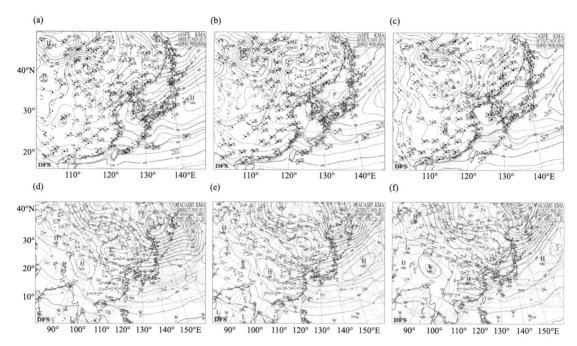

图 3.58　2017 年 11 月 6 日 08：00(a、d)、11 月 7 日 08：00(b、e)、11 月 7 日 20：00(c、f)的地面天气图(a—c)和
850 hPa 天气图(d—f)

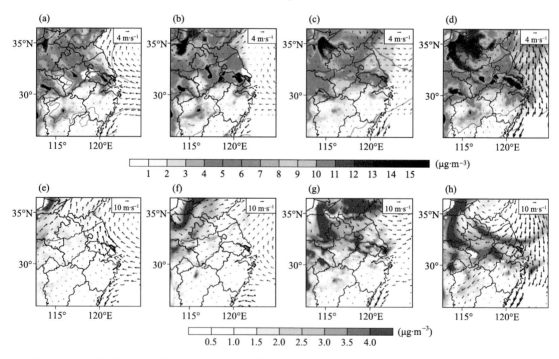

图 3.59　2017 年 11 月 6 日 08：00(a、e)、11 月 7 日 08：00(b、f)、11 月 7 日 20：00(c、g)和 11 月 8 日
08：00(d、h)D02 的地表黑碳浓度、风场和等压线(蓝色等值线)的水平分布(a—d)和 D02 的 500 m
高度黑碳浓度和风场的空间分布(e—h)

定量分析(图 3.60)。可以看出 YRD 的黑碳浓度日变化呈现昼低夜高的特征,以本地贡献为主(78.3%~97.4%)。

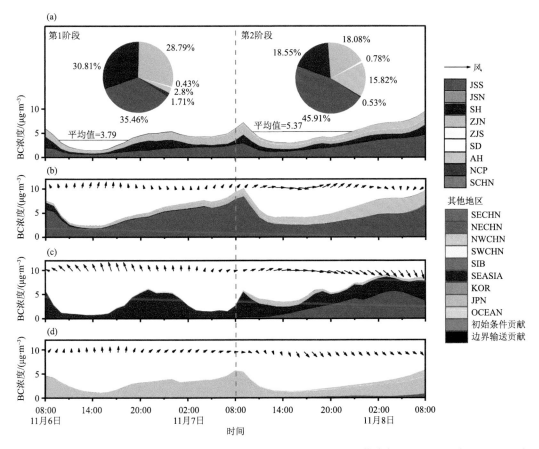

图 3.60　2017 年 11 月 6 日 08:00—8 日 08:00,长江三角洲地区(a)、江苏南部地区(b)、上海地区(c)和浙江北部地区(d)的黑碳区域来源(江苏南部地区、江苏北部地区、上海地区、浙江北部地区、浙江南部地区、山东、安徽、华北平原地区、中国南部地区,其他地区包括中国东南部地区、中国东北部地区、中国西北部地区、中国西南部地区、西伯利亚地区、东南亚地区、韩国、日本、海洋、初始条件贡献和边界输送贡献)和贡献率。虚线代表第 1 阶段、第 2 阶段分界线

在第 1 阶段(即高压均压控制的南风阶段),YRD 近地面风速极小,三个子区域均以本地源贡献为主(JSS:79.6%、SH:95.6%、ZJN:97.6%),YRD 在该阶段的地面平均黑碳浓度为 3.79 $\mu g \cdot m^{-3}$,其中本地源贡献之和占比 95.1%,占据主导地位。

在第 2 阶段(即低压均压控制的西风阶段),上风向的黑碳输送贡献比前一阶段更明显,如 AH 对 JSS 和 ZJN 的黑碳传输贡献占比分别达到 32.2%、14.3%。其中 SH 由于地理面积较小,地处 YRD 东部,在偏西风的影响下,易受到 YRD 另外两子区域的黑碳输送影响(最高达 65.9%)。受到 AH 为主的外部输送(15.8%)及 YRD 内部区域间的输送影响(20.7%),YRD 的黑碳平均浓度在该时段升至 5.37 $\mu g \cdot m^{-3}$,在 8 日 08 时达到此次污染过程的浓度峰值 9.45 $\mu g \cdot m^{-3}$。

针对上文黑碳浓度的昼低夜高的特征,考虑到垂直方向上各气象要素的昼夜差异,本节将两个阶段 YRD 垂直方向的黑碳区域来源分为昼夜时段分别讨论(分别如图 3.61 中 a、b、c、d

所示)。可以看出 YRD 的本地源贡献均随高度递减,但在不同污染阶段、昼夜不同时段,各源区黑碳贡献各具特征。

白天(图 3.61a、c)边界层高度较高(平均 754.9 m),边界层以内污染物混合充分,因此边界层以下黑碳浓度下降梯度较小。YRD 本地源贡献在边界层内占到 88.4%,3 个子区域贡献占比均匀。夜间(图 3.61b、d)由于边界层高度降低(平均 147.8 m),本地排放的黑碳大部分被制约在近地面,黑碳垂直廓线下降梯度在夜间更大。夜间边界层内的平均黑碳浓度比白天高 1.76 $\mu g \cdot m^{-3}$。边界层以上受风场影响存在更多上风向区域的外来输送。

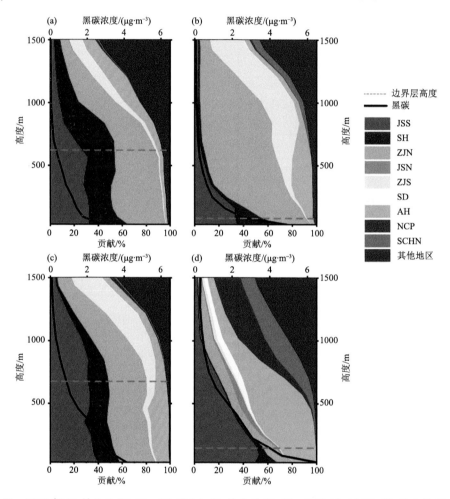

图 3.61 2017 年 11 月 6 日 08:00—17:00(a)、11 月 6 日 20:00—7 日 05:00(b)、11 月 7 日 08:00—17:00(c)和 11 月 7 日 20:00—8 日 07:00(d)长江三角洲地区黑碳源贡献(江苏南部地区、上海地区、浙江北部地区、江苏北部地区、浙江南部地区、山东、安徽、华北平原、中国南部地区和其他地区)的平均随高度的垂直分布

在区域来源差异上,整个第 1 阶段的黑碳本地来源在近地面至 1000 m 以下占主导(90.2%),在南风影响下,边界层以上存在上风向 ZJN 和 AH 的贡献(分别占 10.1%、3.6%)。相比于前一阶段,第 2 阶段的外部输送占比更大、来源区域更多、更远。受到高空槽过境的影响,第 2 阶段上层气流由西南向西北转换,上风向区域 AH(45.7%)、NCP(3.1%)、SCHN

（3.8%）、ZJS(10.1%)、SD(1.7%)、JSN(3.3%)均对 YRD 边界层上层有输送贡献,其中 AH 由于上层存在黑碳浓度高值区,在西北风影响下,其对 YRD 的贡献在 450 m 处达到 48.8%。受上风向区域高黑碳输送影响,第 2 阶段 1000 m 以下 YRD 平均黑碳浓度比前一阶段高 1.36 $\mu g \cdot m^{-3}$。特别是模式模拟出该时段在南京观测发现的边界层中上层较明显的黑碳浓度峰值（具体分析见第 3.5.2.4 节）。

3.5.2.4　平流过程和垂直混合过程对黑碳垂直分布的影响——以南京为例

大部分排放源都在近地面,因此,污染物的浓度通常随高度递减。但此次污染过程中,在 11 月 6 日 08:00、11 月 7 日 20:00 南京发现边界层中上层都出现较明显的黑碳浓度峰值。源解析结果表明（图 3.62）,浓度峰值均为外部源区贡献。6 日 08:00 YRD 近地面风速极小,南京近地层至 200 m 高度的黑碳主要为本地源（91.22%）,浓度自近地面的 5.46 $\mu g \cdot m^{-3}$ 递减。剖面图 3.63a（剖面路径如图 3.53 中白色实线①所示）可直观地看出 200 m 高度以上,受弱偏南风的影响,ZJN 较高浓度的黑碳经输送及垂直风的微弱抬升,到达南京上层 250～600 m 高度,导致南京上空 450 m 高度处形成 1.41 $\mu g \cdot m^{-3}$ 的浓度极大值,其中 ZJN 的贡献达到 70.8%,远超过本地源贡献（13.4%）。

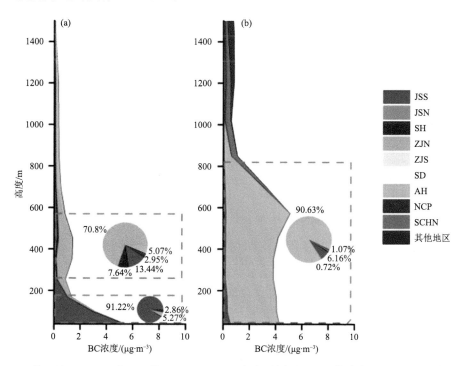

图 3.62　11 月 6 日 08:00(a)与 11 月 7 日 20:00(b)南京不同源区（江苏南部地区 JSS、江苏北部地区 JSN、上海地区 SH、浙江北部地区 ZJN、浙江南部地区 ZJS、山东 SD、安徽 AH、华北平原地区 NCP、中国南部 SCHN 和其他地区）黑碳浓度随高度的垂直分布。虚线框代表饼状图的计算高度

过程分析结果也显示（图 3.64a）,南京此刻在 200～500 m 高度处水平平流（ADVH）过程对黑碳浓度有正贡献,伴随弱湍流作用,垂直平流（ADVZ）过程将 ZJN 输送的黑碳抬升至 400～600 m。7 日 20:00 南京上空盛行偏西风（图 3.62b）,剖面图可以看出上风向安徽对南京的黑碳传输贡献延伸至上层 800 m 高度左右,800 m 以下安徽的黑碳传输贡献占主导（90.63%）。与 6 日

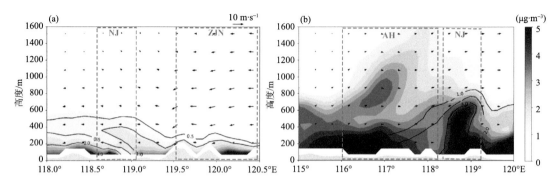

图 3.63　11 月 6 日 08:00 从浙江北部地区到南京(a)和 11 月 7 日 20:00 从安徽到南京的黑碳浓度和风场
(垂直速度乘以 200,b)剖面。黑色(红色)实线代表来自 ZJN(JSS)(a)和 AH(b)的黑碳浓度,虚线框代表区域

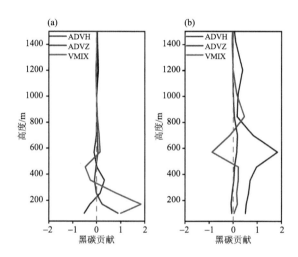

图 3.64　11 月 6 日 08:00(a)与 11 月 7 日 20:00(b)南京水平平流(ADVH)、垂直平流(ADVZ)和
垂直混合(VMIX)过程对垂直高度上黑碳浓度的贡献。虚线代表 0 等值线

08:00 不同,7 日 20:00 夜间湍流作用不明显,600 m 处 ADVH 的正贡献,经 ADVZ 的抬升,在南京上空 573 m 形成浓度峰值(5.08 $\mu g \cdot m^{-3}$),其中 AH 的贡献高达 4.79 $\mu g \cdot m^{-3}$,占 94.3%。

3.5.3　区域输送对中国东部黑碳的空间分布及其来源的影响

3.5.3.1　试验设计

本研究采用两层嵌套,如图 3.65 所示,外层区域(D01)覆盖大部分东亚地区,包含 99×99 个网格,水平分辨率为 27 km;内层区域(D02)覆盖中国中东部地区,包含 112×151 网格,水平分辨率为 9 km。模式层顶设置为 50 hPa 高度处,从地表到模式层顶划分为 38 层,其中从地面到 2 km 高度处划分为 12 层,用以细致地描述边界层内各要素的变化特征。模拟时间为世界时 2019 年 1 月 1 日 00 时—19 日 00 时结束,模式结果为小时值并逐小时输出。

对各站点的模拟效果的验证的具体数值如表 3.9 所示。气象因子 T_2、WS 和 WD 的平均 IOA 分别为 0.87、0.75 和 0.89,表明观测数据与模拟数据具有良好的一致性。T_2 的 MB 均值较低,为 0.16 ℃,说明 T_2 的模拟与整个模拟区域的观测结果吻合较好。风模拟结果也显示了实测数据与模拟结果之间的一致性,特别是在风向方面。考虑到风的矢量性质,IOA_{WD} 采用

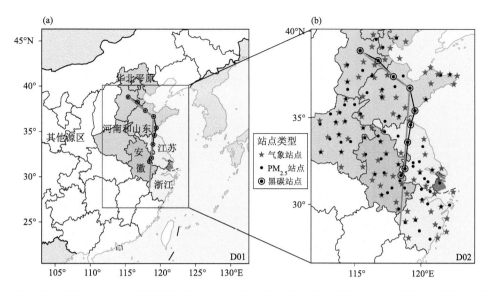

图 3.65 模式模拟区域(a)及源区设置(b)，•和⊙表示参与模式对比所选站点,图例里中间黑点的圆圈是沿着冷锋通道连接了从 NCP 到 YRD 的 PM$_{2.5}$站点,绿色的线表示剖面所经过的区域

Kwok 等(2010)推荐的公式单独计算。WD 的平均 IOA 和 MB 分别为 0.89 和 4.56°,显示了观测和模拟的良好一致性。但平均风速 MB 值略高,为 0.42 m·s^{-1},表明对风速的估计略高。

对于气溶胶模拟性能而言,黑碳的 MB 和 IOA 分别为 0.79 μg·m^{-3} 和 0.82。对于 PM$_{2.5}$的模拟平均 MB 相对较大,为 9.2 μg·m^{-3}。IOA 值为 0.84,表明模式略微高估了 PM$_{2.5}$的模拟,这可能与排放清单的不确定性有关。与其他模型研究结果相比,模式模拟的气溶胶性能在可接受的范围内。同时,我们还对比了垂直方向的观测数据,结果如图 3.66 所示。我们可以发现,模式可以更好地重现黑碳浓度、温度和垂直方向的风的变化,这为进一步研究黑碳区域来源及空间分布提供了良好的基础。

表 3.9 大气污染物和气象因素的平均模型性能指标

变量名	2 m 高度处温度(T_2)	风速(WS)	风向(WD)	PM$_{2.5}$浓度	黑碳(BC)浓度
平均偏差(MB)	0.16 ℃	0.42 m·s^{-1}	4.56°	9.2 μg·m^{-3}	0.79 μg·m^{-3}
平均偏差(IOA)	0.87	0.75	0.89	0.84	0.82

3.5.3.2 中国东部地区输送型与污染型黑碳污染

中国东部地区在 2019 年 1 月 14 日 20:00—19 日 00:00 连续发生了两次黑碳污染事件。本研究将其分为两种类型,即输送型污染(TRAN)和静稳型污染(STAG),并比较了这两类污染事件中黑碳的三维分布特征和演变过程。

选取 1 月 14—19 日时间段内张家口、保定、德州、济南、宿迁、南京这 6 个站点由北向南作 PM$_{2.5}$浓度和风矢量的时空分布,如图 3.67 所示。可以发现 1 月 14 日 20:00 开始,风场由弱南风转为强北风,PM$_{2.5}$浓度的高值区随着时间自北向南快速推移,高值区的 PM$_{2.5}$浓度均大于 150 μg·m^{-3},污染强度为重度-严重污染。从图 3.67 可以发现,在该时间段内随着冷空气的移动,黑碳从北到南迅速推进,其污染带北侧的轮廓较为明显,且地面污染带北侧轮廓对应着高空的黑碳浓度的高值区。因此,将此次过程定义为 TRAN 型。该阶段污染持续时间较

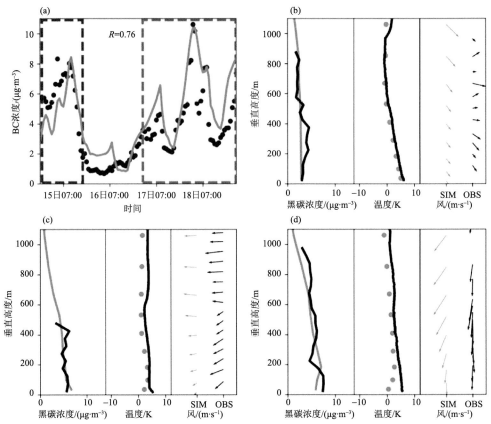

图 3.66 地面黑碳浓度观测和模拟对比(a);垂直高度上的黑碳、温度和风:1 月 12 日 12:00(b)、
1 月 14 日 00:00(c)和 1 月 15 日 08:00(d)。灰色表示模拟值(SIM),黑色表示观测值(OBS)。
红色虚线框表示输送型,绿色虚线框表示静稳型。R 表示相关系数

短,污染带从北到南,从地面到高空整体扫过中国东部地区。TRAN 污染过程发生后,中国中东部经历短暂的清洁时段后被静稳的天气形势所控制,黑碳呈片状分布,浓度较高。我们将此次过程定义为 STAG 型。从图 3.67 中可以发现,STAG 污染持续时间较长,地面风速远低于高空风速,但黑碳浓度明显高于高空。

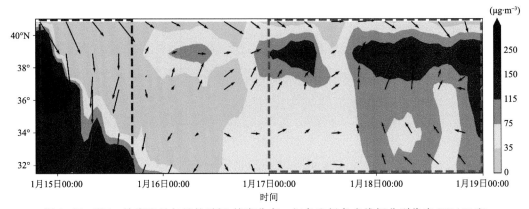

图 3.67 PM$_{2.5}$浓度和风矢量的时间-纬度分布。红色和绿色虚线框分别代表 TRAN 和
STAG 污染过程,箭头长度表示风速

3.5.3.3　输送型与静稳型过程中地面与边界层上层中黑碳来源

选取潍坊(WF)和南京(NJ)两个站点,利用源追踪技术对两类污染过程中的黑碳来源追踪。在 TRAN 污染中,如图 3.68 所示,冷气团在约 20 h 内从华北平原地区(NCP)快速移动到长江三角洲地区(YRD)。由于冷锋将 NCP 高浓度的黑碳从北到南进行输送,两个站点从北到南黑碳浓度依次出现了快速上升和下降。在距地面 1 km 处,图 3.68e—g 显示了相似的快速输送特征和更明显的高浓度黑碳污染带,风速大于地面,黑碳浓度低于地面。

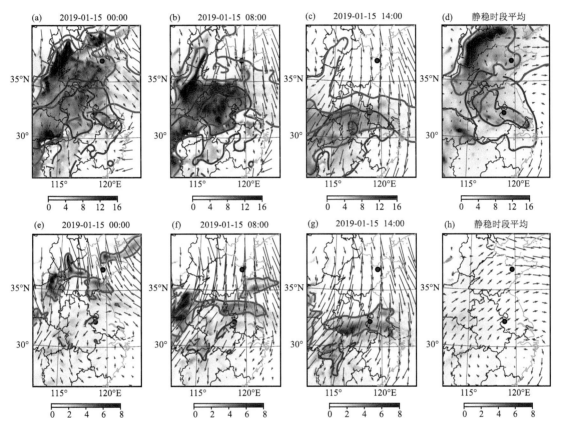

图 3.68　两种污染类型下黑碳(填色,单位:$\mu g \cdot m^{-3}$)和风场(矢量)的空间分布(输送型污染:(a、b、c)为地表,(e、f、g)为 1 km;静稳型污染:(d)为地表,(h)为 1 km),华北平原地区(NCP)和山东(SD)的贡献见绿色等值线,长江三角洲地区(YRD)和安徽(AH)的贡献见蓝色等值线。箭头长度表示风速

图 3.68a—c 还显示了分别来自冷锋传输通道的上风向地区(绿色等值线表示 NCP 和山东(SD))和下风向地区(蓝色等值线表示 YRD 和安徽(AH))黑碳的来源。在冷锋移动过程中,来自 NCP 和 SD 的黑碳随着冷锋一起输送扩散,并对 YRD 地区造成明显贡献。YRD 地区和周边地区(YRD 和 AH 地区)是 YRD 地区黑碳浓度的另一个主要的黑碳贡献源区,但在这一时期内其面积缩小,浓度降低。在 1 km 高度,我们只发现了来自 NCP 和 SD 的高贡献(大于 2 $\mu g \cdot m^{-3}$),而 YRD 的贡献不明显。这可能是由于锋面抬升作用在 NCP 和 SD 地区较强,使得黑碳得以抬升至高空,而到了 YRD 的锋面活动较弱造成的。

与持续时间较短的 TRAN 过程相比,STAG 污染型通常持续 48 h 以上(Liu et al.,2021)。由于高压或均匀场的影响,从 NCP、SD 到 YRD,风速相对较低,特别是 STAG 没有一致的风向。各监测站黑碳浓度变化没有 TRAN 剧烈。此污染阶段地面黑碳主要来自当地来源(图 3.68d)。在 1 km 处,盛行的西风从河南、安徽等地区向 NCP 和 SD 进行输送。1 km 处的黑碳比在 TRAN 更低,可能是由于在 STAG 污染中的边界层高度(BLH)更低,黑碳被压制在较低的边界层有关。

图 3.69 是不同污染类型下黑碳来源的时间序列图。在 TRAN 污染中,潍坊地面黑碳源主要来自 SD 和 NCP。而位于 NCP 和 SD 的下风区的南京,地表黑碳主要贡献为 JS、SD 和 NCP。在 JS 的本地贡献最低时刻仅为 12%,导致冷锋传输通道下风向黑碳源比上风向黑碳源更复杂。在 1 km 处,长距离传输效应明显。潍坊的黑碳主要来自 NCP、其他地区和初始和边界条件(IBC),同样,南京的主要黑碳贡献来自于区域输送(SD、NCP 和其他地区)。在 STAG 中,主要来源地区来自本地源和邻近地区。淮坊的主要黑碳源区分别为 SD 和 NCP,南京的主要黑碳源区分别为 JS 和 AH。由于 STAG 污染的 BLH 很低,很少有黑碳到达 1 km 处。1 月 17 日 12:00 南京的黑碳峰值(约 1.2 $\mu g \cdot m^{-3}$)多为 NCP 和其他地区的长距离输送所致(图 3.69d)。

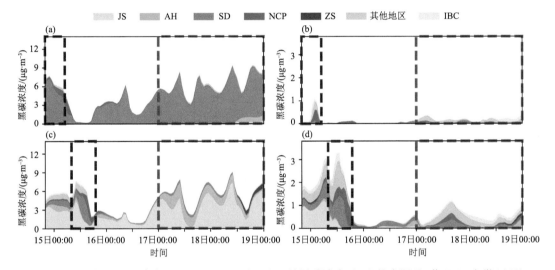

图 3.69 潍坊(a、b)和南京(c、d)地面(a、c)和 1 km 处黑碳浓度(b、d)的来源(江苏(JS)、安徽(AH)、山东(SD)、华北平原地区(NCP)、浙江和上海(ZS)、其他地区、初始和边界条件(IBC))贡献。
红色和绿色虚线框分别代表 TRAN 和 STAG 污染过程

天气形势对边界层结构有显著影响,进而对大气污染物会产生影响。图 3.70 描述了潍坊和南京在 TRAN 和 STAG 期间的平均黑碳垂直方向上的来源。可以明显看出在这两个地区,TRAN 的 BLH 和湍流交换系数(EXCH)均大于 STAG 的 BLH 和 EXCH,这是由于冷空气过境使得大气不稳定性增加所致。在 TRAN 过程中,潍坊的湍流动能(TKE)要大于南京的 EXCH,即潍坊地区的扩散要比南京地区好,污染物更容易抬升至高空,这也就解释了为什么图 3.68e 中 1 km 处的黑碳主要来自于 NCP 和 SD 地区。

冷空气经过区域的大气不稳定性增加,使黑碳更容易扩散。结果表明,TRAN 的黑碳垂直浓度梯度较 STAG 弱。例如南京的 TRAN 和 STAG 在 0.6 km 以下黑碳浓度下降速率分别为 $-3.7\ \mu g \cdot m^{-3} \cdot km^{-1}$ 和 $-8.4\ \mu g \cdot m^{-3} \cdot km^{-1}$。TRAN 中黑碳浓度在 0.6 km 以上的下降速率为 $-3.3\ \mu g \cdot m^{-3} \cdot km^{-1}$,低于 0.6 km 时下降速率不显著。对于 TRAN 而言,地面黑碳的本地贡献从 48.5% 下降到 1 km 时的 9.7%。与此相反,区域输送对黑碳的贡献从地面

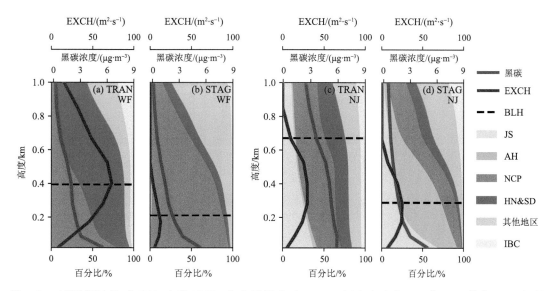

图 3.70　不同源区(江苏(JS)、安徽(AH)、华北平原地区(NCP)、河南和山东(HN&SD)、其他地区、初始和边界条件贡献(IBC))对潍坊和南京在输送型污染和静稳型污染期间垂直高度上黑碳的平均贡献。填色图为百分比,绿色实线为黑碳的平均浓度,红色实线为湍流交换系数(EXCH)的垂直分布,黑色虚线表示平均边界层高度(BLH)

(51.5%)增加到 1 km(90.3%)。随着高度的增加,区域输送的贡献率更显著,在 0.6 km 处来源最为复杂。在 0.6 km 以上,主要贡献来自区域输送。

3.5.3.4　输送型污染中黑碳的过程分析

随着冷锋进一步南下,黑碳从 NCP 和 SD 向 NCP 中部和南部移动(图 3.68e、f)。冷锋经过后,来自 NCP 和 YRD 的黑碳被输送出去,本地以洁净气团为主。在 TRAN 型污染过程中,区域输送对黑碳源有重要影响。

图 3.71 进一步描述了 TRAN 污染过程中黑碳的垂直截面分布。随着冷锋的移动,潍坊(图 3.71a)和南京(图 3.71b)相继出现了在 0.6 km 处黑碳浓度高于地面浓度的现象。这是由于地表摩擦阻力降低了近地表的风速,导致在 0.6 km 处发生更快的黑碳输送,此前已有研究发现这一现象(Kang et al.,2021)。因此,在垂直方向上垂直混合(VMIX)过程与 ADVZ 相反,且在 0.6 km 左右 ADVH 高于地面,这都是由于该区域较高的黑碳通量(较高的浓度和较高的风速)造成的。从图 3.71 中我们可以发现,冷空气的移动,来自冷锋传输通道上风向的黑碳(NCP 和 SD)逐渐向南推进。在冷空气移动前,下风向的 YRD 的黑碳主要来自本地和周边地区(YRD 和 AH),呈现下高上低的结构。随着冷空气的推移,下风向处的黑碳和上风向的黑碳一同移出 YRD 地区。

为了确定输送过程的主要驱动因子,利用过程分析技术进一步阐明冷锋传输通道,特别是垂直方向的上风向地区的黑碳(来自 NCP 和 SD)在 TRAN 型中的分布和物理过程。随着冷空气的快速推进,ADVH 对黑碳浓度的变化贡献较大,ADVH 在 0.6 km 上方的值大于 0.6 km 以下的值,这意味着水平方向上,在 0.6 km 上方黑碳输送通量大于近地面,且该空间分布表现为由北向南的按时间先后依次出现(图 3.72a、e 中的蓝色虚线框)。ADVH 的贡献与所有过程贡献的总和非常相似(图 3.72d、h),这说明 ADVH 是对黑碳浓度变化的主要贡献

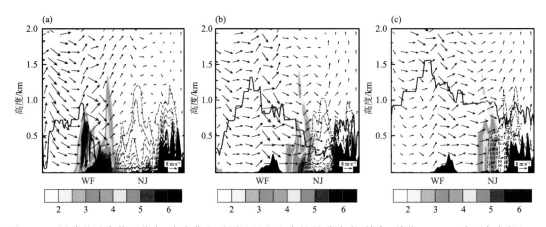

图 3.71　黑碳的垂直截面分布,来自华北平原地区和山东的黑碳浓度(填色,单位:μg·m⁻³),来自长江三
角洲地区和安徽的黑碳(黑色等值线,单位:μg·m⁻³),风矢量(箭头,垂直速度乘以 100),边界层高度(棕
色实线),平均边界层高度,时间分别是 1 月 15 日 03:00(a)、1 月 15 日 10:00(b)和 1 月 15 日 13:00(c)

过程。ADVZ 在 0.6 km 上方为正值,在 0.6 km 下方为负值(图 3.72b、f 中的蓝色虚线框),
这表明随着冷锋移动,暖气团抬升至冷气团上方,导致地面黑碳快速抬升。值得注意的是,
VMIX 值垂直分布和 ADVZ 相反(图 3.72c、g 中的蓝色虚线框)。潍坊和南京的 VMIX 值在
约 0.3 km 以上为负,在地面附近为正,说明黑碳从高空到地面存在正的垂直湍流输送。源追
踪结果表明 VMIX 过程在该时段对潍坊和南京地表黑碳净贡献分别占 27.1% 和 51.8%。潍
坊(15 日 04 时)和南京(15 日 14 时)ADVH 值随后转为负值,黑碳被水平平流过程去除。

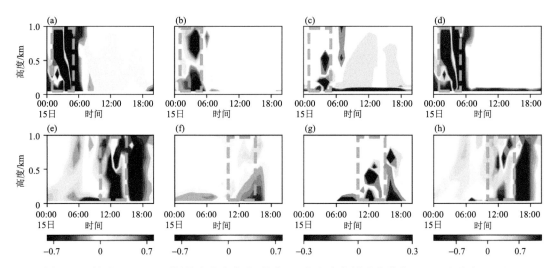

图 3.72　输送(TRAN)型污染中来自华北平原地区和山东的黑碳在潍坊(a—d)和南京(e—h)
的过程量(单位:μg·m⁻³·h⁻¹)贡献随高度和时间的分布,蓝色虚线框表示冷锋前部移动
(a、e)水平平流(ADVH);(b、f)垂直平流(ADVZ);(c、g)垂直混合(VMIX);(d、h)净贡献
(NET,NET=ADVH+ADVZ+VMIX)

第 4 章　黑碳的环境效应模拟

　　黑碳作为一种特有的吸收性气溶胶,对太阳短波辐射具有强烈的吸收作用。黑碳与其他气溶胶可以以不同方式混合,在高相对湿度下会吸湿增长,都对气溶胶辐射效应的影响产生较大的不确定性。已有研究表明,黑碳可以对边界层物理、化学过程产生重要作用,能显著影响大气中污染气体以及颗粒物的浓度。本章主要分析气溶胶尤其是黑碳气溶胶对大气光学、边界层结构与演变、大气光化学反应和云雾过程的影响机制,为定量评估黑碳的环境效应提供理论依据。

4.1　黑碳对大气消光的影响

4.1.1　黑碳混合态对光学特性的影响

　　黑碳粒子被排放进大气中后,易吸附其他气溶胶,主要包括无机盐(如 SO_4^{2-}、NO_3^-)和有机物(OC)等,称之为"老化"。因此,黑碳在大气中形状会由初始的松散辐枝状结构变得紧实而接近球形,同时也会和其他气溶胶粘合(外混合)或被其他气溶胶包裹(核壳)或与之完全混合(内混)(Zhou et al.,2013)。虽然黑碳是憎水型气溶胶,但与之混合的硫酸盐、硝酸盐、非吸收性有机碳等均易溶于水或具有亲水性,因此,黑碳与这些亲水性气溶胶混合后形成的混合气溶胶也可以进一步吸收水汽增长。由于实际大气气溶胶是各种化学成分的复杂混合体,要逐一进行分析研究是不现实的,因此,研究中常用混合状态来描述黑碳与其他非光吸收性物种的混合方式。

4.1.1.1　黑碳光学特性计算模型

　　目前,计算气溶胶光学特性的模型主要包括 Mie 散射模型、广义多粒子米氏(Generalized Multi-particle Mie-solution,GMM)散射模型、多球形 T-矩阵(Multiple Sphere T-matrix,MSTM)模型(Mackowski et al.,2011),其他常用模型及各模型之间的计算误差详见文献 Li(2016a)。本章主要采用 MSTM 模型计算纯黑碳及内混合黑碳聚合体气溶胶(Coated Aggregates Method,CAM)的光学特性,MSTM 是由 Mackowski 等(2011)开发的用于计算分型聚合体结构的气溶胶光学特性的模型,是一种精确的光学特性计算方法。它可以计算球体单体无重叠情况下聚合体的光学特性,利用矢量球面波函数的加法定理获得系统间的相互作用,从而得到每个单体小球的 T-矩阵结果,进一步得到整个聚合体的 T-矩阵结果。同时,粒子散射、吸收的结果也均可以由 T-矩阵得到(Liu et al.,2007;Smith et al.,2014)。

　　核壳法(Core-shell Method,CSM)模型的内混合模型则用其对应的"核壳"Mie 散射程序来计算,外混合黑碳聚合体气溶胶 EMM 模型(External Mixing Method)下包裹物的光学特性既可由 Mie 散射程序也可以由 MSTM 模型来计算。由于 MSTM 模型适用范围很广,它也可以计算单个球体以及两同心球体的光学特性。本章比较了单球体与"核壳"结构时 MSTM

模型和 Mie 散射程序的计算结果,证实了 Mie 散射程序在其适用范围内计算的准确性。因此,本章中外混状态下包裹物的光学特性直接由 Mie 散射程序计算得到。

为了更直观地表示各模型之间的差异,表 4.1 总结了上述两种混合方式、三种混合模型分别对应的形状与光学特性计算方法。在接下来讨论混合和吸湿增长的过程中均以 CAM、CSM 和 EMM 来代表三种混合模型。整个混合和吸湿增长过程中,针对不同混合模型计算光学特性时使用的方法均如表 4.1 中所示。

表 4.1　总结了两种混合方式、三种混合模式对应的形状与光学特性计算方法。这里,CAM 和 CSM 主要体现了黑碳形状之间的差异,而 CAM 和 EMM 体现了混合方式之间的差异
(CAM:内混合黑碳聚合体气溶胶,CSM:核壳法内混合气溶胶,EMM:外混合黑碳聚合体气溶胶)

混合方式	混合情形	形状	光学特性计算
内混合	CAM		MSTM
	CSM		Core-shell Mie
外混合	EMM		BC:MSTM Coating:Mie

上述模型计算的都是单个气溶胶粒子的光学特性,而气溶胶在大气中并不是以单个粒子存在的,大量的气溶胶粒子在大气中的尺度分布基本满足对数正态分布,前文已证实使用该分布的合理性,其公式如下:

$$n(r) = \frac{1}{\sqrt{2\pi} r \ln(\sigma_g)} \exp\left\{ -\left[\frac{\ln(r) - \ln(r_g)}{\sqrt{2} \ln(\sigma_g)} \right]^2 \right\} \tag{4.1}$$

式中,r_g 和 σ_g 分别是几何有效粒子半径和几何标准差。根据气溶胶的尺度分布,可以进一步得到气溶胶的体光学特性,包括体消光系数 $\langle \sigma_{ext} \rangle$、体吸收系数 $\langle \sigma_{abs} \rangle$、体单次散射反照率 $\langle \bar{\omega} \rangle$ 以及体不对称因子 $\langle g \rangle$。这里,消光系数代表了该气溶胶粒子削弱的总辐射能,表示粒子对大气的总削弱,包括吸收和散射两部分;吸收系数代表了粒子吸收的辐射能,反映了粒子的吸收能力;单次散射反照率为气溶胶散射的能量与总的消光的比值,体现了气溶胶的散射能力;不对称因子则是前向散射的能量与总能量的比值,代表前向散射的能量大小。

这里,内混合黑碳气溶胶的尺度分布(包括吸湿增长前和吸湿增长后)是通过纯黑碳的量和尺度分布来决定的,本节认为黑碳粒子和它的尺度分布在整个混合、吸湿增长过程中都是不

变的。为了便于比较内混与外混,外混合状态下(EMM)硫酸盐/有机碳的尺度分布直接和对应的内混状态下(CAM 和 CSM)的包裹物的尺度分布一致。这样的话,三种情况下黑碳、硫酸盐、OC 成分的总体积便可以保持不变。当然,本研究中认为所有的气溶胶在 EMM 的情况下全部是外混合状态,在与之对应的 CAM 和 CSM 的情况下也全部是内混合的状态,一部分气溶胶内混、一部分气溶胶外混的结果可以被认为是这两种极端情况下的加权平均结果。

这里,通过式(4.2)—(4.5)得到黑碳、硫酸盐/非吸收性有机碳气溶胶和内混合黑碳气溶胶的体光学特性:

$$\sigma_{ext} = \int_{r_{min}}^{r_{max}} C_{ext}(r) \cdot n(r) dr \qquad (4.2)$$

$$\sigma_{abs} = \int_{r_{min}}^{r_{max}} C_{abs}(r) \cdot n(r) dr \qquad (4.3)$$

$$\overline{\omega} = \frac{\int_{r_{min}}^{r_{max}} C_{ext}(r) \cdot \overline{\omega}(r) \cdot n(r) dr}{\int_{r_{min}}^{r_{max}} C_{ext}(r) \cdot n(r) dr} \qquad (4.4)$$

$$g = \frac{\int_{r_{min}}^{r_{max}} C_{ext}(r) \cdot \overline{\omega}(r) \cdot g(r) \cdot n(r) dr}{\int_{r_{min}}^{r_{max}} C_{ext}(r) \cdot \overline{\omega}(r) \cdot n(r) dr} \qquad (4.5)$$

式中,$C_{ext}(r)$、$C_{abs}(r)$、$\overline{\omega}$ 和 $g(r)$ 分别是在粒子半径为 r 时的消光截面、吸收截面、单次散射反照率和不对称因子。消光截面指粒子削弱的总辐射能相当于面积 σ_{ext} 从入射辐射场中所截获的辐射能,吸收截面指粒子吸收的辐射能相当于面积 σ_{abs} 从入射辐射场中所截获的辐射能。而 $n(r)$ 则是对应于有效粒子半径为 r 时的对数正态分布情况。以上公式是针对单一气溶胶或是内混合气溶胶的情形。而针对外混合气溶胶,则要通过式(4.6)—(4.9)来计算。

$$\langle \sigma_{ext} \rangle_{EMM} = \langle \sigma_{ext} \rangle_{BC} + \langle \sigma_{ext} \rangle_S \qquad (4.6)$$

$$\langle \sigma_{abs} \rangle_{EMM} = \langle \sigma_{abs} \rangle_{BC} + \langle \sigma_{abs} \rangle_S \qquad (4.7)$$

$$\langle \overline{\omega} \rangle_{EMM} = \frac{\langle \sigma_{ext} \rangle_{BC} \cdot \langle \overline{\omega} \rangle_{BC} + \langle \sigma_{ext} \rangle_S \cdot \langle \overline{\omega} \rangle_S}{\langle \sigma_{ext} \rangle_{EMM}} \qquad (4.8)$$

$$\langle g \rangle_{EMM} = \frac{\langle g \rangle_{BC} \cdot \langle \sigma_{ext} \rangle_{BC} \cdot \langle \overline{\omega} \rangle_{BC} + \langle g \rangle_S \cdot \langle \sigma_{ext} \rangle_S \cdot \langle \overline{\omega} \rangle_S}{\langle \sigma_{ext} \rangle_{BC} \cdot \langle \overline{\omega} \rangle_{BC} + \langle \sigma_{ext} \rangle_S \cdot \langle \overline{\omega} \rangle_S} \qquad (4.9)$$

式中,下标 BC 代表黑碳气溶胶,下标 S 代表包裹黑碳的物质(硫酸盐、有机碳等)。

4.1.1.2　黑碳内混位置对光学特性的影响

对于内混合黑碳气溶胶而言,除了黑碳的形态外,黑碳聚合体与其包裹物的相对位置也是影响其光学特性的重要因素。在观测中,黑碳粒子群并不一定与包裹物有同样的重心,基于此,图 4.1 给出了 5 个相对位置下混合黑碳气溶胶的光学特性。在图 4.1 中,选取了 200 个黑碳单体且分型维数(D_f)为 2.8 的聚合体。为了使黑碳聚合体有充足的移动空间,选取包裹物的直径为黑碳聚合体体积等效直径的 5 倍左右(大约是混合黑碳吸湿增长到相对湿度为 90％时包裹物与黑碳的半径比)。

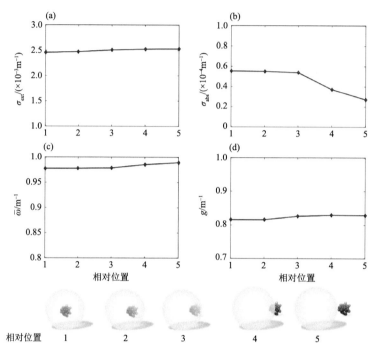

图 4.1 黑碳聚合体与其包裹物相对位置的变化对内混合黑碳气溶胶光学特性的影响
(a)消光系数;(b)吸收系数;(c)单次散射反照率;(d)不对称因子

由图 4.1 可知,黑碳聚合体与其包裹物的相对位置对消光系数和不对称因子的影响均不大,二者随位置变化增长不超过 2％,但相对位置对吸收系数具有显著影响。黑碳在包裹物内时,吸收系数基本没有变化,但随着黑碳聚合体与包裹物重心的相对位置越来越远,直到黑碳只有一部分包裹在包裹物里时,甚至与包裹物外切,吸收系数减小接近一半且单次散射反照率随之增加。由此可知,当黑碳聚合体完全在包裹物内时,无论其与包裹物的相对位置如何,其光学特性基本不变;但当其与包裹物的混合方式发生变化(变成部分混合或外混合时)时,其光学特性尤其是吸收系数发生明显变化。这个结论也验证了为什么需要考虑黑碳与其他气溶胶内混和外混两种混合方式。综上所述,在接下来的黑碳混合-吸湿过程研究中,对于内混黑碳聚合体结构,本节选取黑碳聚合体在包裹物中心位置的情形。

4.1.1.3 不同包裹物对黑碳混合气溶胶光学特性的影响

在混合过程中,本节考虑黑碳气溶胶在三种不同吸收性物质包裹物下的光学特性的变化特征,主要包括硫酸盐(Sulfate)、非吸收性有机碳(OC)以及吸收性有机碳(BrC)。图 4.2 给出了上述两种混合方式、三种混合模型下,不同包裹物包裹的黑碳混合气溶胶的光学特性随波长的变化情况。由图 4.2 可知,所有情况下的消光系数、吸收系数和不对称因子均随波长的增加而减小,只有棕碳包裹的混合黑碳的单次散射反照率随着波长的增加而增加,这是由于随着波长的增加,棕碳的吸收下降而散射增加明显,导致其单次散射反照率增加。对比三种混合模型,内混合气溶胶之间的差异很小,这是因为黑碳所占体积小,黑碳形状对混合物光学特性的影响很小。外混合气溶胶在 550 nm 波长处消光比内混时大,但当波长大于 550 nm 时内混的消光更大,吸收系数则一直是外混合比内混合气溶胶小,证实了黑碳与其他气溶胶内混会增加其吸收。相对应地,外混合的单次散射反照率比内混合时大,各种混合模型下不对称因子之间的差距可以忽略不计。

对比三种包裹物可以发现,硫酸盐和 OC 气溶胶包裹的混合黑碳气溶胶,其消光系数与不对称因子区别不大,但吸收系数存在较大差异。OC 包裹的气溶胶的吸收系数比硫酸盐包裹时的大,这是因为 OC 的吸收性比硫酸盐强,相对应的 OC 包裹的混合气溶胶的单次散射反照率比硫酸盐的小。BrC 包裹的混合黑碳气溶胶的光学特性与另外两种物质相比差异较大。就消光系数而言,BrC 包裹的混合黑碳气溶胶的消光比另外两种包裹的大,且差距随波长增加而增加,主要是因为棕碳在 550～1000 nm 波长范围内的复折射指数实部(即散射特性)增加明显,因此,消光减小不如另外两种包裹物明显。就吸收系数而言,BrC 的吸收性强于另外两种气溶胶,则 BrC 包裹的黑碳气溶胶的吸收也相应地为另外两种包裹的 3 倍左右,其单次散射反照率也因此明显小于另外两种包裹物,仅为它们的 3/5 左右。图 4.2 还表明,随着波长增加,三种包裹物包裹的黑碳气溶胶的不对称因子越来越接近。

此外,各混合模型下,BrC 包裹的黑碳气溶胶的结果与另外两种包裹物相比都更为接近,这是由于棕碳和黑碳的复折射指数值很接近,从而计算过程中各模式之间的差别会相应减小。

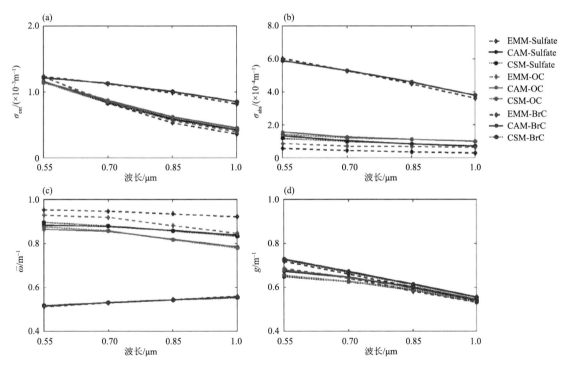

图 4.2 三种混合模型下不同包裹物(硫酸盐 Sulfate、非吸收性有机碳 OC、吸收性有机碳 BrC)包裹的混合黑碳气溶胶的光学特性随波长的变化情况。其中,红线为硫酸盐,绿线为非吸收性有机碳,蓝线为吸收性有机碳
(a)消光系数;(b)吸收系数;(c)单次散射反照率;(d)不对称因子

图 4.2 中不同包裹物包裹的混合黑碳气溶胶的吸收性显示出了较大的差异,为了进一步探究不同吸收性的包裹物包裹下的黑碳气溶胶以及内混合方式对黑碳气溶胶吸收增加的贡

献,定义吸收增加参数 E_{abs}：

$$E_{abs} = \frac{\sigma_{mixed\,abs} - \sigma_{coating\,abs}}{\sigma_{BC\,abs}} \qquad (4.10)$$

式中，$\sigma_{mixed\,abs}$ 是混合黑碳气溶胶的吸收系数，$\sigma_{coating\,abs}$ 是包裹物的吸收系数，$\sigma_{BC\,abs}$ 是黑碳的吸收系数。这里包裹物和黑碳的吸收系数是之前外混计算中得到的结果；对于内混合方式来说，公式(4.10)中的分子部分代表的是黑碳气溶胶和内混合共同导致的吸收增加部分。根据公式(4.7)可知，外混时的 E_{abs} 值为1，即判断吸收是否增加的基准值，E_{abs} 大于1时说明吸收增加，小于1时则说明吸收减弱。图4.3描述了三种包裹物包裹的混合黑碳气溶胶的 E_{abs} 随波长的变化情况。由图4.3可知，硫酸盐包裹黑碳使混合物的吸收增加到纯黑碳的2.75倍，这证实了由Cui等(2016)提出的"棱镜效应"(Cui et al.，2016)，但当包裹物是棕碳时，短波处它会使得吸收下降，550 nm波长处其 E_{abs} 值只有0.7。由于棕碳的吸收随波长增加明显减小，BrC包裹的混合气溶胶的 E_{abs} 随波长增加而增加，在700 nm处已经使得吸收增强。由此可见，包裹黑碳的气溶胶的散射性越强，其棱镜效应越明显。

此外，图4.3还表明，黑碳形状对 E_{abs} 也存在一定影响。CAM的 E_{abs} 基本上是大于CSM的，这说明在本章考虑的气溶胶种类中，黑碳形状虽然对消光的影响不大，但是对于 E_{abs} 尤其在可见光波段影响很大，尤其是包裹物为硫酸盐和OC时，CAM和CSM的相对误差达到了40%。但两者之间的差距也明显随波长增加而减小，这是由于随着波长的增加，粒子相对于波长的尺度减小所致。

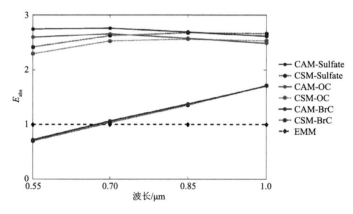

图4.3　三种包裹物包裹的混合黑碳气溶胶的吸收增强 E_{abs} 随波长的变化情况。其中，外混的情形为黑线，而红线、绿线、蓝线分别代表硫酸盐(Sulfate)、非吸收性有机碳(OC)、吸收性有机碳(BrC)的结果

4.1.2　基于米散射理论的能见度参数化方案

4.1.2.1　 κ-EC-Mie 模型的建立

米(Mie)散射计算方案理论上是气溶胶消光的准确计算方法，其考虑的参数较为全面，能更为精确地计算出大气的消光性质，研究不同波长下不同气溶胶光学性质随相对湿度的变化规律。但由于实际大气中气溶胶理化性质复杂，其详细信息获取困难，米散射方法涉及的变量多而复杂，不仅观测不易或难以实现，且计算量较大。因此，运用较少的气溶胶观测信息与Mie模型结合来近似计算气溶胶消光特性的研究很有必要，但该类研究较为匮乏。

κ-EC-Mie 模型是对米散射模型的简化，本节在米散射理论的基础上根据复折射指数的差异,将化学组分分为了光吸收型物质、非光吸收型物质和水组成的三组分体系。干态下,元素碳的体积分数可以描述气溶胶粒子中吸光物质与非吸光物质的体积比,就能够较好地描述气溶胶粒子的消光特性。当相对湿度(Relative Humidity,RH)增加,颗粒吸湿生长,Petters 等(2013)提出了用一个简单的吸湿性参数 κ 来计算不同 RH 下吸湿增长因子(Growth Factor, GF)的方法。

假设非光吸收型物质在吸收水后与水均匀混合,根据三组分模型,只要获得元素碳的体积分数数据、吸湿性参数数据,并对气溶胶的混合方式进行假设,就能够根据米散射模型较为精确地计算出气溶胶粒子在不同相对湿度下的消光特性。具体的计算方法如下。

(1)吸湿性参数 κ 以及吸湿增长因子 GF 的计算

本节中根据观测测量的气溶胶化学组分数据,利用 ZSR(Zdanovskii-Stokes-Robinson,假设混合气溶胶的吸湿性等于各自成分的吸湿性按干体积加权平均)规则计算得到。对于无机成分,本节考虑了一个包含氢离子(H^+)、铵根离子(NH_4^+)、硫酸氢根离子(HSO_4^-)、硫酸根离子(SO_4^{2-})和硝酸根离子(NO_3^-)的体系,NH_4NO_3 指硝酸铵,H_2SO_4 指硫酸,NH_4HSO_4 指硫酸氢铵,$(NH_4)_2SO_4$ 指硫酸铵,n 表示摩尔质量:

$$n(NH_4NO_3) = n(NO_3^-)$$

$$n(H_2SO_4) = \max[0, n(SO_4^{2-}) - n(NH_4^+) + n(NO_3^-)]$$

$$n(NH_4HSO_4) = \min[2n(SO_4^{2-}) - n(NH_4^+) + n(NO_3^-), n(NH_4^+) - n(NO_3^-)]$$

$$n[(NH_4)_2SO_4] = \min[n(NH_4^+) - n(NO_3^-) - n(SO_4^{2-}), n(SO_4^{2-})]$$

对于每种物质,其分子量、吸湿性参数和密度见表 4.2 所示。通过配对方案得到每种纯物质的质量,然后按照密度计算可得到每种物质的体积。再假设干气溶胶密度为 $1.7\ \mathrm{g \cdot cm^{-3}}$,即可得到干气溶胶体积。根据 ZSR 假设即可得到气溶胶的吸湿性参数:

$$\kappa = \sum_{i=1}^{N} \kappa_i \cdot \frac{V_{i,\mathrm{dry}}}{V_{\mathrm{tol,dry}}} \tag{4.11}$$

式中,N 为累加的个数,$V_{i,\mathrm{dry}}$ 为干燥条件下第 i 种纯物质的体积,$V_{\mathrm{tol,dry}}$ 为干燥条件下气溶胶总体积。

表 4.2　假设的每种纯物质特性

物质	分子质量	密度/$(\mathrm{g \cdot cm^{-3}})$	κ
NH_4NO_3	80.04	1.72	0.68
H_2SO_4	98.08	1.83	11.3
NH_4NO_3	115.11	1.78	0.56
$(NH_4)_2SO_4$	132.14	1.77	0.53
WSOC	—	1.4	0.1

注:WSOC 是水溶性有机成分。

GF 体现的是随着 RH 的变化粒子粒径的吸湿增长情况,在引入吸湿性参数 κ 后经公式(4.12)计算即可得到 GF:

$$GF = \left[1 + \frac{\kappa \cdot S}{\exp\left(\frac{4}{RT} \frac{\sigma_{s/a}}{\rho_w} \frac{M_w}{\rho_w}\right) - S} \right]^{\frac{1}{3}} \tag{4.12}$$

式中,S 为饱和比,M_w 是水的摩尔质量,R 为理想气体常数,ρ_w 为水的密度,κ 所用温度 T 为 20 ℃,

表面张力系数为 $\sigma_{s/a}$。假设为纯水和空气之间的表面张力系数(在 20 ℃时约 0.0728 N · m^{-1})。

(2)κ-EC-Mie 模型的建立

实际大气中即使是相同粒径下的两个气溶胶粒子,其理化性质也有较大的差异,逐个描述气溶胶的理化性质是不现实的。因此,实际工作中常用内混合模型、外混合模型和核壳模型来描述气溶胶粒子的化学组成方式。

本节中用 κ-EC-Mie 模型进行含碳气溶胶粒子的消光特性进行计算。模型主要假设有:①气溶胶粒子为球形;②干态下气溶胶组分分类为黑碳和非光吸收物质(黑碳以外其他组分);③用 κ-寇拉方程可得到气溶胶粒子的吸湿增长曲线。本节中的混合指黑碳和光吸收物质的混合,研究对象是三种最为极端的混合方式。

内混合假设黑碳和非光吸收物质为均匀混合,κ 可用公式(4.11)计算,对应吸湿增长因子可用公式(4.12)计算。核壳结构中假设,黑碳为不溶性核且始终位于气溶胶中心,非光吸收物质为壳,非光吸收物质得物质的 κ 以及核壳结构气溶胶的吸湿增长因子计算方法与内混结构相同。外混合假设黑碳和非光吸收物质不发生混合彼此独立,黑碳的 κ 为 0,非光吸收物质的 κ' 可用公式(4.13)计算,对应吸湿增长因子可用公式(4.14)计算。两种组分的消光系数、散射系数、吸收系数相加,可得到外混合模型下的消光系数、散射系数、吸收系数。

$$\kappa' = \kappa / \left(1 - \frac{V_{EC}}{V_{tol}}\right) \tag{4.13}$$

$$GF' = \left[1 + \frac{\kappa'S}{\exp\left(\frac{4}{RT}\frac{\sigma_{s/a}}{\rho_w}\frac{M_w}{}\right) - S}\right]^{\frac{1}{3}} \tag{4.14}$$

式(4.11)中 κ 为吸湿性参数,式(4.12)中 GF 为吸湿增长因子,它体现了随 RH 的变化粒子粒径的吸湿增长情况。V_{EC} 为元素碳的体积,V_{tol} 为气溶胶的总体积。此外,当 RH=0 时,GF=1。

表 4.3 给出了三种模型下输入米散射的 Bohren 和 Huffman 开发的用于计算涂层球体的散射和吸收(Bohren and Huffman's Subroutine for Calculating Scattering and Absorption by Coated Spheres,BHCOAT)。程序的参数,包括内尺度参数、外尺度参数、复折射指数实部及虚部;输出参数包括消光效率因子以及单次散射反照率。表中的 X 表示尺度参数,m 为复折射指数(分为实部与虚部),吸湿后的复折射率 m 采用体积加权法计算得到。下标 EC 为黑碳,other 为非光吸收物质,wet 为吸湿成分,cor 为不溶性核,man 为非光吸收物质壳。Q_{ext} 为消光效率因子,w 为单次散射反照率,Q_{sca} 为散射效率因子,其值等于 Q_{ext} 与 w 相乘。σ_{ext} 为消光系数,σ_{sca} 为散射系数,σ_{abs} 为吸收系数,公式中 N 对应前处理程序(Workload Preparation Software,WPS)中 0.01~2.5 μm 的粒径分段,共分成 58 个粒径段。n 为粒径段 N_i 的数浓度,r 为对应粒径段 N_i 的中值半径。D_0 为单颗粒气溶胶干态时的直径,λ 为入射光波长,取值为 550 nm。

4.1.2.2 不同混合态下 κ-EC-Mie 模型计算结果

由于 550 nm 是人眼最为敏感的波长,本节给出的观测值也是订正到 550 nm 的消光结果,在对 κ-EC-Mie 模型进行闭合分析时所采用的波长也是 550 nm。图 4.4 为三种不同混合方式下拟合值与使用 Koshimieder 公式计算的消光系数的相关性散点图及时间序列图。

由图 4.4a 可知,三种混合方式下拟合值可以较好地反映计算的消光系数,核壳、内混合、外混与观测值的相关性分别为 0.80、0.84 和 0.90,其中外混的拟合效果最好。图 4.4b 也表

表 4.3 三种混合模型的输入/输出参数，以及消光、散射、吸收系数的计算方式

	尺度参数	复折射指数	输出	消光系数	散射系数	吸收系数
外混	$X_{EC} = \dfrac{\pi \cdot D_0}{\lambda}$	$m_{EC} = (1.8, 0.54)$	$Q_{ext,EC}, w$	$\sigma_{ext} = \sigma_{ext,EC} + \sigma_{ext,other}$	$\sigma_{sca} = \sum_{i=1}^{N}\left[Q_{ext,i} \times w \times \pi(r \cdot GF')^2_i \times n(r_i) \times \left(1 - \dfrac{V_{EC}}{V_{tol}}\right)_i\right]$	$\sigma_{abs} = \sum_{i=1}^{N}\left[Q_{abs,i} \times \pi r_i^2 \times n(r_i) \times \left(\dfrac{V_{EC}}{V_{tol}}\right)_i\right]$
	$X_{other} = \dfrac{\pi \cdot D_0 \cdot GF'}{\lambda}$	$m_{other} = \left[\dfrac{1.53 + 1.33(GF'-1)^3}{(GF'-1)^3+1}, 0\right]$	$Q_{ext,other}, w$			
内混	$X_{wet} = \dfrac{\pi \cdot D_0 \cdot GF}{\lambda}$	$m_{wet} = \left[\dfrac{\frac{V_{EC}}{V_{tol}} \times 1.8 + \frac{V_{other}}{V_{tol}} \times 1.53 + 1.33(GF-1)^3}{(GF-1)^3+1}, \dfrac{V_{EC}}{V_{tol}} \times 0.54\right]$	Q_{ext}, w	$\sigma_{ext} = \sum_{i=1}^{N}\left[Q_{ext,i} \times \pi(r \cdot GF)^2_i \times n(r_i)\right]$	$\sigma_{sca} = \sum_{i=1}^{N}\left[Q_{ext,i} \times w \times \pi(r \cdot GF)^2_i \times n(r_i)\right]$	$\sigma_{abs} = \sigma_{ext} - \sigma_{sca}$
核壳	$X_{cor} = \dfrac{\pi \sqrt[3]{\frac{V_{EC}}{V_{tol}}} \times D_0}{\lambda}$	$m_{cor} = (1.8, 0.54)$	Q_{ext}, w	$\sigma_{ext} = \sum_{i=1}^{N}\left[Q_{ext,i} \times \pi(r \cdot GF)^2_i \times n(r_i)\right]$	$\sigma_{sca} = \sum_{i=1}^{N}\left[Q_{ext,i} \times w\pi(r \cdot GF)^2_i \times n(r_i)\right]$	$\sigma_{abs} = \sigma_{ext} - \sigma_{sca}$
	$X_{man} = \dfrac{\pi \cdot D_c \cdot GF}{\lambda}$	$m_{man} = \left[\dfrac{1.53+1.33(GF-1)^3}{(GF-1)^3+1}, 0\right]$				

明拟合值与计算值的变化趋势一致性很高,三种混合方式下的拟合值中核壳＞外混＞内混。根据表 4.3 可知,κ-EC-Mie 模型计算值在三种方案中最低,由图 4.5 和图 4.6 也能看出,IMPROVE 方案的计算值更接近实际的大气消光系数。关于拟合值与实测值的偏差,主要是因为实测值的消光系数是通过 Koschmieder 公式计算得到的($\sigma_{ext} = \ln\varepsilon/Vis$),这里面 ε 是对比阈值,标准大气能见度定义使用 0.02 计算;而本节使用世界气象组织(World Meteorological Organization,WMO)定义的 0.05 计算,即 $\sigma_{ext} = 3.0/Vis$。除了 3.0 外,还有许多国内外文献结合当地的数据进行了调整,使用的是 $\sigma_{ext} = 2.0/Vis$。也就是说 σ_{ext} 这个值的变化趋势是与实际消光系数一致的,但绝对值却不一定,会因为 ε 的取值而产生变化。此外,考虑到能见度仪在绝对值上也会产生一定的误差,所以本节把考察方案拟合结果好坏的重点放在了相关性上。

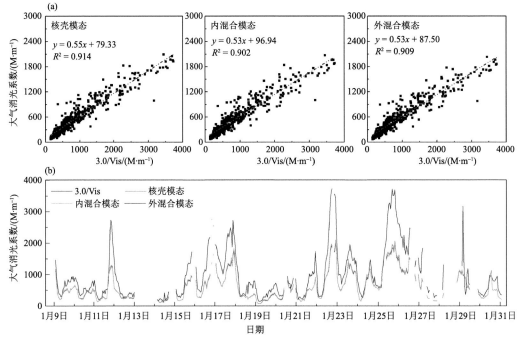

图 4.4　550 nm 下拟合值与计算值的相关性(a),大气消光系数随时间的变化(b)。
(a)中虚线表示混合状态下拟合值和计算得到的消光系统的拟合函数

4.1.3　相对湿度对黑碳三种混合模态光学特性的影响

4.1.3.1　不同湿度环境下消光、散射及吸收系数的变化规律

(1)环境相对湿度下消光系数、散射系数以及吸收系数随时间的变化特征

图 4.5a$_1$ 中给出了观测期间临安站的三种模型下气溶胶消光系数的计算值随时间的变化。观测值是由测量的能见度根据公式计算得到(图 4.4b),对比观测值可发现计算值和观测值基本一致,且有较好的相关性(R^2 大于 0.8),表明计算结果是基本可靠的。图 4.5a$_1$ 中三种混合方式下计算的消光系数的时间变化曲线几乎重合。图 4.5a$_2$ 中三种混合方式下计算的散射系数基本一致,而图 4.5a$_3$ 中三种混合方式下吸收系数差别却较大(核壳、内混以及外混模型状态下的吸收系数分别为 46.01 M·m^{-1}、123.23 M·m^{-1} 和 15.51 M·m^{-1})。考虑 90% 以上的消光都是来自散射的贡献(图 4.5a$_4$),而散射系数低的情形下吸收系数则高

（图 4.5a$_4$），因此，导致消光系数几乎相同（图 4.5a$_1$ 和图 4.5a$_4$）。

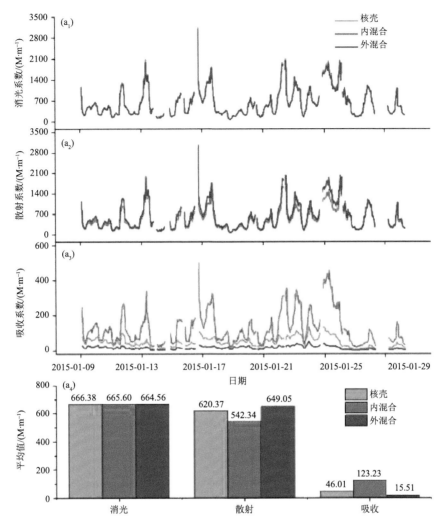

图 4.5　相对湿度下外混合、内混合、核壳结构气溶胶的光学特性随时间的变化及其平均值的比较。
其中，(a$_1$)为消光系数，(a$_2$)为散射系数，(a$_3$)为吸收系数，(a$_4$)为三种模型下气溶胶消光、
散射、吸收系数的平均值

（2）干态下消光系数、散射系数以及吸收系数随时间的变化特征

图 4.6 给出了干状态下三种混合方式消光、散射、吸收系数随时间的变化情况。本节中干态并非大气中真实存在的状态，而是一种假象的状态，即 RH＝0、GF＝1 的状态，目的是探讨气溶胶没有发生吸湿增长时的光学特性。

图 4.6 与图 4.5 相比，干态下的消光系数和散射系数都要远小于环境相对湿度下的消光系数，约是其 1/3。混合方式对三种混合状态下消光值影响不大，而对吸收系数有显著的影响。临安站核壳、内混以及外混模态下的吸收系数分别为 44.15 M·m^{-1}、50.48 M·m^{-1} 和 15.51 M·m^{-1}，均值为 36.71 M·m^{-1}，对比环境下的吸收系数可以看出相对湿度对不同混合方式下的吸收系数的影响有较大的差异，内混合模型下吸收系数发生显著增长，而外混合模型和核壳结构下吸收系数与变化并不明显。就外混合模型而言，相对湿度与吸收系数无关，这

是由外混合模型定义本身决定的。

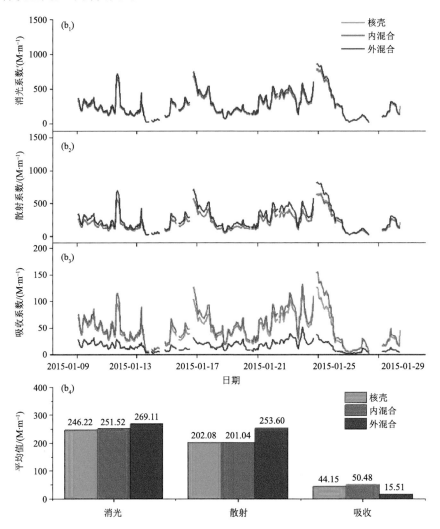

图 4.6　干态下内混合模型、核壳模型、外混合模型光学特性随时间的变化及其平均值的比较。
其中，(b₁)为消光系数，(b₂)为散射系数，(b₃)为吸收系数，(b₄)为三种模型下气溶胶消光、
散射、吸收系数的平均值

4.1.3.2　相对湿度对消光系数、散射系数以及吸收系数的影响

图 4.7 分别给出了三种混合模型中消光、散射和吸收系数随相对湿度增加的增长倍数曲线。图 4.7c_1、c_2 以及 c_3 分别表示 $\lambda = 550$ nm 时，随着相对湿度增加不同混合方式气溶胶粒子消光、散射以及吸收系数较干态下消光系数的增长倍数。图 4.7c_1 以吸湿增长因子的变化为纵坐标，即环境相对湿度下的消光系数/干态下的消光系数；同样的，c_2、c_3 同理，分别为湿态与干态下散射系数之比以及吸收系数之比。图 4.7c_1 和 c_2 中不同混合方式下拟合曲线与计算值 R^2 均在 0.86 以上，说明不同混合方式消光、散射系数随着相对湿度的增加有一致性。

不同混合模型中消光、散射系数的吸湿增长曲线几乎重叠；然而吸收系数的增长存在明显差异。在外部混合模型中，由于假定黑碳不吸湿，因此，其增长曲线为 1；在内部混合模型中，

其吸湿增长曲线类似于消光系数;而在核壳模型中,吸湿增长曲线呈小幅波动上升。

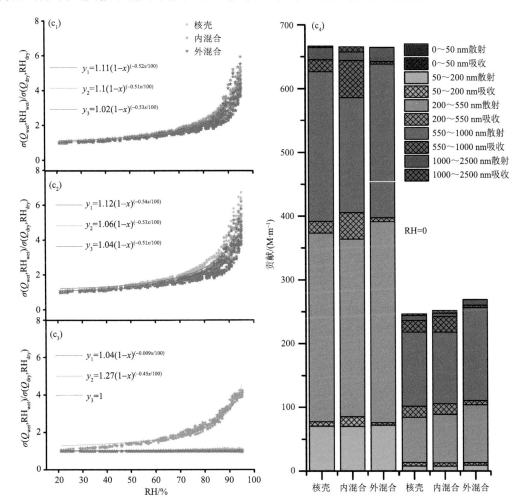

图 4.7　气溶胶环境相对湿度和干态下($\sigma(Q_{wet},\mathrm{RH}_{wet})/\sigma(Q_{dry},\mathrm{RH}_{dry})$)光学特性之比随相对湿度(RH)的变化。其中($c_1$)为消光系数,($c_2$)为散射系数,($c_3$)为吸收系数,($c_4$)为各粒径段对吸收与散射系数的堆积图

　　图 4.7c_4 为不同粒径段不同混合方式下的颗粒物对大气消光的贡献堆积柱状图。南京站环境相对湿度下三种模态中消光系数最大的粒径段为 200～550 nm,均值为 316.49 M·m^{-1},其次为 550～1000 nm、1000～2500 nm、50～200 nm 和 0～50 nm;干态下三种模态中消光系数最大的粒径段为 550～1000 nm,均值为 181.57 M·m^{-1},其次为 200～550 nm、1000～2500 nm、50～200 nm 和 0～50 nm。临安站环境相对湿度下三种模态中消光系数最大的粒径段为 200～550 nm,均值为 318.66 M·m^{-1},其次为 550～1000 nm、50～200 nm、1000～2500 nm 和 0～50 nm;干态下三种模态中消光系数最大的粒径段为 550～1000 nm,均值为 140.40 M·m^{-1},其次为 200～550 nm、1000～2500 nm、50～200 nm 和 0～50 nm。

　　综合两个站点的结果可知,200～550 nm 以及 550～1000 nm 粒径段粒子的消光系数较其他粒径段要大得多,其在南京与临安站点内的消光贡献之和范围在 84.78%～91.19% 之间。而 0～50 nm 的小粒径段对总消光的贡献均微乎其微。此外,所有粒径段内吸收系数对总消光的贡献都很小,消光系数的变化主要受到散射系数的影响。

4.1.3.3 吸湿增长对光学特性的影响

图 4.8 比较了波长为 550 nm 时 CAM、CSM 和 EMM 三种混合模型下硫酸盐和 OC 包裹的混合黑碳气溶胶在吸湿增长过程中光学特性(包括消光系数$\langle\sigma_{ext}\rangle$、吸收系数$\langle\sigma_{abs}\rangle$、单次散射反照率$\langle\overline{\omega}\rangle$、不对称因子$\langle g\rangle$)的变化情况。由图 4.8a 可知,由于吸湿增长,混合黑碳气溶胶的消光系数随相对湿度的增加而增加,特别是在高相对湿度条件下,增长尤为明显。当相对湿度达到 90% 的时候,硫酸盐包裹的混合黑碳气溶胶的消光系数与干态的情况下相比增长了大约 2.5 倍,而 OC 包裹的混合黑碳气溶胶的消光系数增长了大约 1 倍。这是因为硫酸盐的吸湿性(亲水性)比 OC 强,粒径增长更明显,因此,吸湿所致的消光增长比 OC 更多。同时,对于混合黑碳气溶胶而言,吸湿消光的增长其实完全取决于散射的增加。因为整个吸湿增长过程当中增加的都是水汽,而水汽在可见光波段没有吸收性。图 4.8b 中吸收系数的变化也可以验证该结论,散射系数实际就是消光系数与吸收系数的差值,当消光增加明显,而吸收不变甚至有些减小时,必然是散射对消光的增长做出了贡献。与干态下结论一致,整个吸湿增长过程中 EMM 导致的消光比相应的 CAM、CSM 下的消光大,约为 8%。这是由于纯黑碳的量在大气中仅占 5% 左右,因此,除了纯黑碳的成分(即纯硫酸盐/OC 成分)的消光系数已经与 CAM、CSM 混合时得到的消光系数差不多大,从而 EMM 下再加上纯黑碳的消光后,便比 CAM、CSM 的结果大 8% 左右。

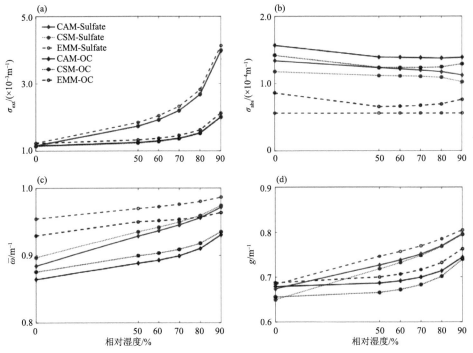

图 4.8 波长为 550 nm 时,吸湿增长对内混(CAM 和 CSM)与外混(EMM)三种混合模式下混合黑碳气溶胶消光系数(σ_{ext},a)、吸收系数(σ_{abs},b)、单次散射反照率($\overline{\omega}$,c)、不对称因子(g,d)的影响

此外,图 4.8b 表明吸收系数随相对湿度的变化远小于消光系数,吸湿增长过程不能进一步使吸收增强,因此,也不能进一步验证"棱镜效应",这是因为黑碳气溶胶在混合过程中已经

被足够多的硫酸盐/OC 包裹,它的吸收增加已经达到了极限。甚至,OC 包裹的混合气溶胶的吸收系数在低相对湿度下呈下降趋势。这是由于吸湿增长使得混合黑碳气溶胶粒径明显增大的同时,也使混合物的折射率变小并趋近于水的折射率,从而限制了它吸收的进一步增强,而 OC 与硫酸盐相比,折射率减小更明显。CAM 下混合黑碳气溶胶的吸收系数比 CSM 下的吸收系数大 10% 左右。

讨论了消光系数 $\langle \sigma_{ext} \rangle$ 和吸收系数 $\langle \sigma_{abs} \rangle$ 的变化后,单次散射反照率 $\langle \overline{\omega} \rangle$ 的变化便容易理解了。单次散射反照率随着相对湿度的增加,在高相对湿度下已经超过了 0.9,原本黑碳在大气中的含量就仅有 5% 左右,吸湿增长后黑碳占混合气溶胶的体积比更小,从而单次散射反照率的值更加接近散射性气溶胶。与其他光学特性相比,单次散射反照率在 CAM、CSM 和 EMM 三种混合情况下的差异是最小的,而且内混(CAM 和 CSM)与外混(EMM)情况下单次散射反照率的差异随相对湿度增加而减小。

图 4.9 与图 4.10 描述了在太阳光谱下两种内混(CAM 和 CSM)与一种外混(EMM)三种混合模型下吸湿增长前(RH=0)和吸湿增长中(RH=90%)混合黑碳气溶胶体光学特性(包括消光系数 $\langle \sigma_{ext} \rangle$、吸收系数 $\langle \sigma_{abs} \rangle$、单次散射反照率 $\langle \overline{\omega} \rangle$、不对称因子 $\langle g \rangle$)随波长的变化。这里图 4.9 中的包裹物为硫酸盐,图 4.10 中的包裹物为 OC。结合图 4.9 与图 4.10 可知,不同包裹物包裹的混合黑碳气溶胶的光学特性数值上差异较大,但具有一致的变化趋势。首先,随着波长增加,混合黑碳气溶胶粒子粒径相对于入射波长的尺度减小,所有的光学特性都随着波长的增加而减小。同时,对整个波段的消光系数而言,内混与外混之间几乎没有差别,且由于气

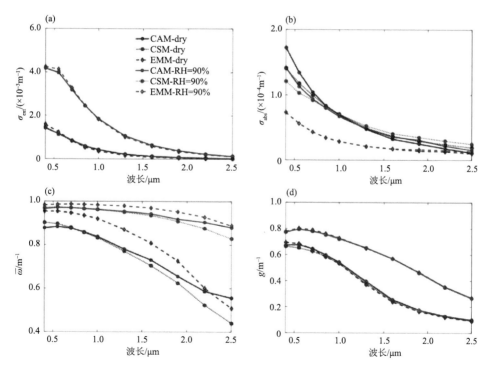

图 4.9　吸湿增长前、后三种混合情况下(内混 CAM、内混 CSM 和外混 EMM)混合黑碳气溶胶消光
系数(σ_{ext},a)、吸收系数(σ_{abs},b)、单次散射反照率($\overline{\omega}$,c)和不对称因子(g,d)随波长的变化
(这里混合黑碳气溶胶的包裹物为硫酸盐)

溶胶粒子粒径相对于入射波长的尺度减小,相对湿度为 0 与 90％时粒子消光系数之间的差异也随波长增加而减小。

从图 4.9b 可知,内混合黑碳气溶胶的吸收系数要明显大于外混合的,这仍然是由于上文提到的"棱镜效应"的缘故。而不同相对湿度之间,吸收系数差距也很小,这也是因为前文讨论的黑碳气溶胶在干态下已经被厚厚的包裹物包裹,其吸收已经达到最大,相对湿度增加和粒径增大已经不能使其吸收继续增强。而 CAM 和 CSM 吸收系数之间的差异在不同波长下略有不同。

同样,明晰了消光系数与吸收系数的变化情况后,单次散射反照率的变化也很清楚,外混情况下的单次散射反照率比内混情况下大。而三种混合情况下不对称因子之间变化及数值也基本一致,尤其是在相对湿度为 90％的时候。总体而言,不同波长下吸湿增长前后混合气溶胶光学特性变化与图 4.4 中 550 nm 时的结论是基本一致的。

图 4.10 描述了包裹物为 OC 时各光学特性随波长的变化情况。发现光学特性的变化规律与图 4.9 基本一致,由于 OC 的吸湿性没有硫酸盐强,吸湿增长过程中的混合气溶胶的粒径增加没有硫酸盐包裹的情况下增加多,从而吸湿前后各光学特性之间的差距更小。而单次散射反照率与不对称因子无论是值的范围,还是变化趋势,均与图 4.9 一致。与图 4.9 相比,图 4.10b 中外混情况下吸湿增长前后吸收系数的差异更加明显,这是由于吸湿后 OC 的复折射指数减小(尤其是虚部),导致其吸收性减弱,从而导致吸湿增长后的吸收系数比吸湿增长前小,这也与图 4.9 中 OC 吸湿过程中吸收系数的变化规律一致。由于干态下硫酸盐和 OC 包裹的混合黑碳气溶胶之间的光学、辐射特性差异均不大,而综合图 4.9 与图 4.10 可以发现吸湿后两种包裹物在消光系数和吸收系数数值上的差异较为明显。

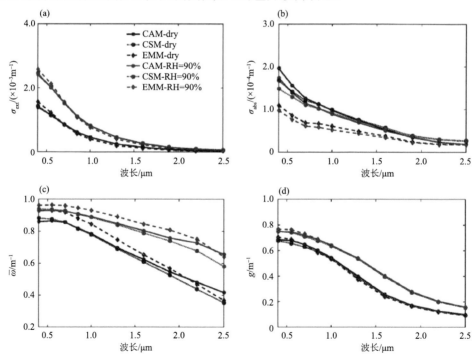

图 4.10 吸湿增长前、后三种混合情况下(内混 CAM、内混 CSM 和外混 EMM)混合黑碳气溶胶消光系数(σ_{ext},a)、吸收系数(σ_{abs},b)、单次散射反照率($\bar{\omega}$,c)和不对称因子(g,d)随波长的变化
(这里混合黑碳气溶胶的包裹物为 OC)

4.1.4　气溶胶组分对大气消光系数的贡献

4.1.4.1　基于 IMPROVE 方程重建消光系数

为分析 $PM_{2.5}$ 化学组分对颗粒物散射系数的贡献,通过 IMPROVE(基于辐射传输理论、结合大量观测试验建立的不同物种质量浓度和颗粒物消光系数之间的多元线性方程,能够快速计算气溶胶的消光系数)方程重建消光系数并分析各化学组分与消光系数的关系。为对大气消光系数 σ_{ext} 进行重建,本研究采用 2007 年的 IMPROVE 新版公式,具体如下。

$$\sigma_{ext} \approx 2.2 f_s(RH)[SmallAS] + 4.8 f_L(RH)[LargeAS] + 2.4 f_s(RH)[SmallAN] + 5.1 f_L(RH)[LargeAN] + 2.8 f_s(RH)[SmallOM] + 6.1 f_L(RH)[LargeOM] + 10[EC] + [Soil] + 1.7 f_{ss}(RH)[SS] + 0.33[NO_2] + 0.6[CM] + \sigma_{rayleigh} \tag{4.15}$$

式中,Small 为小粒径,Large 为大粒径。

硫酸铵[AS](Ammonium Sulfate)$= 1.37 \times [SO_4^{2-}]$

硝酸铵[AN](Ammonium Nitrate)$= 1.29 \times [NO_3^-]$

有机物[POM](Organic Matter)$= 1.8 \times [OC]$

新版对硫酸铵、硝酸铵和有机物以质量浓度 $20~\mu g \cdot m^{-3}$ 为分界线进行高、低分档。具体计算方式如下。

当 $[X]_{Total} < 20~\mu g \cdot m^{-3}$ 时:

$$[X]_{Large} = [X]_{Total}^2 / 20~\mu g \cdot m^{-3} \tag{4.16}$$

当 $[X]_{Total} \geqslant 20~\mu g \cdot m^{-3}$ 时:

$$[X]_{Large} = [X]_{Total}, [X]_{Small} = [X]_{Total} - [X]_{Large} \tag{4.17}$$

低档与高档的质量散射效率分别定为 2.2/4.8、2.4/5.1、2.8/6.1 $m^2 \cdot g^{-1}$,它们都是应用米理论程序对高、低两个质量对数正态分布(低:$(0.2 \pm 2.2)~\mu m$,高:$(0.5 \pm 1.5)~\mu m$)的化学物种理论计算得到。

$[Soil] = 2.2[Al] + 2.49[Si] + 1.63[Ca] + 2.42[Fe] + 1.94[Ti]$,海盐[SS](Sea Salt)$= 1.8[Cl^-]$,粗颗粒物[CM](Coarse Mass)$= PM_{10} - PM_{2.5}$,Soil 为土壤,Al 为铝,Si 为硅,Ca 为钙,Fe 为铁,Ti 为钛,Cl^- 为氯离子,$\sigma_{rayleigh}$ 为气体的瑞利散射系数,取值为 $10~M \cdot m^{-1}$。由于细粒子中的土壤成分质量浓度和消光贡献比例都很低,因此,可在计算时将其忽略。根据以往研究,$PM_{2.5}$ 与 PM_{10} 的质量浓度比约为 0.66,使用这一比例关系来估算 Coarse Mass 值。RH 为大气相对湿度,$f_s(RH)$、$f_L(RH)$ 和 $f_{ss}(RH)$ 为吸湿增长系数。由于本章的消光系数来自水平能见度的转换,因此,可以认为其代表的波长为可见光,通常用 550 nm 代替。如无特别说明,本节的消光系数及质量消光效率均指 550 nm 波长下的结果。

4.1.4.2　长三角地区气溶胶组分对大气消光系数的贡献

图 4.11a 为 2015 年 1 月南京、苏州以及临安站点经 IMPROVE 公式重建消光系数与 Koshimieder 方程计算所得的消光系数相关性散点图,三个站点的相关系数 R^2 分别为 0.79、0.78 与 0.85,相关性均较好;斜率分别为 0.89、0.92 与 1.06,接近于 1,表明重建结果良好,能够代表 $PM_{2.5}$ 化学组分对消光系数的贡献。

观测期间,南京、苏州以及临安站的大气消光系数分别为 621.81、763.38 和 744.91 $M \cdot m^{-1}$。IMPROVE 公式除了能够对消光系数进行重建,还可以用于分析大气中主要化学组分对总消光系数的贡献(图 4.11b)。由图 4.11b 可知,硝酸铵、硫酸铵以及有机物(POM)对消光系数的贡献最高,其平均消光系数在南京、苏州以及临安站点内分别为(158.56、164.13、150.69 M·m^{-1})、(177.84、209.93、200.31 M·m^{-1})和(230.32、301.15、324.48 M·m^{-1})。三者之和在南京、苏州以及临安站内分别占了总消光系数的88.17%、88.64%和90.68%。从整体上看,长三角地区有机物对消光系数的贡献最大,其次是硝酸铵、硫酸铵、元素碳、海盐、土壤扬尘,若要改善该地区的能见度,则应对有机物以及硝酸铵和硫酸铵进行管控。

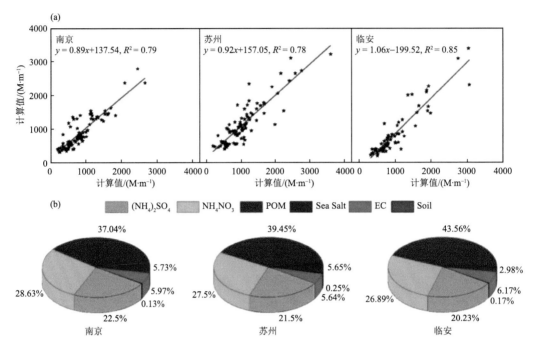

图4.11 (a)计算值与实测值的相关性散点图;(b)三个站点内颗粒物组分对总消光系数的贡献占比。
★在纵、横坐标的值分别代表经 IMPROVE 公式重建消光系数与 Koshimieder 方程计算所得的消光系数,
实线代表线性拟合

接下来选择了 IMPROVE 公式进行研究,该方案考虑了颗粒物的化学组成,是目前全球应用最广的定量关系式。图 4.12a 对新、旧、本地化版的 IMPROVE 公式估算结果与实测值进行了线性回归统计分析。三个版本公式的总体线性相关均较好,统计指标 R^2 分别为 0.848、0.858 和 0.866。从图 4.12b 给出的新、旧、本地化版 IMPROVE 公式估算结果与实测值的对比看,观测期间逐时变化趋势一致。就绝对值而言,当实测散射消光系数低于 1000 M·m^{-1} 时,旧、本地化的绝对值吻合较好,而新版拟合值则较实测偏高,说明清洁时段 PM$_{2.5}$ 化学组分的质量散射效率比旧版的要高,而新版中作为高、低两档分界浓度的 20 $\mu g \cdot m^{-3}$ 可能过低,导致绝大部分浓度被归档到高档范围。当实测消光系数高于 2000 M·m^{-1} 以上,特别是几个污染过程的高峰时段时,旧版与新版 IMPROVE 公式估算结果则略低于实测值。总体上看,本地化版本的 IMPROVE 公式的估算结果更好,特别是高污染时段。

4.2 黑碳气溶胶与臭氧浓度特征

黑碳作为吸收性气溶胶,可以改变边界层热力、动力结构,抑制边界层发展,加剧颗粒物的累积(Ding et al.,2016);黑碳还可以通过改变垂直方向上辐射通量,影响光化学活性气体

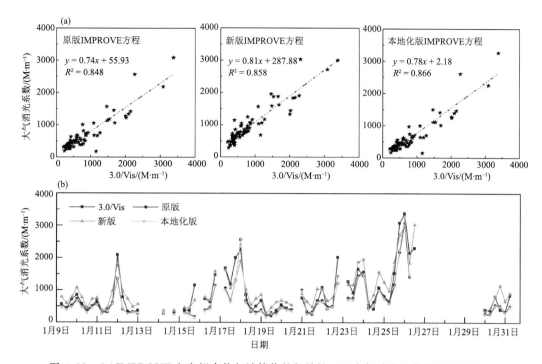

图 4.12　(a)IMPROVE 方案拟合值与计算值的相关性;(b)大气消光系数随时间的变化。

★在纵、横坐标的值分别代表消光系数在不同公式估算的结果与实测值(3.0/Vis),虚线代表线性拟合

(NO₂、O₃、VOCs 等)的光解,进而影响 O_3 浓度与大气氧化性,影响二次有机气溶胶的生成,本节通过观测分析和数值模拟讨论黑碳气溶胶影响边界层臭氧浓度的效应和机制。

4.2.1　不同浓度的黑碳气溶胶影响下近地面臭氧的日变化特征

2016 年和 2017 年两年南京黑碳气溶胶的年平均浓度 1.29 $\mu g \cdot m^{-3}$,据此将浓度值高于平均值的黑碳气溶胶定义为高浓度黑碳,浓度值低于平均值的黑碳气溶胶定义为低浓度黑碳,即图 4.13 中的高黑碳与低黑碳。将两年划分为春、夏、秋、冬四个季节,分别研究黑碳气溶胶对于近地面臭氧浓度的影响。

就季节变化特征而言,臭氧浓度在春、夏两季较高,在秋、冬两季较低;与此同时黑碳气溶胶浓度春、夏浓度较低,而秋、冬浓度较高。两者在两年平均的趋势中表现为相反的浓度变化特征。就近地面臭氧的日变化特征而言,边界层臭氧浓度在午后达到一天中的最大值,即由于光化学生成所致;其次,午后边界层发展旺盛,湍流垂直输送可将高层的臭氧向下交换,即通过物理过程所致。图 4.13 表明,高黑碳影响下的臭氧浓度低于低黑碳影响下的臭氧浓度,此现象在一年四季中均是存在的,但不同季节存在细微差异:夏季两种浓度的黑碳气溶胶影响下的臭氧值差异较小,14:00 左右高黑碳影响下的臭氧甚至高于低黑碳影响下的臭氧值;秋季则差距较大,在 15:00 左右,浓度差异最大可达 35 $\mu g \cdot m^{-3}$,春季和冬季的差异介于夏秋两季之间。

由图 4.14 可知,黑碳在 $PM_{2.5}$ 中的比例是变化的,根据 $BC/PM_{2.5}$ 浓度比值的不同,将黑碳气溶胶分为两类:将高于平均浓度比值以上的黑碳气溶胶称为高比例黑碳;低于平均浓度比值的黑碳气溶胶称为低比例黑碳(2016 年和 2017 年两年的平均比值为 3%)。为了降低干扰

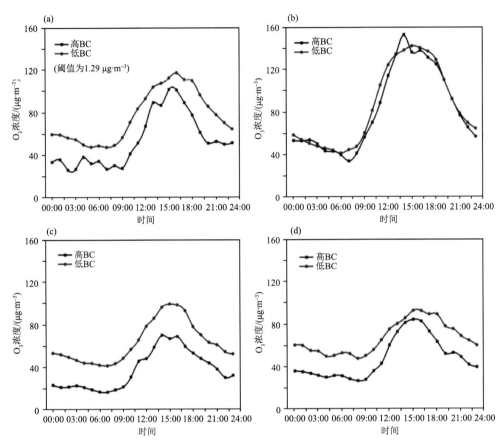

图 4.13　不同浓度的黑碳气溶胶影响下臭氧浓度随时间变化曲线
(a)春季;(b)夏季;(c)秋季;(d)冬季

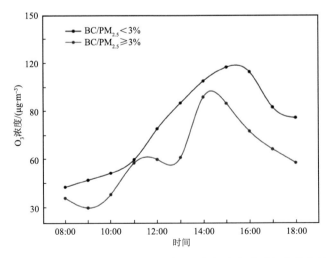

图 4.14　BC/PM$_{2.5}$浓度比值不同时的臭氧浓度随时间变化曲线

项,所用数据已将有降水的时间段去除,并着重分析 08:00—18:00 这段白天时段。高比例黑碳影响下的臭氧浓度始终低于低比例黑碳影响下的臭氧浓度,且高比例黑碳影响下臭氧日变化较复杂。高比例黑碳影响下的臭氧浓度在 10:00—11:00 和 13:00—14:00 出现 2 次快速上升,14:00 以后浓度开始下降。而低比例黑碳影响下,14:00—16:00,臭氧浓度仍然在上升,16:00 左右,两者之间的差距到达峰值,约为 37 $\mu g \cdot m^{-3}$,随后低比例黑碳影响下的臭氧浓度开始下降,比高比例黑碳情况下推迟 2 h。

为了更加精准地表述黑碳在 $PM_{2.5}$ 中所占比例的情况,本节将在细分比例的基础上,引入 NO_x、$PM_{2.5}$、SO_2 这几种污染要素。

将黑碳占 $PM_{2.5}$ 中的比值进一步细分为五档,占比分别为 $0\sim1\%$、$1\%\sim2\%$、$2\%\sim3\%$、$3\%\sim4\%$ 以及 4% 以上。由图 4.15 可以看出,当 $BC/PM_{2.5}$ 比值逐渐增大时,臭氧浓度随 $BC/PM_{2.5}$ 浓度比值的升高迅速下降;NO_x 浓度随 $BC/PM_{2.5}$ 浓度比值的升高迅速上升,$PM_{2.5}$ 与 SO_2 浓度则随着 $BC/PM_{2.5}$ 浓度比值上升,但变化幅度不大。由于黑碳气溶胶是典型的吸光性气溶胶,对大气有加热作用,总的太阳短波辐射在到达地表之前被黑碳气溶胶吸收一部分,近地面的太阳短波辐射减少,抑制了光化学反应速率,减少了臭氧的生成。黑碳气溶胶浓度越高,对短波辐射的吸收率也越高,臭氧前体物的光解率将减小,生成臭氧量和臭氧浓度降低,而前体物氮氧化物的浓度与臭氧浓度则呈现反相关(图 4.15a);而 SO_2 氧化损失对短波辐射的变化不敏感(气相中主要有 OH 自由基浓度决定),因此,浓度变化不大。总体而言,在 $PM_{2.5}$ 浓度为 $80\sim120$ $\mu g \cdot m^{-3}$ 时,O_3 浓度有 15 $\mu g \cdot m^{-3}$ 的变化。这样的结果进一步说明了黑碳气溶胶浓度的增加对臭氧有抑制的效果。

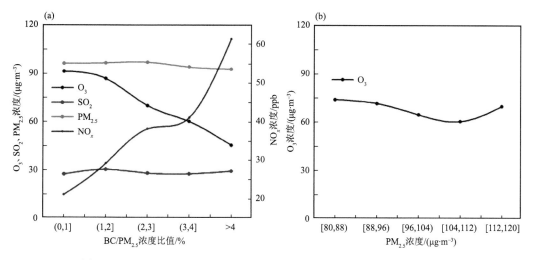

图 4.15　(a)O_3、SO_2、$PM_{2.5}$、NO_x 浓度随 $BC/PM_{2.5}$ 浓度比值的变化曲线;
(b)O_3 浓度随 $PM_{2.5}$ 浓度变化曲线

4.2.2　不同季节黑碳气溶胶影响下臭氧浓度变化特征

图 4.16a—d 分别为春、夏、秋、冬四季黑碳与臭氧的浓度分布散点图,结果表明,黑碳气溶胶和臭氧的相关性在四个季节分别为 -0.28、-0.13、-0.16、-0.38,且均通过 95% 置信度的显著性检验,反相关关系明显;其中,冬季两者的负相关系数最高,夏季负相关系数最低。

图 4.16e—h 分别为四个季节 $PM_{2.5}$ 与 O_3 的浓度分布散点图,$PM_{2.5}$ 和臭氧的相关系数分

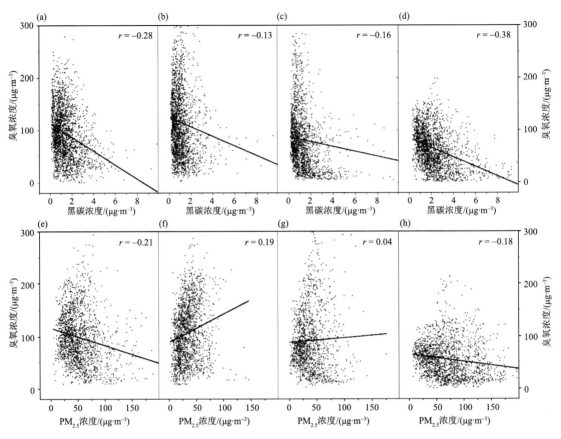

图 4.16　不同季节黑碳与臭氧浓度(a—d)及 $PM_{2.5}$ 与臭氧浓度(e—h)分布散点图。
实线表示横坐标和纵坐标的浓度的拟合曲线,以此来得出两者的相关系数 r
(a、e)春季;(b、f)夏季;(c、g)秋季;(d、h)冬季

别为 -0.21、0.19、0.04、-0.18,其中秋季两者之间相关性较弱,其余三个季节通过显著性检验。$PM_{2.5}$ 与 O_3 的反相关性较黑碳气溶胶与臭氧的反相关性较弱,但是仍然有一定的关联。结合图 4.17,在 2016—2017 年全年去除降水的时间段内,$PM_{2.5}$ 与 O_3 之间不存在明显的相关性关系,而黑碳与臭氧之间有明显的反相关性关系,相关系数约为 -0.3,全年平均相关系数略低于冬季两者之间的相关系数。

结合图 4.13 不同浓度的黑碳气溶胶影响下臭氧的日变化特征,冬季太阳辐射强度较弱,持续时间较短,大气光化学反应强度较弱。冬季南京地区一般受偏西或偏北风控制,天气系统上游地区的燃煤取暖、工业排放、农作物秸秆燃烧的增多使得黑碳的排放量显著高于其他季节,在偏西或偏北风对黑碳的输送以及南京本地的黑碳排放的共同作用下,分布在边界层上部的黑碳气溶胶,吸收较多的短波辐射,使得边界层上部温度较高,下部温度较低,边界层结更趋于稳定(冬季边界层本较稳定),较弱的垂直湍流使得边界层上部和自由对流层高浓度臭氧不能湍流输送至下层,加之地面光化学反应减弱(光解率的减弱和冬季光化学臭氧生成减弱)导致地面臭氧浓度降低,因此,黑碳气溶胶和臭氧的反相关性较高。而在夏季,短波辐射强度大,持续时间也较冬季长,使得光化学作用在夏季午后强烈、生成大量的臭氧;且夏季大气不稳定性强,垂直动量、热量和物质交换强烈,上下层臭氧浓度差异小,导致黑碳对臭氧变化的影响

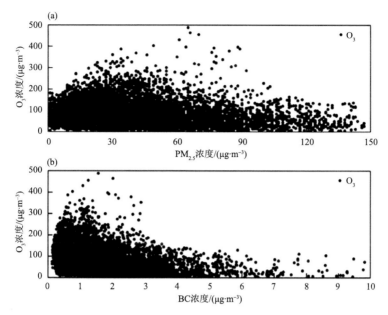

图 4.17　$PM_{2.5}$(a)及 BC(b)浓度与 O_3 浓度分布

小。此外,夏季在偏东及偏南主导风向下,海洋气团较清洁,黑碳气溶胶浓度总体较低,导致夏季黑碳气溶胶与臭氧的相关性较弱。

4.3　"黑碳-边界层"反馈机制对地面臭氧浓度的影响

第 4.2 节通过观测分析揭示了黑碳和近地面臭氧关系的反相关关系,并从黑碳吸光性、对白天边界层发展的影响和季节性湍流强度等角度开展了定性分析。许多推论过程还只是合理猜测,因此,需要通过气象-大气化学耦合模式进一步阐明猜测的物理、化学过程和机制。

黑碳气溶胶在大气中对短波辐射的吸收会对大气起到加热作用,当边界层以上的大气被加热后,上层大气的温度高于下层大气,此时大气的稳定度增加,边界层的发展受到抑制。由于地面臭氧浓度与边界层密切相关,边界层的变化必然会引发臭氧浓度的改变。本节主要利用在线大气化学模式 WRF-Chem 对长三角地区的臭氧和气溶胶浓度进行模拟,通过研究黑碳气溶胶与边界层的相互作用,进一步讨论"黑碳-边界层"反馈机制对南京地区地面臭氧的影响。此外,结合臭氧在线源解析方法,对臭氧浓度的改变所引起臭氧源汇关系的改变进行讨论。

4.3.1　试验设计与模式评估

本节共进行两组模拟试验,以分析黑碳气溶胶对地面臭氧的影响:试验一,将模式的气溶胶反馈机制打开并且不改动模式,使之包含模式中所有气溶胶物种对辐射的直接效应和间接效应(Exp_WF),即所有气溶胶的光学厚度都会被计算出来并传递到辐射传输模式(Iacono et al.,2008)当中参与短波和长波辐射的相关计算;试验二,同样将气溶胶反馈机制打开,但去除黑碳气溶胶的反馈作用(Exp_WFexBC),使黑碳的光学厚度在辐射传输模式中短波辐射的相关计算中不起作用,而其他气溶胶则与 Exp_WF 中设置相同,依然进行计算(Wang et al.,2016a)。

模拟选用双层嵌套的方式(图 4.18),D1 与 D2 的分辨率分别为 36 km×36 km、12 km×12 km,内外层均包含 99×99 个网格。外层区域 D1 中心经纬度为(119.0°E,31.5°N),覆盖东亚大部分地区和周边的海洋,其模拟结果为内层区域提供了气象和化学的边界条件;内层区域 D2 覆盖中国东部地区及东边的海洋。模式层顶设置为 50 hPa 高度处,自地表到模式层顶共分 38 层,其中 2 km 以下高度包含 12 层用以精细描述边界层内的大气物理化学特征和刻画边界层的结构。模式的模拟时间为 2015 年 10 月 1 日 00 时—26 日 00 时,为了进一步消除初始条件的影响(Napelenok et al.,2008),将模拟前 9 d 设置为模型初步运算(Spin-up)的时间。模式内外层的时间积分步长分别为 180 s 和 60 s,模式计算结果为逐小时输出。

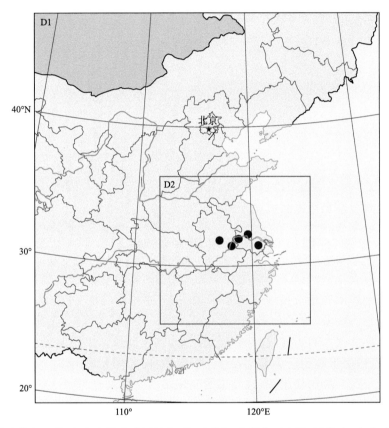

图 4.18　模式模拟区域,红点为模式验证站点(从西到东,分别位于合肥、马鞍山、南京、镇江和无锡)

所用数据方面,利用 NCEP 颁布的再分析资料(Final Operational Global Analysis,FNL)的 1°×1°气象场资料通过前处理程序 WPS 为内外两层模拟区域提供气象初始条件和外层区域提供边界条件。化学方面则使用全球化学模式 MOZART-4(Emmons et al.,2010)为内外两层区域提供化学初始条件以及为外层区域提供化学边界条件。排放源方面,人为源选用清华大学提供的多尺度排放(Multi-resolution Emission Inventory Model for Climate and Air Pollution Research,MEIC)源清单(http://www.meicmodel.org)和混合(MIX)源清单。两组排放源清单拥有很多相似之处,如相同的水平分辨率(0.25°×0.25°)、相同的源类型划分方式,以及相同的化学物种。不同的是两者的基准年不相同,MEIC 的基准年为 2012 年,而 MIX 的基准年则为 2010 年;以及两者的覆盖范围不相同,MEIC 的目标区域为中国地区,中国以外的地区并没有涉及,而 MIX 的目标范围则是整个亚洲。本节的模拟范围除了有中国地区以外,还包含东亚其他地区,因此,为满足模拟需要,以 MIX 为基础,将 MEIC 所覆盖地区的排放数据更新到 MIX 当中供模拟使用。生物源选用自然界气体和气溶胶排放模型(Model of E-missions of Gases and Aerosols from Nature,MEGAN)计算得到的生物质排放源数据(Guenther et al.,2006)。

气相化学机制使用的是碳键机制 Z(Carbon Bond Mechanism Z,CBM-Z)(Zaveri et al.,1999)机制,而气溶胶方案则选用与之匹配的模拟气溶胶相互作用和化学的模型(The Model for Simulating Aerosol Interactions and Chemistry,MOSAIC)(Zaveri et al.,2008)机制中的 8 档方案,即在该方案中气溶胶粒径从 0.039~10 μm 共分为 8 个粒径段进行计算。其他的参数化方案如表 4.4 所示。

表 4.4　模式模拟所选用的主要参数化方案

参数化方案	方案名称
长波辐射方案	RRTMG
短波辐射方案	RRTMG
微物理方案	Lin
边界层方案	YSU
陆面过程方案	Noah
光解率方案	Fast-J
干沉降方案	Wesely

为了验证模式的模拟效果,选取 5 个城市的气象(温度、风速和风向)和污染物(O_3、NO_2 和 $PM_{2.5}$)的观测结果与模拟结果进行对比。此外,南京站点还提供了太阳短波辐射 SW 和黑碳气溶胶的观测结果进行模式验证,模式验证结果如图 4.19 所示。

气象要素在污染物的输送、干沉降、化学转换等作用中起着非常重要的作用(Li et al.,2008),模式对气象要素的重现能提高对大气污染物的模拟精度。温度、风速、风向三种气象要素的观测值来自气象信息综合分析处理系统(Meteorological Information Comprehensive Analysis Process System,MICAPS)的地面观测数据,时间分辨率为 3 h。太阳短波辐射数据取自在南京信息工程大学开展的观测结果。除了给出观测和模拟数据的时间序列对比,本节引入了统计特征量来更加全面地评估模式性能。气象要素方面选用的统计特征量有相关系数(R)、一致性指数(IOA)、平均偏差(MB)、总偏差(GE)和均方根误差(RMSE),结果如表 4.5 所示。与此同时,一些特征量的判断标准也一并列入表 4.5,表中判断标准的阈值参考于 Emery 等(2001)。值得注意的是,根据风向的特性,风向的一致性指数的计算方法根据 Kwok 等(2010)推荐的计算方法,其他要素的一致性指数的则根据 Lu 等(1997)推荐的计算方法。

结合图 4.19 和表 4.5 可知,5 个城市风向的 MB 稍微超出判定标准,但观测值和模拟值的变化趋势比较相似,较高的 IOA 说明模式能够较好地抓住风向的数值以及风向变化的特征。风速方面,模式对风速有一定高估,如合肥和无锡的 MB 分别为 0.72 和 0.87,而其他的关于风速的统计特征值都表现良好,特别是 5 个城市的 IOA 和 RMSE 均在判断标准之内。温度方面,模拟结果较观测值略微偏低,而较高的 IOA 说明具有较高的一致性。值得注意的是,南京地区短波辐射的模拟值和观测值的变化趋势匹配良好,较高的 IOA,以及较小的 MB

和 RMSE 都说明模式能够很好地模拟出短波辐射变化特征,这为后续分析黑碳气溶胶的反馈机制了提供良好的基础。

参与模式评估的大气污染物(O₃、PM₂.₅和NO₂)的观测值来自国家环保部公布的大气污染物浓度的小时值(http://106.37.208.233:20035/)。南京地区的黑碳气溶胶小时浓度值则取自 2015 年 10 月在南京信息工程大学观测得到的黑碳气溶胶的观测结果。大气污染物评估所用的统计特征值包括一致性指数(IOA)、平均标准偏差(MNB)、平均分数偏差(MFB),并且连同相关的判断标准阈值一并列于表 4.6。特征值阈值参考于 EPA(2005,2007)。

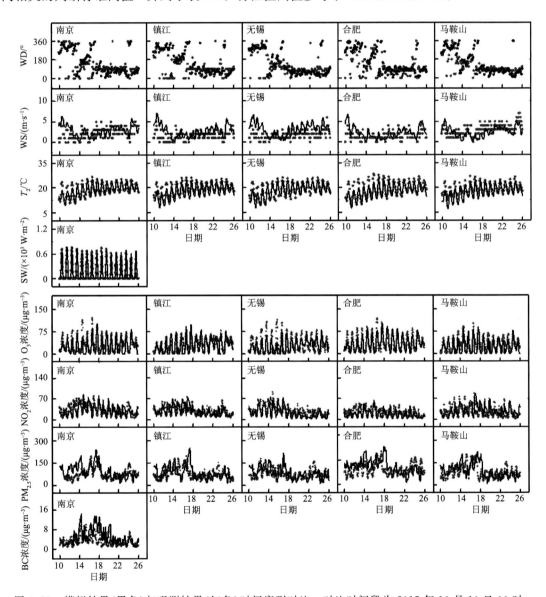

图 4.19 模拟结果(黑色)与观测结果(红色)时间序列对比。对比时间段为 2015 年 10 月 10 日 00 时—26 日 00 时;站点包括南京、镇江、无锡、合肥和马鞍山;对比要素包括:风向(WD)、风速(WS)、2 m 温度(T₂)、太阳短波辐射(SW)、臭氧(O₃)、细颗粒物(PM₂.₅)、二氧化氮(NO₂)、黑碳气溶胶(BC)

表 4.5　2015 年 10 月 10—26 日气象要素的统计指标(基准遵循 Emery 等(2001)报告的推荐值, 不满足条件的值以粗体表示)

变量		南京	镇江	马鞍山	合肥	无锡	标准值
WD	IOA	0.94	0.95	0.91	0.92	0.94	—
	MB	−0.54	**−11.72**	−5.83	**−15.29**	**−11.39**	≤ ±10
	RMSE	42.53	39.83	53.78	52.43	45.03	—
WS	IOA	0.72	0.76	0.66	0.65	0.63	≥ 0.6
	MB	0.26	−0.4	0.01	**0.72**	**0.87**	≤ ±0.5
	RMSE	1.11	1.2	1.43	1.21	1.49	≤ 2
T_2	IOA	0.93	0.87	0.95	0.91	0.92	≥ 0.8
	MB	**−1.71**	**−1.93**	−0.33	**−2.03**	**−0.88**	≤ ±0.5
	RMSE	2.44	2.8	1.79	2.5	2.31	—
SW	IOA	0.96	—	—	—	—	—
	MB	0.01	—	—	—	—	—
	RMSE	0.09	—	—	—	—	—

表 4.6　2015 年 10 月 10—26 日污染物臭氧(O_3)、细颗粒物($PM_{2.5}$)、二氧化氮(NO_2)和黑碳气溶胶(BC) 的统计指标(基准遵循 Emery 等(2001)报告的推荐值,不满足条件的值以粗体表示)

变量		南京	镇江	马鞍山	合肥	无锡	标准值
O_3	IOA	0.91	0.85	0.84	0.93	0.84	—
	MNB	**−0.32**	0.02	−0.09	0.05	**0.24**	≤ ±0.15
	MFB	−0.59	−0.61	−0.52	−0.10	−0.31	—
NO_2	IOA	0.81	0.77	0.70	0.73	0.79	—
	MNB	−0.13	0.05	0.51	−0.17	−0.32	—
	MFB	−0.25	−0.05	0.15	−0.34	−0.49	—
$PM_{2.5}$	IOA	0.62	0.76	0.77	0.59	0.67	—
	MNB	0.12	0.13	0.10	0.11	0.067	—
	MFB	−0.04	−0.01	−0.01	−0.02	−0.02	≤ ±0.6
BC	IOA	0.67	—	—	—	—	—
	MNB	0.76	—	—	—	—	—
	MFB	0.38	—	—	—	—	—

由表 4.6 可知,南京和无锡臭氧的 MNB 稍微超出判断标准,其余特征值特别是 IOA 的表现非常良好,说明模式可以很好地再现臭氧的数值大小和变化特征。$PM_{2.5}$ 的模拟效果比臭氧稍差,这是因为 $PM_{2.5}$ 中的组分很多,要将 $PM_{2.5}$ 的浓度模拟好需要将每一组分都有非常好的模拟效果,这给模拟带来了很大的困难,因此,可以看到 $PM_{2.5}$ 的 IOA 与 O_3 相比稍低,但 5 个城市的 MFB 和 MFE 的均达到了模拟要求,总体而言,本次 $PM_{2.5}$ 的模拟效果是可以接受的。作为臭氧重要的前体物,NO_2 的模拟效果对臭氧尤其重要。5 个城市的 NO_2 的模拟效果均表现良好,其中 IOA 值均大于 0.7,说明 NO_2 浓度的变化趋势吻合良好。而 MNB、MFB 与

Hu 等(2016)在长三角的模拟评估非常接近,证明了模式在本次模拟 NO$_2$ 的模拟结果较为理想。此外,黑碳气溶胶的 MFB 和 MNB 比 PM$_{2.5}$ 的值要大,同时 IOA 的值比较高,这都说明黑碳气溶胶的模拟效果也是可以接受的。综上所述,在对 2015 年 10 月 10—26 日中国东部地区的这次模拟中,模拟效果较为理想,模式很好地再现了气象要素与大气污染物的数值大小和变化特征。

4.3.2 地面黑碳和臭氧的水平分布特征以及黑碳对边界层的影响

观测显示,在 10 月 17 日南京地区的臭氧出现了浓度高值的现象,浓度最大值约为 185 $\mu g \cdot m^{-3}$,超出了中国大气环境标准所制定的臭氧污染一级标准。当天南京的天气为晴天(http://lishi.tianqi.com/nanjing/201510.html),这种单一的天气形势为讨论黑碳对地面臭氧的影响提供了有利的条件,有助于更充分地探究黑碳在高浓度臭氧事件时的作用。本节以 10 月 17 日的模拟结果为例,研究了地面臭氧、黑碳和边界层发展的关系。

如图 4.20 所示,黑碳气溶胶平均浓度的水平分布是不均匀的,这可能与黑碳气溶胶排放源的分布不均匀以及地面风场控制的多变有关。图 4.20c 表明,在 10:00—14:00 这段时间,内层模拟区域 D2 北部地区主要受到偏南风的影响,南部地区主要受到东北风的影响,而在中部地区,如安徽和江苏的部分地区,风速较小甚至静风。小风速或者静风有利于污染物的累积,此时可以看到在南京及周围的地区出现了黑碳高浓度的聚集,其中最高浓度超过 16 $\mu g \cdot m^{-3}$。根据臭氧浓度的日变化规律,臭氧浓度在 10:00—14:00 较高,高浓度区域集中在江苏和安徽,特别是江苏中北部和安徽东部地区。值得注意的是,在臭氧高浓度覆盖的地区中,南京及周边的地区出现了臭氧浓度相对低值区,而臭氧浓度的低值区与黑碳气溶胶高值区的重叠再次说明黑碳气溶胶可能影响近地面臭氧浓度的分布。当大气中黑碳气溶胶浓度较高时,会大量吸

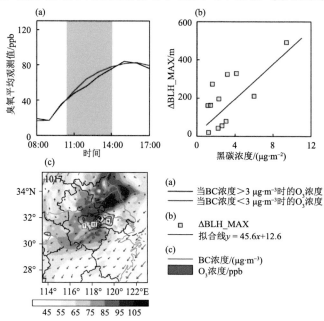

图 4.20 2015 年 10 月臭氧浓度平均观测值(a),黑碳浓度比月平均值低(红色),高(黑色);黑碳使得边界层高度(BLH)改变的最大值(ΔBLH_MAX,黄色方框)(b);2015 年 10 月 17 日 10:00—14:00 地面黑碳(红色等高线)和臭氧浓度(蓝色填色图)的平均分布(c),黑点表示观测地点的位置,7、11、9 代表黑碳浓度

收入射的短波辐射,进而影响其他的气象要素和大气污染物。

选择晴天条件下臭氧和黑碳的模拟结果进行分析。将臭氧浓度分为两组,白天平均黑碳浓度高于月平均浓度(黑色)和低于月平均浓度(红色)。在 10:00—14:00 期间,当黑碳浓度较高时(图 4.20a),臭氧浓度的增加小于黑碳浓度较低时。两种臭氧浓度模式的差异在 12:00 最大值,但由于观测技术和结果的限制,臭氧的形成变化以及黑碳-边界层相互作用与地面臭氧之间的关系无法得到验证。在这种情况下,在线耦合气象-大气化学模式 WRF-Chem 为分析和讨论这一问题提供了一种有效的方法。

Ding 等(2016)利用 WRF-Chem 研究表明,黑碳的穹顶效应对边界层的发展有一定的抑制作用。通过分析本研究模拟结果,计算了南京平均边界层高度(△BLH_MAX)的最大变化值。△BLH_MAX 定义为南京上午 Exp_WFexBC 和 Exp_WF 两个试验逐时平均边界层高度(BLH)的最大差值。

$$\Delta BLH_{MAX} = \max\left(\overline{BLH_{WFexBC}^{t=10:00}} - \overline{BLH_{WF}^{t=10:00}}, \cdots, \overline{BLH_{WFexBC}^{t=12:00}} - \overline{BLH_{WF}^{t=12:00}}\right) \quad (4.18)$$

从地面到 2 km 处黑碳的柱浓度也进行了计算。两个变量之间的关系如图 4.20b 所示。与 Ding 等(2016)的研究类似,正值表明黑碳的增温效应抑制了边界层的发展且这种效应在黑碳浓度较高时更为显著。

4.3.3　黑碳-边界层相互作用及其对光解速率和臭氧前体物的影响

4.3.3.1　长三角地区

图 4.21 展示了在 10:00、12:00 和 14:00,南京地区模拟的黑碳平均浓度的垂直廓线,以及在黑碳的影响下(Exp_WF－Exp_WFexBC)相关的气象要素(短波辐射、短波加热率和假相当温度(EPT))所发生的改变。由图 4.21a、b 可知,在 10:00 和 12:00,黑碳的垂直廓线在 1 km 以下表现为浓度在近地面浓度较高,而浓度随高度上升而逐渐降低。而在 14:00(图 4.21c),黑碳浓度在 1 km 以下浓度变化不大,而在 1 km 以上,特别是 1.2 km 以上的高度里黑碳的浓

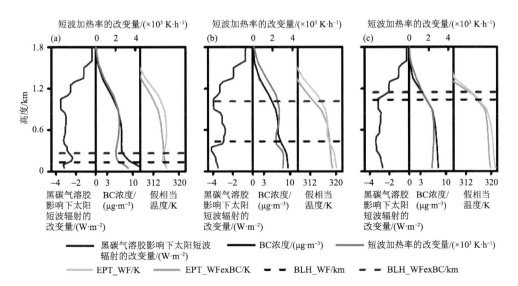

图 4.21　10:00(a)、12:00(b)、14:00(c)黑碳气溶胶垂直廓线高度(垂直黑实线)以及黑碳气溶胶的影响下太阳短波辐射的改变量、短波加热率的改变量和假相当温度的垂直廓线,以及有无黑碳影响下边界层高度(黑色和红色虚线)

度迅速减少,浓度保持在非常低的水平。短波辐射改变量表示垂直高度上黑碳对入射的短波辐射逐层的衰减量。图 4.21c 还表明,1.2 km 以上,由于黑碳的浓度非常小,太阳短波辐射衰减量非常小;在 1.2 km 以下,随着黑碳浓度的增加,太阳短波辐射的衰减量逐渐增加,同时可以看到的是在 1 km 的时候短波辐射的衰减量达到了一个极值。特别是在这个高度下面相邻的高度处,在黑碳浓度相近或缓慢增加时,短波辐射的衰减量也没有因此而增加,这表示短波辐射在高层的衰减效率要比在低层的衰减效率高。随着高度的进一步降低,黑碳的浓度持续增加,更高浓度的黑碳会使得短波辐射的衰减量增加,因此,可以看到在 10:00 和 12:00 低层高度处短波辐射的衰减量出现另一个衰减极值(图 4.21a、b)。

短波辐射的衰减是因为黑碳对短波辐射的吸收,这种吸收会引起短波加热率的增加,而在短波加热率的作用下大气的温度会发生改变,这对大气层结的稳定性是有影响的。从假相当温度的变化可以看出,在 10:00,边界层刚开始发展,黑碳在大气中的加热作用使得假相当温度(灰色实线)在边界层以上升温明显,且温度高于其下层温度,引发稳定层结,从而抑制边界层的发展。与之相反,在没有黑碳影响情况下,假相当温度(黄色实线)的垂直分布基本表现为随高度降低,层结不稳定,有利于边界层的发展。因此,即使是在边界层刚开始发展的时候,没有黑碳影响的边界层高度仍然要稍高于有黑碳时的边界层高度。到 12:00,在黑碳的加热作用下,边界层上层大气因为温度上高下低的特征仍然抑制着边界层高度的抬升,与没有黑碳影响下的边界层高度相比,高度差值达到将近 600 m。在 14:00,从边界层高度发展的速率来看,没有黑碳影响的边界层发展基本完成高度达到 1.2 km 左右,而在有黑碳影响的情况下,温度上高下低的特征消失,黑碳对边界层的抑制作用减弱,边界层的高度发展到 1 km 左右并可能会继续发展。

根据以往的研究可知,在黑碳的影响下,光解率会因为短波辐射的衰减而发生改变,但其对于前体物的浓度的改变讨论则较少,这是因为以往的研究多采用离线模式,边界层不会因为黑碳的作用而改变,因此,污染物的浓度受到该机制的影响无法被分析出来,而在线模式的应用正好可以讨论这个问题。

NO_2 是臭氧重要的前体物之一,且 NO_2 的光解是臭氧光化学反应最重要也是最直接的源。对流层中的 NO_2 主要是通过地面排放进入到大气中,因此,NO_2 的浓度主要是集中在边界层以下,在黑碳对边界层的发展产生影响的情况下,NO_2 浓度的垂直分布也会随着边界层的改变而改变。由图 4.22 可知,NO_2 的光解率 $J[NO_2]$ 变化量在边界层下均出现减少,这是因为黑碳对短波辐射的衰减作用减弱了 NO_2 的光解率,进而光化学反应的强度会随之减弱,导致减少了臭氧的化学生成,这与以往的研究结果一致。

此外,从图 4.22 中 NO_2 浓度改变量(Exp_WF－Exp_WFexBC)的垂直廓线可以看出,在 10:00 和 12:00,有黑碳的影响下边界层以下的 NO_2 浓度要高于没有黑碳影响时同高度处 NO_2 的浓度;而在有黑碳影响的边界层以上和无黑碳影响的边界层以上,有黑碳影响的 NO_2 浓度则偏低。这是因为黑碳抑制边界层的发展使得大量的 NO_2 被压制在边界层以下无法向上传输,所以在有黑碳影响的边界层以下 NO_2 的浓度增加,而在边界层以上的高度 NO_2 浓度减小。此外,其他的前体物也表现出与 NO_2 相同的特征,即在有黑碳的影响下,浓度在边界层以下增大,而边界层以上则相应减小。根据以上结果,$J[NO_2]$ 的减少会减弱光化学反应的强度与以往的研究一致,但是由于黑碳同时会改变边界层的垂直结构,进而使得臭氧前体物的浓度在边界层内的浓度增加,这会引起臭氧化学生成改变量的不确定性。此外边界层的改变同

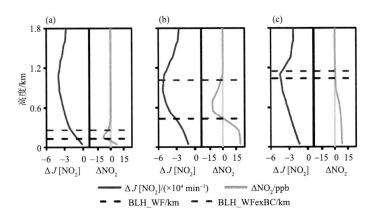

图 4.22　10:00(a)、12:00(b)、14:00(c)二氧化氮光解率 $J[NO_2]$(蓝色实线)和 NO_2 浓度(绿色实线)因黑碳气溶胶发生的改变量的垂直廓线高度及边界层高度(黑色和红色虚线)。灰色实线代表 ΔNO_2 浓度为 0

时会直接影响臭氧的浓度,因此,在第 4.3.4 节将通过过程贡献量在黑碳影响下的改变量来综合讨论黑碳对地面臭氧浓度的影响。

4.3.3.2　京津冀地区

图 4.23 展示了利用 WRF-Chem 模式模拟的北京香河站 2018 年 10 月的 $PM_{2.5}$、NO_2 光解率的时间变化序列。如图 4.23 所示,当 $PM_{2.5}$(图 4.23c)浓度较低时,例如在第 1~3、第 6、第 11 阶段(蓝色阴影部分),两个试验的地面 $J[NO_2]$ 基本相同。然而,当 $PM_{2.5}$ 浓度较高时(黄

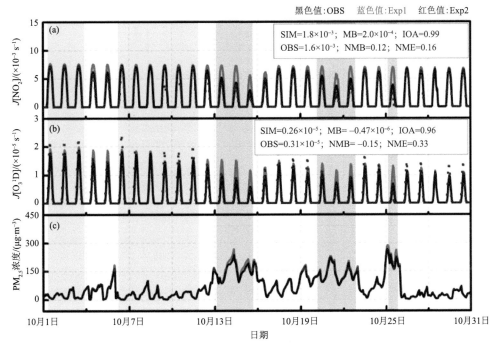

图 4.23　在香河站进行模拟的 $J[NO_2]$(a)、$J[O_3{}^1D]$(b)和 $PM_{2.5}$ 浓度(c)的时间序列
(NO_2 的光解率($J[NO_2]$)、O_3 的光解率($J[O_3{}^1D]$)、细颗粒物($PM_{2.5}$)、观测(OBS)、模拟(SIM)、一致性指数(IOA)、平均偏差(MB)、标准化平均偏差(NMB)、标准化平均误差(NME)、试验 1(Exp1)、试验 2(Exp2))

色阴影部分)时,地面 $J[NO_2]$ 显著下降,这是由于气溶胶的消光引起的入射太阳辐照度的衰减。此外,值得注意的是,气溶胶的消光并不是影响光解速率的唯一因素,云也会影响入射的太阳辐照度,并显著降低光解速率(Wild et al,2000),这就是图 4.23 中 Exp1 中 10 月 15 日 $J[NO_2]$ 在白天下降的原因。然而,Exp1 和 Exp2 之间的差异也反映了气溶胶的影响。

气溶胶对光解速率的影响不仅发生在近地面,而且发生在垂直方向。为了研究气溶胶对光解速率的影响,图 4.24 比较了低气溶胶(清洁)和高气溶胶(污染)情况下中午的 $J[NO_2]$ 的垂直廓线情况。将地面 $PM_{2.5}$ 浓度低于 35 $\mu g \cdot m^{-3}$ 的 $J[NO_2]$ 曲线取平均值,以表示清洁条件下的 $J[NO_2]$ 曲线(图 4.24a)。将地面 $PM_{2.5}$ 浓度大于 75 $\mu g \cdot m^{-3}$ 的 $J[NO_2]$ 垂直廓线进行平均,以表示污染条件下的 $J[NO_2]$ 垂直廓线(图 4.24b)。需要注意的是,所有选定的数据都是在晴空条件下进行的,不包括云对 $J[NO_2]$ 的影响。在清洁条件下(图 4.24a),沿垂直方向的 $PM_{2.5}$ 浓度较低(边界层(PBL))的平均浓度为 8.6 $\mu g \cdot m^{-3}$,PBL 以上为 1.0 $\mu g \cdot m^{-3}$,说明气溶胶对光解率的影响较小,因此,两种廓线在垂直方向上没有显著差异。在污染条件下(图 4.24b),$PM_{2.5}$ 的浓度在最低的 1.3 km 高度处于较高的浓度水平(平均值为 90.0 $\mu g \cdot m^{-3}$),特别是在 PBL 中,$PM_{2.5}$ 的平均浓度达到 123.1 $\mu g \cdot m^{-3}$。在这种情况下,$J[NO_2]$ 在最低 1.3 km 处随高度的下降而降低,这是由于气溶胶的消光引起的入射太阳辐照度的衰减(Li et al.,2005,2011)。然而,在 1.3 km 以上,$PM_{2.5}$ 水平较低时,$J[NO_2]$ 增强,这可能是由于低层气溶胶(即硫酸盐气溶胶)的光散射效应引起的光增强。

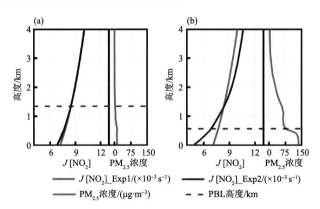

图 4.24 在清洁日(a)和污染日(b)二氧化氮的光解率 $J[NO_2]$ 和细颗粒物($PM_{2.5}$)随高度变化的平均曲线 Exp1 和 Exp2 中的 $J[NO_2]$ 的轮廓分别用红色和蓝色表示。两种天数的平均 PBL 高度(黑色虚线)也分别用(a)和(b)表示,试验 1(Exp1)、试验 2(Exp2)

4.3.4 黑碳-边界层相互作用对地面臭氧浓度的影响

4.3.4.1 长三角地区

物理化学过程直接影响着臭氧浓度的变化(Zhu et al.,2015),我们通过分析各过程量来讨论黑碳-边界层相互作用对臭氧浓度的影响。本节考虑了以下过程:①由输送引起的平流过程(ADV),表示风对臭氧的平移,可分为水平和垂直平流;②大气湍流和臭氧浓度垂直梯度引起的垂直混合(VMIX)过程,这与大气边界层的发展和变化密切相关(Zhang et al.,1999;Gao et al.,2017);③化学过程(CHEM),这是化学反应生消的结果,包括臭氧化学生成和化学减少。④对流过程,即对流运动引起的臭氧贡献,在本研究情况下可以忽略不计,本节不再进一步提及。

关于 WRF-Chem 过程分析完整信息可在 Zhang 等(2014b)和 WRF-Chem 用户指南中找到。

图 4.25 表明,在黑碳的影响下,边界层的发展受到抑制。对于地面在无臭氧影响下(图 4.25a),臭氧浓度在 08:00—09:00 发展缓慢,浓度保持在 20 ppb 以下。从 10:00 开始臭氧浓度快速升高,并且黑碳对臭氧浓度的影响从此时开始显现出来,地面臭氧浓度在黑碳的影响下出现了降低的现象,并在 12:00 浓度差值达到 16.4 ppb 的最大值,在 12:00 以后,臭氧的浓度差值缩小并在 14:00 以后两者浓度和变化趋势基本一致。在无黑碳的影响下(图 4.25b),臭氧浓度在这段时间的化学贡献(CHEM)为负贡献,说明在地表此时臭氧的化学消耗强于臭氧的化学生成作用(主要是由于高排放 NO 对近地面臭氧的滴定消耗大于臭氧的化学生成),此时促使臭氧浓度上升的贡献主要来自垂直混合的贡献(VMIX),平流作用的贡献在这段时间很小。当在有黑碳的影响时(图 4.25c),各过程量发生了一定的变化。在 10:00—12:00 这段时间,化学贡献的改变量(CHEM_DIF、Exp_WF－Exp_WFexBC)因为黑碳的作用而有所增加,平均增加量为 3.1 ppb·h^{-1};垂直混合贡献的改变量(VMIX_DIF)在黑碳的作用下显著减少,平均减少量达到了 8.2 ppb·h^{-1};平流贡献的改变量(ADV_DIF)相对较小。通过比较可以发现,因为 VMIX 在 10:00—12:00 这段时间显著的减少使得净贡献的改变量为负,使得臭氧浓度在这段时间浓度降低且浓度差距持续增加,到 12:00 浓度差值增加到最大。在 12:00 以后,VMIX_DIF 由负转正说明在黑碳的作用下垂直混合作用有所增加,而此时段其他的过程量的变化很小,因此,使得净贡献量增加将之前臭氧浓度减少的部分弥补回来,并在 14:00 以后两试验的臭氧浓度不再存在差距。在所有的过程量中,我们可以看到 VMIX_DIF 在净贡献量的改变量中占到主导地位,在黑碳的影响下垂直混合贡献的改变是使臭氧浓度发生改变的主要原因。此外,化学贡献在黑碳的作用下表现为促进臭氧浓度的增加,这与以前的研究结果相反,主要因为本个例南京 NO 排放量较大。化学贡献的改变以及垂直混合的改变值需要我们在其他更多个例中深入研究。

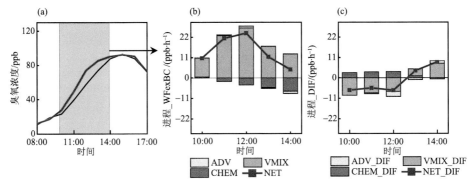

图 4.25　(a)有无黑碳影响下地面臭氧浓度时间序列;(b)无黑碳影响时各过程贡献量及净贡献量;(c)黑碳影响下各过程贡献量的改变量及净贡献量的改变量(DIF)。贡献量包含:平流贡献(ADV)、垂直混合(VMIX)、化学贡献(CHEM)和净贡献(NET)
(黑色为 Exp_WF,红色为 Exp_WFexBC)

边界层的发展直接影响垂直混合过程和边界层臭氧的分布(Zhang et al.,1999),接下来将通过分析有无黑碳影响下的 VMIX 等过程量的垂直分布,来讨论黑碳对边界层的改变进而对臭氧浓度垂直方向再分布的情况。夜间和清晨,臭氧浓度在 2 km 以下的浓度垂直分布一般表现为浓度随高度增加而升高(Wang et al.,2015a)。当边界层开始发展时,湍流运动将会使臭氧在垂直方向上进行交换,高空高浓度的臭氧会被夹卷下来使地面臭氧浓度升高,而高空的臭氧则会相应减少(图 4.26a 和 b)。在 10:00—12:00 这段时间,黑碳的影响使得边界层的发展变得缓慢。在这种情况下,湍流强度变弱,臭氧被夹卷下来的量减少,相反留在高空的高浓度臭氧更多,因此,可看到在有黑碳影响下的边界层内的 VMIX_DIF 为负,而在两边界层之间的 VMIX_DIF 为正(图 4.26c)。12:00 以后,没有黑碳影响的边界层因为更早地完成发展,臭氧在垂直方向上的混合更加充分(图 4.26c),所以此时的 VMIX 在这段时间开始变弱。相反,有黑碳影响的情况下,边界层在相同时段仍然在发展,臭氧在垂直方向上仍然存在明显的正梯度,因此,地面的 VMIX 比没有黑碳影响时要大 5.7 ppb·h^{-1}。

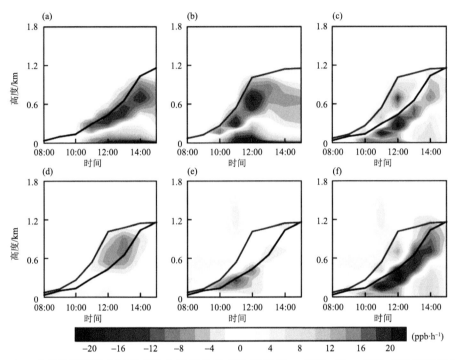

图 4.26　(a—c)有无黑碳影响时垂直混合贡献量及其改变量 Exp_WF－Exp_WFexBC 随高度的垂直分布,(a)、(b)分别表示有、无黑碳影响时垂直混合贡献的垂直分布,(c)表示有无黑碳影响下垂直混合贡献的改变量的垂直分布;(d)化学贡改变量的垂直分布;(e)平流贡献改变量的垂直分布;(f)净贡献改变量的垂直分布。
图中红线和黑线分别是 Exp_WFexBC 和 Exp_WF 边界层高度变化

　　光解率的降低会减少臭氧的化学生产量,但是臭氧前体物的改变仍然会使臭氧的化学生成发生改变。在黑碳的影响下,边界层发展受到抑制使得边界层以下聚集了大量的 NO₂(其他臭氧前体物亦然)。当大量的 NO₂ 发生光解时,臭氧的光化学生成会被加强,甚至会弥补光解率下降所导致的那部分臭氧浓度减少量,因此,我们会看到在 12:00 之前近地面化学贡献在黑碳的影响下对臭氧浓度的改变有正贡献(图 4.26d)。同时,由于对边界层的抑制,NO₂ 等前体物无法向上层传输,两边界层高度之间臭氧前体物减少,加之光解率也同样降低,因此在这个高度层臭氧的化学贡献则会进一步降低。平流贡献由于黑碳的影响在正午时段的边界层附近出现微小减少的现象(图 4.26e),出现这种情况原因可能与黑碳对风场的改变以及臭氧浓度分布特征有关,将在未来的工作中进一步考察。图 4.26f 表示的是黑碳影响下,所有过程量对臭氧的净改变量(NET_DIF)。通过对各臭氧过程贡献量以其改变量进行比较,我们发现 VMIX_DIF 与 NET_DIF 的垂直分布特征最为相似,且数值相近,这说明黑碳对垂直混合贡献的影响在臭氧浓度值发生变化的过程中起到的作用最大。

由于黑碳对边界层的影响,VMIX 表现为正午前减少而午后增加的特征(图 4.27a)。对于 VMIX,其值由臭氧在边界层内的垂直梯度和湍流交换系数这两个量共同决定。在边界层发展的初期(图 4.27b),两试验臭氧垂直梯度的分布相近,但由于黑碳对边界层发展的抑制,湍流交换系数比没有黑碳时的湍流交换系数要小很多,这说明在臭氧垂直分布相似的情况下,较小的湍流交换系数会从高空夹带较少的臭氧浓度下来,对地面臭氧浓度的升高作用较少,因此在正午之前,有黑碳影响下的 VMIX 要比没有黑碳影响时的 VMIX 少。午后,在没有黑碳的影响下边界层发展进入尾声,臭氧在垂直方向上混合的较为充分,可以看到此时臭氧的垂直梯度基本为 0;而由于有黑碳的影响,边界层发展延缓,臭氧在垂直方向上仍然没有混合充分,在相同的时间段内,臭氧的正垂直梯度仍然存在。在这种情况下,尽管有黑碳的情况下湍流交换系数较小,但臭氧垂直梯度的存在仍然会有利于垂直混合作用将高空的高臭氧夹卷到地面、升高近地面臭氧,所以此时 VMIX 对地面臭氧的贡献在黑碳的影响下反而是加强的。

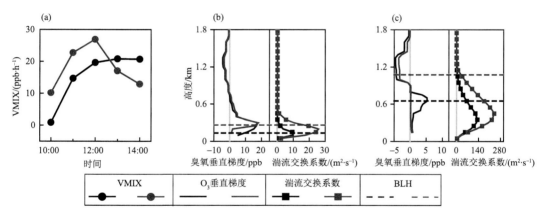

图 4.27　有无黑碳影响下垂直混合贡献量(a)和 12:00 以前臭氧垂直梯度和
湍流交换系数的垂直廓线(b);12:00 以后臭氧垂直梯度和湍流交换系数的垂直廓线(c)
(黑色为 Exp_WF,红色为 Exp_WFexBC)

4.3.4.2　京津冀地区

本小节中试验 1(Exp1)表示没有气溶胶反馈效应试验,试验 2(Exp2)表示有气溶胶反馈效应试验,Exp2－Exp1 的结果体现气溶胶对气象和大气成分的影响。图 4.28 为 2018 年 10 月京津冀地区在 PM$_{2.5}$ 高浓度期间,PM$_{2.5}$ 的水平分布、O$_3$ 的变化和近地面 O$_3$ 的百分比变化情况,污染条件下白天 PM$_{2.5}$(从当地时间 08:00—17:00LST)的平均分布如图 4.28a 所示。相应地,Exp2 和 Exp1 之间臭氧的变化和相对变化分别如图 4.28b 和 c 所示。图 4.28 表明高浓度的 PM$_{2.5}$ 覆盖了京津冀大部分地区和河南北部的大部分地区,特别是人口众多、车辆众多和工业较多的城市,如北京(BJ)、天津(TJ)、石家庄(SJZ)和郑州(ZZ)的颗粒污染较严重(BJ、TJ、SJZ 和 ZZ 的平均浓度分别为 97.6、99.8、113.0 和 79.5 $\mu g \cdot m^{-3}$)。近地面臭氧减少量的分布(图 4.28b 和 c)与 PM$_{2.5}$ 相似,特别是在颗粒污染严重的代表性城市(BJ、TJ、SJZ 和 ZZ),地表臭氧分别平均减少 10.6、8.6、8.2 和 4.2 ppb,分别占这些城市地表臭氧平均浓度的

19.0%、19.4%、17.7%和7.9%。

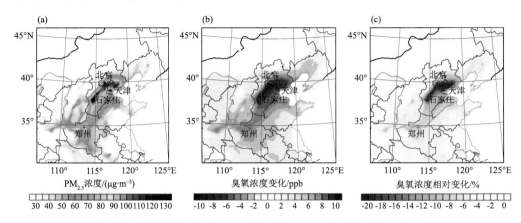

图4.28 高细颗粒物（PM$_{2.5}$）事件期间，PM$_{2.5}$浓度的平均分布（a）、
臭氧浓度的变化（b）和表面臭氧浓度的相对变化（c）。点表示京津冀地区（CEC）的四个典型城市

图4.29展示了四个城市在07：00—18：00期间的平均地表臭氧浓度和过程分析结果。如图4.29a所示，地表臭氧从08：00开始受到气溶胶的影响而开始减少，并且逐渐减少到下午，在14：00的最大值为11.7 ppb。与其他研究的过程分析结果相似（Kaser et al.，2017；Tang et al.，2017；Xing et al.，2017；Xu et al.，2018），白天地表臭氧的变化主要由VMIX、DRY和CHEM控制（图4.29b和c）。CHEM在地表的贡献一般小于零，这表明臭氧的化学消耗大于地表臭氧的化学生产。作为去除地表臭氧的重要过程，干沉降为负贡献而VMIX的贡献则是正的，这是导致白天地表臭氧增加的关键因素。气溶胶引起的近地面臭氧的减少可以分解为过程贡献的变化（Exp2－Exp1），如图4.29d所示，CHEM的负贡献在白天显著增强（更负），这可能是由于气溶胶抑制边界层发展导致更高浓度的NO滴定消耗臭氧更强，同时光解率消弱效应对减弱臭氧生成也起到作用，而DRY和VMIX的变化在白天增加。从08：00—14：00，CHEM的减少比VMIX和DRY的增加更显著，这使近地面臭氧在这一期间继续下降。14：00后，VMIX和DRY的增加几乎抵消了CHEM的减少。定量结果（表4.7）显示了在14：00臭氧的减少和各过程贡献的累积变化。CHEM（－44.3 ppb）的减少量明显大于近地面

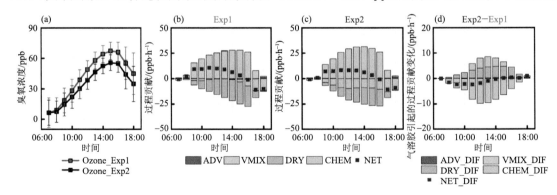

图4.29 四个城市在白天的平均地表臭氧浓度和过程分析结果。Exp1和Exp2的平均臭氧浓度以（a）表示；
Exp1和Exp2相应的每小时过程贡献以（b）和（c）表示；气溶胶（Exp2－Exp1）引起的每个过程的变化见（d）。
误差棒代表75%与25%分位数，DRY_DIF是干燥沉积过程贡献的改变量

臭氧的减少量(−11.7 ppb)。在此期间,VMIX(12.0 ppb)、DRY(19.6 ppb)和 ADV(0.9 ppb)的变化均呈正贡献,ADV 的增加相对较小,而 VMIX 和 DRY 的增加要大得多,这部分抵消了 CHEM 的减少。综合考虑所有过程,这些变化的总和(−11.8 ppb)几乎等于臭氧的减少,表 4.7 也说明 VMIX 和 DRY 的抵消效应导致了 Li 等(2011)研究中报道的 CHEM 减少和近地面臭氧减少之间的不平等。由于 DRY 对地表臭氧的贡献通常是负的,因此,DRY 变化的增加表明干沉积的强度在白天减弱。干沉积的贡献与表面臭氧浓度和干沉积速度有关。在 Exp1 和 Exp2 中,土地利用和植被等影响干沉积速度的因素没有变化,这表明干沉积速度没有变化(Wesely,1989)。然而,由于气溶胶的影响,近地面臭氧的浓度下降,最终导致了臭氧干沉积的减弱。相比之下,VMIX 变化的增加表明了垂直混合过程的增强。由于垂直混合发生在整个边界层中,VMIX 的变化不仅影响近地面臭氧,还可以影响高空臭氧,即臭氧的变化也可能发生在整个边界层中。对比本节(图 4.29a)长三角地区的个例,说明气溶胶对近地面臭氧影响的最重要因素至少有 2 个,都是先由气溶胶改变边界层结构,一是减弱边界层发展、进而影响边界层上部高臭氧向下夹卷;二是抑制臭氧前体物向上湍流扩散、进而改变臭氧光化学生成。具体这两个过程对臭氧浓度是正或负贡献还需要结合个例具体分析。

表 4.7　14:00 地表臭氧浓度的减少以及相应过程的累计贡献　　　　　　　　　　ppb

ΔO_3 在 14:00	$\sum\limits_{i=08:00}^{14:00}$ CHEM_DIF$_i$	$\sum\limits_{i=08:00}^{14:00}$ VMIX_DIF$_i$	$\sum\limits_{i=08:00}^{14:00}$ DRY_DIF$_i$	$\sum\limits_{i=08:00}^{14:00}$ ADV_DIF$_i$	$\sum\limits_{i=08:00}^{14:00}$ NET_DIF$_i$
−11.7	−44.3	12.0	19.6	0.9	−11.8

4.3.5　臭氧来源解析及在黑碳气溶胶影响下来源贡献的变化

一个地区臭氧的来源大体可以分为本地生成和外界传输贡献两类,这两类贡献在大气中受物理化学过程的影响,边界层的变化会直接改变其物理化学过程量,由此臭氧的源汇关系也会随之发生变化。本节主要利用在线臭氧来源解析技术,定量讨论长三角地区和京津冀地区臭氧的来源贡献特征以及在黑碳等气溶胶的影响下臭氧区域来源贡献量的变化。

4.3.5.1　长三角地区

在模拟期间(2015 年 10 月 10—26 日)(图 4.30a),来自江苏(JS)的臭氧对南京地区臭氧的贡献比较显著,白天平均贡献的最大值为 14.9 ppb(25%)。同时华北平原(NCP)的臭氧对南京也有较大的贡献(11.4 ppb/19%),主要是因为期间中国地区受到大范围冷空气南下的影响,偏北风的控制使得华北平原生成的臭氧以及前体物大量向南输送,从而影响南京地区的臭氧浓度。安徽(AH)位于南京西侧,在这段时间也对南京地区的臭氧产生了影响。除了地理源区的贡献,模拟区域以外侧边界臭氧的流入作用(O_3-INFLOW)对当地的贡献非常高,贡献量达到了 22.9 ppb,约占总臭氧浓度的 39%。在臭氧出现高浓度的情况下(17 日),来自 JS 和 NCP 的臭氧贡献与平均贡献相比有明显提升,贡献量分别上升到 26.6 ppb 和 30.7 ppb。相反,O_3-INFLOW 的贡献则略有下降,贡献量为 17.5 ppb。这说明当地臭氧高浓度事件的出现,其主要原因是由于上风向源区的臭氧贡献增加,而与 O_3-INFLOW 的影响并不大。图 4.30c 表示的是在黑碳的影响下南京地区 17 日臭氧各贡献量的改变量。在 10:00—14:00 这段时间,来自 JS、AH 和 O_3-INFLOW 的贡献有所下降,平均下降了 3.0 ppb、2.1 ppb 和 4.5 ppb。值得注意的是,在 12:00 以后,在臭氧浓度减少量缩小期间,NCP 的贡献有明显的增加。由于贡献源区与受体地区之间距离的不同,其传输路径也存在差异。对于较远距离的源区,臭氧通常从高空进行传输,因此,当 NCP 的臭氧输送到南京时,可以看到此地 NCP 的臭氧廓线为上层浓度明显高于下层浓度(图 4.31)。结合上节的结论,在 12:00 以后,黑碳对边界层的抑制作用使得边界层在此时仍然没有发展和混合充分,相反没有黑碳影响的情况下边界层已经基本完成了发展。因此,可以看到 12:00 以后 NCP 的垂直廓线在有黑碳的影响下仍存在较明显的垂直梯度,而没有黑碳时臭氧的垂直梯度则相对较小。在这种情况下,有黑碳的影响下更多来自 NCP 的臭氧会从高空夹卷下来并对地面进行补充,使得地面臭氧来自 NCP 的贡献增加,从而使当地总臭氧浓度的减少量变小。

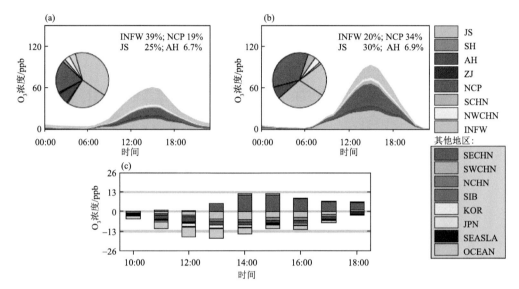

图 4.30　(a)南京地区 10 月 10—26 日臭氧平均日变化的来源贡献和臭氧高值时段各源区平均贡献率;(b)17 日臭氧日变化来源贡献和臭氧高值时段各源区平均贡献率;(c)17 日黑碳影响下臭氧来源贡献的改变量(JS=江苏;SH=上海;AH=安徽;ZJ=浙江;NCP=华北平原;SCHN=中国南部;NWCHN=中国西北部;INFW=模拟区域以外侧边界臭氧的流入来源;SECHN=中国东南部;SWCHN=中国西南部;NCHN=中国东北部;SIB=西伯利亚地区;KOR=朝鲜半岛;JPN=日本;SEASLA=东南亚地区;OCEAN=海洋)

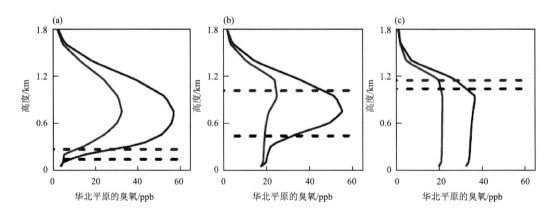

图 4.31　南京地区来自华北平原的臭氧贡献的垂直廓线:10:00(a)、12:00(b)、14:00(c)
(黑色实线和虚线分别代表 Exp_WF 及其条件下的边界层高度,红色实线和虚线分别代表 Exp_WFexBC 及其条件下的边界层高度)

4.3.5.2　京津冀地区

图 4.32 显示了 2018 年 10 月北京、天津、石家庄和郑州地区无气溶胶辐射反馈效应（Exp1）和有气溶胶辐射反馈效应（Exp2）下近地面臭氧的区域来源及 2 个试验的差值。对于四个代表性城市，近地面臭氧的来源主要是局地贡献和邻近源输送的贡献（图 4.32a、b、d、e、g、h、i 和 k）。例如，北京和天津上空的近地面臭氧主要是由这些城市本身和河北的臭氧造成的；对于石家庄和郑州来说，来自各自省份（河北和河南）的臭氧贡献显著高于来自其他地区的臭氧。此外 O₃-INFLOW 可以近似地视为背景臭氧（Gao et al.，2017），也对每个城市的近地面臭氧有明显的贡献。由于气溶胶的影响，来自局地和邻近源区的臭氧都有下降（图 4.32 右栏）。

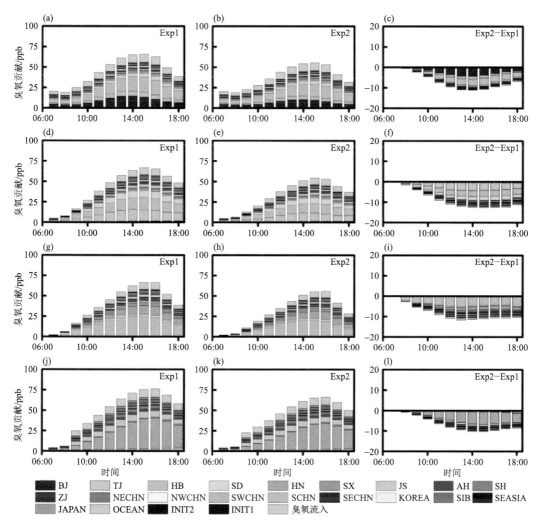

图 4.32　北京（a—c）、天津（d—f）、石家庄（g—i）和郑州（j—l）的臭氧区域贡献（07:00—18:00）
（BJ＝北京；TJ＝天津；HB＝河北；SD＝山东；HN＝河南；SX＝山西；JS＝江苏；AH＝安徽；SH＝上海；
ZJ＝浙江；NECHN＝中国东北部；NWCHN＝中国西北部；SWCHN＝中国西南部；SCHN＝中国南部；
SECHN＝中国东南部；KOREA＝朝鲜半岛；SIB＝西伯利亚地区；SEASIA＝东南亚地区；JAPAN＝日本；
OCEAN＝海洋；INIT2＝D2 的初始条件下臭氧贡献；INIT1＝D1 的初始条件下臭氧贡献）

表 4.8 列出了每个城市从 13:00—16:00 期间平均的前 4 个对臭氧贡献变化最大的源区。北京和天津被定义为独立源区,本地源对北京和天津臭氧的贡献均降低了−3.8 ppb,所占比例最大。此外,河北与北京和天津相邻,从河北到北京和天津的臭氧分别下降了 3.1 和 3.0 ppb,高于较远源区的臭氧。石家庄和郑州分别为河北和河南的省会城市,从河北和河南到石家庄和郑州的臭氧分别减少了 4.6 和 5.8 ppb。近地面臭氧的减少主要是由于化学物质产量的减少造成的。对于本研究中的臭氧源分配方法,可以根据每个源区域的臭氧前体的比例追溯到臭氧化学生成的来源。由于臭氧前体(即 NO_x)的寿命较短,因此,来自本地和邻近源区域的臭氧前体将比来自其他源区域的臭氧前体更多,进而来自当地和邻近源区的表面臭氧随着气溶胶的影响而逐渐减少。

表 4.8 臭氧贡献的前四个源区,城市所在的省级地区和源地区用粗体表示

城市	臭氧浓度	贡献			
		第一	第二	第三	第四
北京	−10.4 ppb	**北京**	河北	天津	山东
		−3.8 ppb	−3.1 ppb	−1.3 ppb	−0.5 ppb
		(36.5%)	(29.8%)	(12.5%)	(4.8%)
天津	−12.3 ppb	**天津**	河北	山东	西伯利亚
		−3.8 ppb	−3.0 ppb	−1.9 ppb	−0.8 ppb
		(30.9%)	(24.4%)	(15.4%)	(6.5%)
石家庄	−11.1 ppb	**河北**	河南	西伯利亚	模式边界外流入
		−4.6 ppb	−1.5 ppb	−0.9 ppb	−0.8 ppb
		(41.4%)	(13.5%)	(8.1%)	(7.2%)
郑州	−9.8 ppb	**河南**	江苏	西伯利亚	上海
		−5.8 ppb	−0.9 ppb	−0.6 ppb	−0.4 ppb
		(59.2%)	(9.2%)	(6.1%)	(4.1%)

4.4　气溶胶辐射微物理对雾的影响

大气气溶胶污染加重已对气候变化、空气质量和降水产生重要影响(Li et al.,2016c,2017b;Wu et al.,2016)。除此之外,气溶胶也能影响边界层内云雾物理过程,影响低能见度事件的发生频率、强度等。雾作为一种近地面云,因近地面气溶胶浓度高且日变化显著,所以雾对气溶胶的响应可能会很强。在城市地区,高强度城市热岛与高浓度气溶胶可能都会对雾产生重要影响,一些学者利用数值模式阐述了城市化或气溶胶对雾的影响机制,普遍发现城市化起抑制作用(陈龚梅 等,2015;Gu et al.,2019),气溶胶起促进作用(Rangognio et al.,2009;Jia et al.,2015,2019;Stolaki et al.,2015;Maalick et al.,2016;),然而联合作用是促进还是抑制,尚未有明确答案。因此,利用天气-化学在线耦合模式 WRF-Chem(V3.9.1.1)模拟一次大雾过程,以深入剖析城市化、气溶胶影响雾的机制,比较两者影响程度的相对强弱。

4.4.1　城市化与气溶胶影响雾的数值模拟

2017 年 1 月 2—3 日,中国东部地区发生一场大雾过程,覆盖了河北南部、河南东部、山东

西部、安徽、江苏和上海等地区。在安徽寿县(116.8°E,32.4°N,海拔 23 m)进行了雾观测,收集了能见度、温度、湿度等逐小时气象观测数据。由能见度变化特征可知,寿县雾自 1 月 2 日 18:00 生成,于 1 月 3 日 12:40 消散。

为再现大范围雾区分布与寿县雾特征,模式设置两层嵌套区域。区域中心点即为寿县,最内层区域网格分辨率为 2 km。气象驱动场为 ERA-Interim 再分析资料,水平分辨率为 0.125°(约为 12.5 km)。人为排放源为清华大学 MEIC 源(Li et al.,2014),基准年为 2016 年。模式方案选择详见 Yan 等(2020)。模拟时段为 2017 年 1 月 1 日 08 时—3 日 14 时,前 24 h 为预热时间。

卫星云图与模拟的液水路径(Liquid Water Path,LWP>2 g·m^{-2})可分别代表观测雾区与模拟雾区(Jia et al.,2019),从而反映大范围雾区的模拟效果。图 4.33 为 1 月 3 日 08 时葵花 8 卫星可见光云图与模拟的 LWP 空间分布,乳白色像素与红色圆点共存的区域代表观测雾区。可见,基准试验(u0e0)很好地再现了河北南部、河南东部、山东西部、安徽、江苏和上海地区的雾区分布,模拟与观测基本符合。图 4.34 为寿县单点的能见度、温度、风速、相对湿度的观测值与模拟值的时间序列。从能见度看出,基准试验(u0e0)下 19:30 雾生成,晚于观测1.5 h;12:20 雾消散,早于观测 0.5 h,虽然略有偏差,但效果仍令人满意。在雾过程期间,能见度模拟值与观测值十分接近,其他气象参量(温度、风速、相对湿度)模拟结果也相对较好,均方根误差分别为 0.8 K、0.7 m·s^{-1}、5.9%。总体来说,本次模拟合理再现了雾的空间分布与时间变化特征。

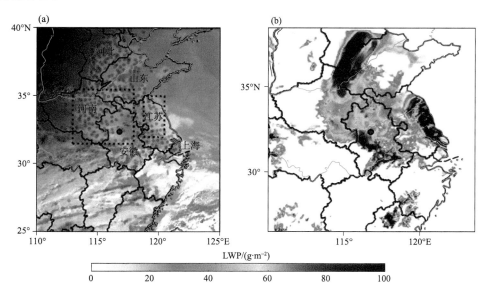

图 4.33　2017 年 1 月 3 日 08 时雾区模拟效果。葵花 8 卫星可见光云图叠加 MICAPS 站点中有雾的站点(相对湿度>90%,水平能见度<1.0 km,a);基准试验(u0e0)中 1500 m 以下的液水路径(LWP)空间分布,蓝点为寿县站(b)

为揭示城市化与气溶胶对雾的影响,改变寿县及邻近地区的土地利用及排放强度,设置 4 组试验(u0e0、u3e0、u0e3、u3e3)。u0e0 为原始情形、基准试验,即寿县下垫面为农田,附近无城市化,排放水平相对较低。u3e0 为城市化情形,在此试验中,以安徽省大城市、省会城市合肥为模板(建成区面积约为 570 km²),在以寿县为中心的 11×13 网格中(面积 572 km²),将下垫面类型由农田替换为城市(图 4.35)。u0e3 为气溶胶污染情形,将上述网格的排放强度替换成合肥市中心的排放强度。u3e3 为城市化、气溶胶污染共存情形,下垫面设置同 u3e0,排放源设置同 u0e3。各试验方案设置详见表 4.9。

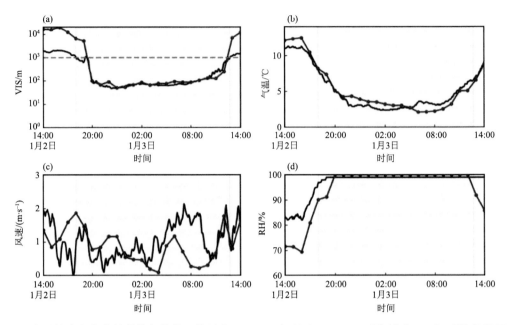

图 4.34　寿县站点气象参量的模拟性能。能见度(VIS,a)、气温(b)、10 min 平均风速(c)、相对湿度(RH,d)。红色点线为模拟值(基准试验),黑线为观测值。雾阶段用淡黄色标出。(a)中虚线代表能见度为 1.0 km (观测数据中能见度<1.0 km,相对湿度>90%)

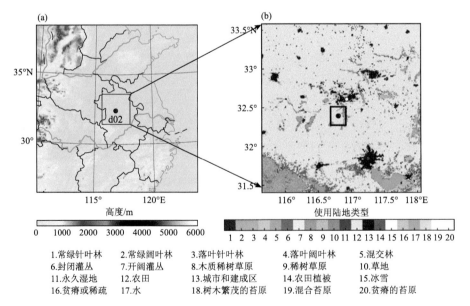

1.常绿针叶林　　　2.常绿阔叶林　　　3.落叶针叶林　　　4.落叶阔叶林　　　5.混交林
6.封闭灌丛　　　　7.开阔灌丛　　　　8.木质稀树草原　　9.稀树草原　　　　10.草地
11.永久湿地　　　 12.农田　　　　　　13.城市和建成区　　14.农田植被　　　 15.冰雪
16.贫瘠或稀疏　　 17.水　　　　　　　18.树木繁茂的苔原　19.混合苔原　　　 20.贫瘠的苔原

图 4.35　(a)WRF 区域设置;(b)d02 区域土地利用分布。红点为寿县,绿点为合肥,白点为淮南,为距离寿县最近的地级市。(b)中以寿县为中心的 11×13 网格(22 km×26 km)为研究关注区域,其土地利用与排放强度在敏感性试验中将被更改

表 4.9　敏感性试验设置。"N"表示无变化及效应计算式描述

试验名	描述	下垫面设置	排放源设置
u0e0	基准试验,原始情形	N	N
u3e0	城市化情形	以寿县为中心的 11×13 网格,下垫面替换为城市	N
u0e3	污染情形	N	以寿县为中心的 11×13 网格,排放源替换为合肥市中心排放
u3e3	城市化与污染共存	同 u3e0	同 u0e3
u3e0-u0e0	城市化效应		
u0e3-u0e0	气溶胶效应		
u3e3-u0e0	城市化与气溶胶综合效应		

图 4.36 对比了无城市化情形(u0e0)与城市化情形(u3e0)下液水含量(Liquid Water Content,LWC)的高度-时间分布,整体特征为:①02:00 之前,城市化导致各层 LWC 均减少。地面雾形成于 22:30,比乡村情形晚 3 h。02:00 之后,低层 LWC 减少,而上层(约 120 m 以上)LWC 增加。雾于 10:50 消散,比乡村情形提前 1.5 h。为清楚展现两种试验下 LWC 差异并解释其中机理,图 4.36c 展现了若干典型时刻的 LWC 廓线。在 23:00,虽然两种试验下雾均已生成,但 u3e0 情形下雾明显很弱,这是由于热岛与干岛效应造成了较高的温度、较低的水汽饱和度。在 02:00,u3e0 雾虽有所发展,但强度仍不及 u0e0。

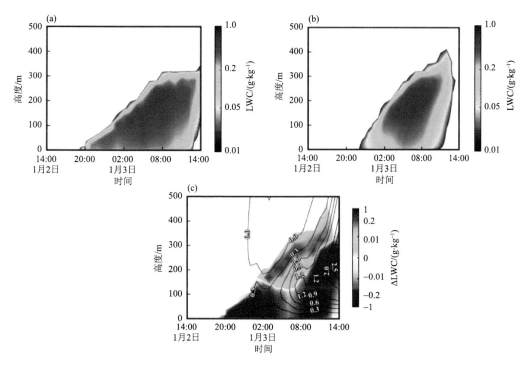

图 4.36　无城市化情形(u0e0,a)与城市化情形(u3e0,b)试验下液水含量(LWC)的高度-时间分布图(a,b);城市化对 LWC 的影响(u3e0-u0e0,c),黑色等值线为 u3e0 与 u0e0 垂直速度之差(c)。为使图像清晰,只画出 00:00 之后的垂直速度

一个有趣现象是,02:00 之后低层雾与上层雾变化情况截然不同,这可以从上升气流的角度来解释。城市地表粗糙度高于乡村,并且由于近地面温度偏高,层结不稳定度更大(Zhong et al.,2017),引起了风场水平辐合,因此,产生了额外的上升气流(0.2~2.0 cm·s^{-1})(图 4.37c)。上升气流影响水汽凝结可能有两种途径:①水汽垂直输送$\left(w\dfrac{\partial q}{\partial z}\right)$与垂直气流辐散/辐合$\left(q\dfrac{\partial w}{\partial z}\right)$改变水汽垂直分布,影响凝结。②气流垂直运动时触发水汽抬升冷却凝结。这里计算垂直水汽通量散度$\left(\dfrac{1}{g}\dfrac{\partial qw}{\partial z}\right)$来解释第一项途径。在 05:00,u3e0 水汽散度在 110 m 以上为负,体现为明显的水汽辐合,LWC 在 130 m 以上增加;在 08:00,u3e0 水汽在 130 m 以上呈现辐合,LWC 在 170 m 以上增加。LWC 增加的高度与水汽辐合的高度大体一致,因此,上升气流导致的绝热冷却与水汽辐合是促进水汽增加、雾水凝结、上层雾加强的可能原因。在 100 m 以下,u3e0 情形下水汽辐散更强,是 05:00、08:00 低层雾减弱的另一个原因。在 11:00,u3e0 情形下地面雾已消散,300 m 以下 LWC 低于 u0e0,这也是由于热岛效应引起的 300 m 以下的增温(图 4.37j)。总体来说,城市热岛、干岛效应以及触发的上升气流共同造成了低层雾的减弱、上层雾的增强。

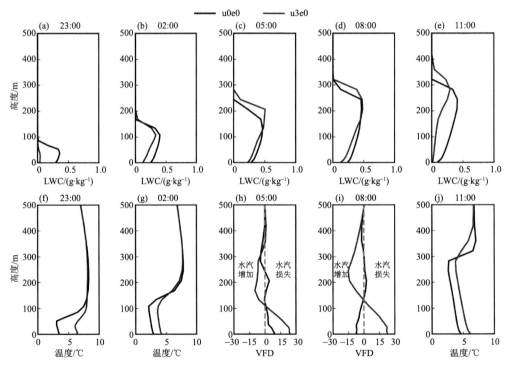

图 4.37　无城市化情形(u0e0)与城市化情形(u3e0)试验下若干典型时刻液水含量(LWC,a—e)、温度(f、g、j)与垂直水汽通量散度(VFD,h,i)的垂直廓线。灰色虚线代表垂直水汽通量散度为 0

图 4.38 比较了污染情形(u0e3)与清洁情形(u0e0)的 LWC 高度-时间分布。雾的生成时间、消散时间、雾垂直范围几乎无改变。气溶胶污染整体使各层 LWC 增加,表明气溶胶是促进雾的形成和增加分布范围。理论上气溶胶浓度对雾具有先促进后抑制的双重影响,为验证

当前污染水平(u0e3)是否处在抑制雾的转折点之前,进行了额外八组试验(D10、D7.5、D5、D2.5、M2.5、M5、M7.5、M10)。这八组试验设置与 u0e3 相似,只是寿县周边(上述图 4.35b 中的黑框)的排放强度乘以了不同的系数,例如,M2.5 表示乘以 2.5,D10 表示除以 10。

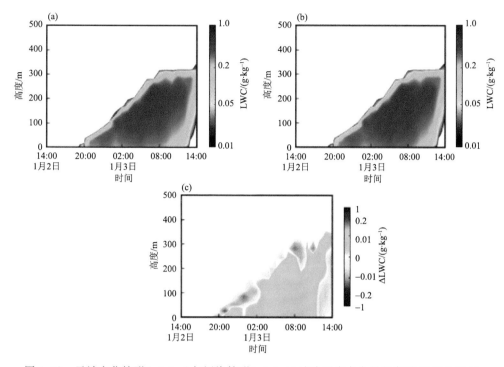

图 4.38　无城市化情形(u0e0,a)与污染情形(u0e3,b)试验下液水含量的高度-时间分布图;
气溶胶对液水含量(LWC)的影响(u0e3-u0e0,c)

图 4.39 对比了九种不同排放强度试验下微物理量(LWC、雾滴数浓度、有效半径、液水路径)的差异。这 4 种微物理量变化特征均呈抛物线形状,表明 WRF-Chem 能够模拟出气溶胶

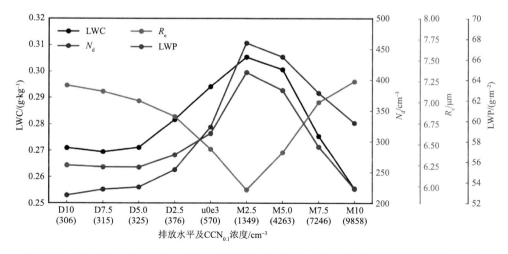

图 4.39　雾过程中液水含量(LWC)、雾滴数浓度(N_d)、有效半径(R_e)和液水路径(LWP)与
排放水平的关系。排放水平下标注的数字为云凝结核(CCN,0.1%)浓度

对云/雾的双重效应。当排放强度低于 M2.5 时,这 4 种参数随云凝结核(Cloud Condensation Nuclei,CCN)单调变化,即气溶胶对雾起促进作用。这是因为,污染情形下生成更多气溶胶与 CCN,在过饱和情况下,大量 CCN 活化生成更多雾滴,减小有效半径,并且抑制自动转化与雾水沉降,使雾水消耗减少,促进 LWC 的增多。气溶胶对云/雾的促进效应已被很多模式(Rangognio et al.,2009;Stolaki et al.,2015;Maalick et al.,2016)或观测研究(Chen et al.,2012;Goren et al.,2012)证实。当排放强度高于 M2.5 时,4 种参数变化趋势反转。这是因为在过量 CCN 下,激烈的水汽竞争反而使更少的气溶胶才能越过临界半径而活化成雾滴,因此,雾滴数减少,有效半径增大,云滴沉降速率增大,LWC 减少。u0e3 情形下 CCN 浓度(570 cm^{-3})低于转折点 M2.5 对应的浓度(1349 cm^{-3}),表明我国当前污染水平(u0e3)始终处于影响雾的促进区域而非抑制区域。

图 4.40 对比了原始情形(u0e0)与城市化气溶胶综合情形(u3e3)下 LWC 特征。该情形导致的 LWC 变化与单独城市化情形(u3e0)导致的 LWC 变化极为相似。三种试验下(u3e0、u0e3、u3e3)LWC 变化绝对值分别为 0.120、0.019、0.124 g·kg^{-1},表明城市化对雾的影响程度远大于气溶胶的影响程度;当城市化与气溶胶污染共同作用时,气溶胶的作用不容易分辨出来,联合作用以城市化的作用为主。由以上结果推断,在中国的大城市,假设城市面积继续扩大,气溶胶污染继续加重,则雾频次会降低,这与一些观测事实相吻合(Sachweh et al.,1995;黄玉仁等,2001;LaDochy,2005;Shi et al.,2008;史军 等,2010;郭婷 等,2016;Yan et al.,2019)。

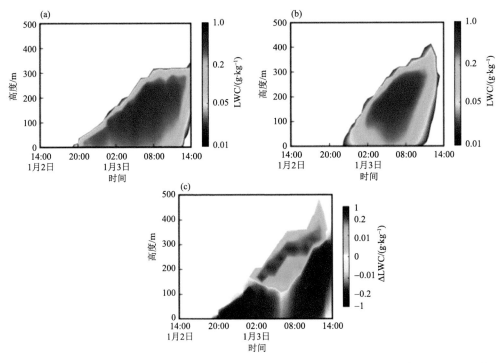

图 4.40 无城市化情形(u0e0,a)与城市化与污染共存情形(u3e3,b)试验下液水含量(LWC)的高度-时间分布图;城市化、气溶胶综合效应对液水含量液水含量的影响(u3e3-u0e0,c)

4.4.2 气溶胶影响雾生命时间的观测和数值模拟研究

前人研究表明,在雾频次减少的背景下,安徽或江苏雾持续时间呈延长趋势(石春娥 等,

2008;邓学良 等,2015),并初步解释了气溶胶污染对雾持续延长的作用。本研究收集了安徽、江苏两省 19 个站点 1960—2010 年人工记录的天气现象数据,分析雾持续时间变化特征,以确定影响其变化的最主要贡献因子。

图 4.41 为安徽、江苏两省雾持续时间的年际变化特征。黄山雾持续时间最长,年代平均为 336 min,其他 18 个站点雾持续时间集中在 130~215 min 之间,平均值为 180 min。除宿迁和淮安外,其余 17 个站点雾持续时间呈显著增加趋势。砀山与常州增幅最大,每 10 a 间增加 36 min。镇江的相对增幅最大,雾持续时间年代平均为 118 min,增长趋势为 25 min·(10 a)$^{-1}$,相对增幅

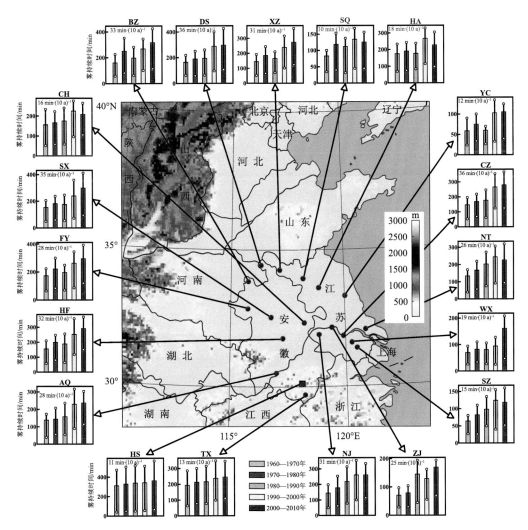

图 4.41　模式区域与 19 个观测站点的地理位置,其中蓝色方块为背景站黄山。环绕四周的子图为 1960—2010 年间雾持续时间的年代际变化,误差棒代表 75% 与 25% 分位数。各子图左上角数字为雾持续时间的线性趋势,例如黄山"11 min·(10 a)$^{-1}$"表示每 10 a 间雾持续时间增长 11 min。未通过显著性检验($\alpha = 0.05$)的趋势被标成红色

(BZ=亳州、DS=砀山、XZ=徐州、SQ=宿迁、HA=淮安、YC=盐城、CZ=常州、NT=南通、WX=无锡、SZ=苏州、HS=黄山、TX=屯溪、NJ=南京、ZJ=镇江、CH=滁州、SX=泗县、FY=阜阳、HF=合肥、AQ=安庆)

为 21.2%。这表明在中国东部雾频次降低的背景下,雾持续时间正在增加。从雾生消时间频率分布的年代际变化特征来看(图 4.42),雾生频率没有明显变化,峰值时间始终为 05 时与 06 时。相比之下,雾消时间年代际变化特征明显。1960—1970 年间,雾消峰值时间为 07 时与 08 时。随后,05—08 时的雾消频率逐渐降低,而 09—13 时的雾消频率明显增加,2000—2010 年间雾消峰值时间推后至 08 时与 09 时,这表明雾延长主要体现为雾消散的推迟。下面将对雾持续时间的变化原因作探讨。由前文可知,雾持续时间的增加同样由气候变化、城市化、气溶胶共同导致。为排除气候变化的作用,揭示城市化或气溶胶的作用,选取背景站与非背景站进行比较。本章选取黄山作为中国东部的背景站(Gao et al.,2017),因其海拔高度为 1836 m,位于高浓度气溶胶污染层之上,可代表区域气候背景、相对清洁情形。黄山雾持续时间的增加(11 min·(10 a)$^{-1}$,3.3%)可能与区域背景气候变化和气溶胶增多有关。黄山与中国东部其他站点的风速都呈降低趋势(Niu et al.,2010;张剑明 等,2017),这可能有利于雾的维持;黄山虽然作为背景站,但也不可避免受到区域气溶胶污染加重的影响,因为黄山经相对湿度订正后的能见度整体呈下降趋势(江琪 等,2014)。在其他 18 个空气污染更为严重的站点,雾持续时间的线性趋势为 25 min·(10 a)$^{-1}$,相对增幅为 13.8%,均明显高于黄山,体现了气溶胶对雾持续时间的促进作用。在这 18 个站点中,挑选出合肥、南京这两个省会城市,以进一步支持气溶胶对雾持续时间的促进作用。合肥、南京通常比其他站点污染更重,雾持续时间的增加(32 min·(10 a)$^{-1}$,14.9%)也更为明显。

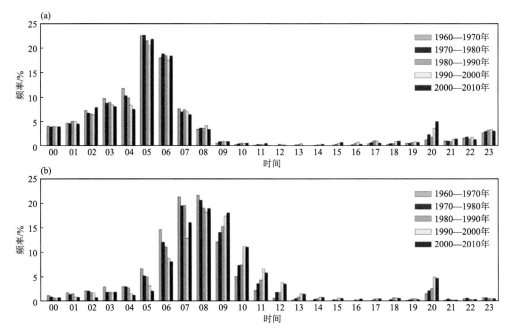

图 4.42 1960—2010 年间每 10 a 的雾生(a)、雾消(b)时间频率分布

从以上结果可推测,气溶胶污染的加重可能是使雾持续时间延长的主要原因。气溶胶的作用体现在气溶胶-辐射相互作用气溶胶直接效应(Aerosol-radiation Interaction,ARI)与气溶胶-云相互作用气溶胶间接效应(Aerosol-cloud Interaction,ACI)这两个方面。由于雾持续时间延长主要体现为白天雾消散推迟(图 4.42b),所以 ARI 与 ACI 可能会对短波辐射有重要

影响。但是,仅凭借观测数据无法将 ARI 与 ACI 的作用定量区分出来,无法判断 ARI 与 ACI 的相对强弱,为探讨这一问题,利用 WRF-Chem 模式对 2016 年 12 月 31 日—2017 年 1 月 4 日发生在中国东部的大范围浓雾过程进行模拟。

设置一层区域(表 4.10),分辨率为 9 km,覆盖了本次大雾发生区域,其余方案配置详见 (Yan et al.,2021)。根据 Fan 等(2015)和 Zhong 等(2015)的试验设计,通过三组试验(A0、A1DE0 和 A1),将 ARI 与 ACI 从气溶胶总效应(Aerosol Effect,AE)中分离出来。A1 与 A1DE0 采用 MEIC 原始清单,表征当前污染情形。A1 为原始情形、基准试验,考虑了气溶胶的所有效应。A1DE0 将辐射传输方案中的气溶胶光学厚度(Aerosol Optical Depth,AOD)设为 0,因此关闭了 ARI 效应。A0 将排放强度乘以 0.05,表征清洁情形。因为,A0 试验下模拟的气溶胶浓度很低,ARI 效应十分微弱,可以忽略(Fan et al.,2015),故只留下 ACI 效应。所以 ARI、ACI、AE 效应分别可用 A1-A1DE0、A1DE0-A0、A1-A0 来量化表征。

表 4.10　敏感性试验设置

试验名	排放源/气溶胶设置	描述
A1	2016 年 MEIC 清单	基准试验;当前污染情形
A1DE0	同 A1,但关闭 ARI 效应	当前污染情形,但无 ARI 效应
A0	A1 排放强度×0.05	清洁情形
A3	A1 排放强度×3	极端污染情形
A3DE0	同 A3,但关闭 ARI 效应	极端污染情形,但无 ARI 效应
效应名	计算式	描述
ARI	A1-A1DE0	气溶胶-辐射相互作用效应
ACI	A1DE0-A0	气溶胶-云相互作用效应
AE	A1-A0	气溶胶总效应

温度和水汽(以露点表征)是雾的两项重要气象参量,对雾的模拟性能有重要影响。图 4.43 为基准试验(A1)下温度、露点的模拟效果,可见,80% 的站点模拟偏差在 ±2 ℃ 之内,均方根误差(Root Mean Square Error,RMSE)分别为 1.7 ℃ 和 1.2 ℃。从站点平均的时间序列来看,模式很好再现了温度与露点的时间变化特征,观测与模拟间的相关系数都为 0.98,RMSE 分别为 0.8 ℃ 和 0.7 ℃。图 4.44 为 A1 试验下雾空间分布的模拟性能。1 月 1 日 08:00,模式低估了江苏北部与山东西部的雾;1 月 2 日和 3 日 08:00,模拟雾区与观测雾区吻合地较好;1 月 4 日 08:00,模式高估了安徽地区的雾。总体上说,基准试验良好再现了温度、水汽和雾区分布特征。

图 4.45 比较了 A0、A1DE0 和 A1 试验下区域平均的雾特征。该大雾过程共有连续 4 个子过程,在基准试验(A1)下,雾的平均持续时间为 6.16 h。ARI 对 LWC、雾区面积影响较为微弱,雾持续时间的改变量基本围绕零线呈均匀分布,平均改变量为 3 min,且没有通过显著性检验。相比之下,ACI 使 LWC 最大增加 0.04 g·kg^{-1},雾区面积最大扩大 18%,超过 75% 的模式格点雾持续时间显著延长,平均延长时间为 66 min。气溶胶总效应使雾持续时间延长 69 min(23%),与 Jia 等(2019)在华北平原得到的结果相近(57 min,14%)。因此,从区域平均的角度上表明,ACI 效应强于 ARI 效应。

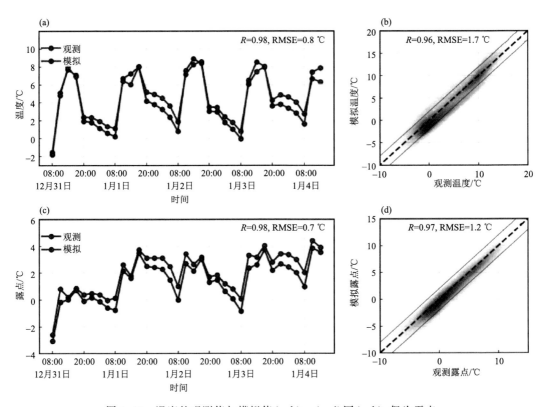

图 4.43 温度的观测值与模拟值(a、b)。(c、d)同(a、b),但为露点。
(a,c)为站点平均的时间序列,(b,d)为散点密度,每个点表示一个站点。绿色是观测值和模拟值的散点,
虚线表示 $y=x$ 正比例函数曲线

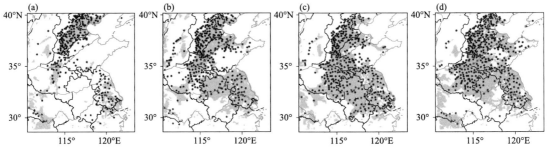

图 4.44 观测与模拟的雾空间分布(a—d)。观测雾(红点)为气象信息综合处理系统(MICAPS)数据中水平能
见度小于 1.0 km、相对湿度大于 90% 的站点;模拟雾(黄色填充)为基准试验中 LWC>0.01 g·kg⁻¹ 的格点
(a)1月1日08:00;(b)1月2日08:00;(c)1月3日08:00;(d)1月4日08:00

气溶胶对雾或云的影响取决于气溶胶含量与水汽含量(Chen et al.,2018),为揭示不同水汽、气溶胶条件下 ACI 与 ARI 效应的相对强弱,表 4.11 给出了城市、乡村、污染、清洁地区雾持续时间的变化特征。城市与乡村地区的对比体现了水汽条件的差异,污染与清洁地区的对比体现了气溶胶含量的差异。在城市与乡村地区,ACI 使雾持续时间的增加量均高于 50 min;在污染地区,ACI 影响下的雾持续时间增幅(90 min)高于清洁地区(43 min)的两倍。然而,无论在何种条件下,ARI 引起的雾持续时间改变量均不超过 9 min,也未通过显著性检验。

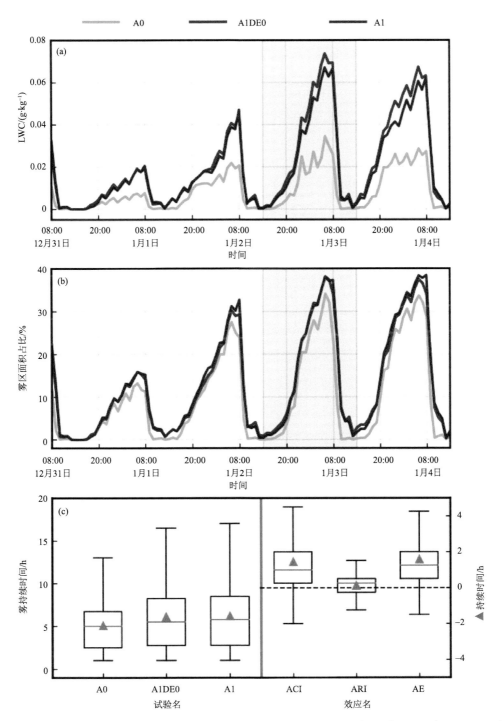

图 4.45　三种试验下液水含量(LWC)区域平均时间序列(a)。(b)同(a),但为雾区面积占比。(c)左半幅为各试验下 4 次过程平均的雾持续时间,右半幅为 ACI、ARI、AE 引起雾持续时间变化的箱线图,其中黄色横线为中位数,绿色三角为液水含量的平均值。灰色填充区域为将要详细分析的雾过程(A0 为清洁情形;A1DE0 为当前污染情形,但无 ARI 效应;A1 为基准试验,当前污染情形)。误差棒代表 75% 与 25% 分位数,虚线表示雾的持续时间为 0

表 4.11　各试验下 4 次雾过程平均持续时间,及 ARI、ACI、AE 对雾持续时间的改变量。
不同行代表城市、乡村、污染、清洁地区的情况。其中标红的数字表示未通过显著性检验($\alpha = 0.05$)

区域类型	雾持续时间/h			雾持续时间改变量/min		
	A0	A1DE0	A1	ACI	ARI	AE
所有	5.00	6.10	6.16	66	3	69
城市	2.02	2.92	2.83	54	−5	49
乡村	5.42	6.68	6.79	75	7	82
污染	5.91	7.41	7.39	90	−1	89
清洁	4.50	5.22	5.37	43	9	52

　　为深入揭示 ARI 与 ACI 的影响机制,对第三次子过程(1月2日13:00—3日08:00)进行着重分析,因为该次雾过程强度大,模拟效果相对最好。在后续分析中,根据其时间变化特征(图 4.46),将其划分为形成阶段(2日13:00—21:00)、发展阶段(2日21:00—3日08:00)、消散阶段(3日08:00—14:00)分别讨论。

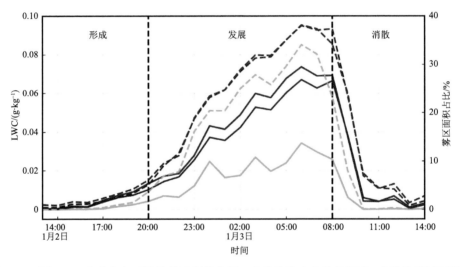

图 4.46　图 4.45a、b 中灰色区域的雾过程放大图。实线为液水含量(LWC);虚线为雾区面积比

　　图 4.47 揭示了雾形成阶段气溶胶对雾区分布、太阳辐射、温度、相对湿度的影响。在 13:00,前一次雾过程基本消散完全,三种试验下几乎都没有雾;在 20:00,三种试验下雾均形成,然而污染条件下(A1DE0 与 A1)雾区面积更大,A1 与 A1DE0 间差异不明显,所以 ACI 有助于雾提前形成,而 ARI 作用不显著。为解释 ACI 效应机制,对图 4.47a—f 中黑色方框进行额外诊断分析。在 13:00,虽然 A1DE0 试验下地面雾已消散,而上层雾并未消散,雾顶高约为 160 m,故造成液水路径增加,到达地面的太阳辐射减少 185 W·m⁻²。受 ACI 效应影响,近地面温度最多降低 2.8 K,相对湿度最多增加 12%(图 4.47g—i),该有利条件会促进气溶胶活化与雾滴形成。相比之下,ARI 造成的太阳辐射、温度、相对湿度最大改变量分别为 +20 W·m⁻²、+0.5 K、−3.5%,这远不能和 ACI 效应相比。以上结果表明,在有雾存在情况下,ACI 效应强于 ARI 效应。

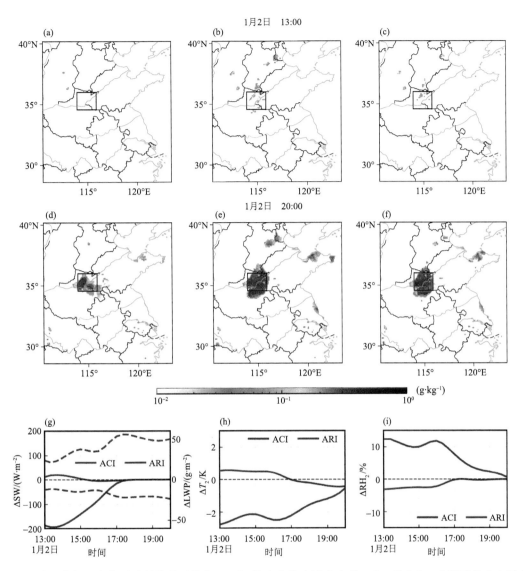

图 4.47　雾生阶段几个典型时刻的雾区分布(a—f),填充色代表液水含量。(g—i)在(a—f)所示黑色方框内,ARI 与 ACI 引起的地表短波辐射(SW)、液水路径(LWP)、气温(T)与相对湿度(RH)的变化。黑色虚线表示 ΔSW、ΔLWP、ΔT_2、ΔRH_2 数值为 0 时的情况,蓝色和红色虚线分别代表 ACI 和 ARI 条件下的液水路径变化

　　在雾发展阶段,不同试验下雾特征的差异主要体现在 LWC 上(图 4.46),这可以通过比较雾微物理特征量的差异来解释(图 4.48)。整体而言,ACI 效应远强于 ARI 效应。污染情形下 (A1 和 A1DE0)的 CCN 浓度比清洁情形(A0)高约一个数量级,在过饱和条件下,大量 CCN 促进气溶胶活化,使雾滴数浓度从不足 50 cm^{-3} 增加至 100 cm^{-3} 以上。因此,雾滴有效半径减小,沉降速度降低,增加了雾滴在大气中的停留时间,有利于雾的维持,使 LWC 增加。污染情形下气溶胶对雾的促进作用被很多研究证实(Rangognio et al.,2009;Jia et al.,2015,2019;Stolaki et al.,2015;Maalick et al.,2016)。

　　图 4.49 揭示了雾消散阶段气溶胶对雾区分布的影响。在 08 时,清洁情形试验(A0)明显

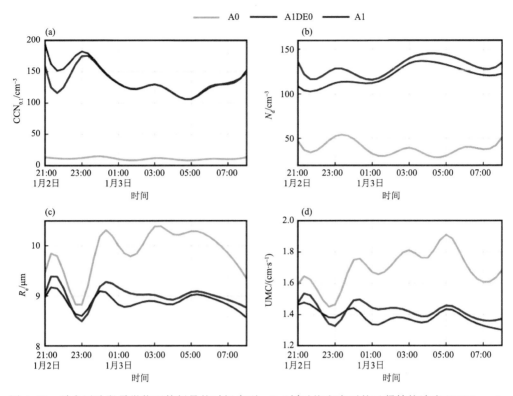

图 4.48　雾发展阶段雾微物理特征量的时间序列。0.1％过饱和度下的云凝结核浓度（$CCN_{0.1}$,a)、雾滴数浓度(b)、有效半径(c)、质量加权平均的雾滴下落末速（UMC,d）

低估了雾区面积,而 A1DE0 试验考虑了 ACI 效应后,就能良好模拟雾区分布,使模拟命中率（Zhou et al.,2012）从 41％（A0）提升至 63％（A1DE0）；A1 试验考虑 ARI 效应后,仅使命中率从 63％提升至 64％。在 09 时,A0 情形下雾快速消散,而 A1 和 A1DE0 仍有大片雾存在。ACI 延迟雾消散的机理可由 AOD、云光学厚度（Cloud Optical Depth,COD）对太阳辐射的影响来解释,因为太阳辐射是雾消散的重要驱动力。在图 4.49d—f 黑色折线处,三种试验下的雾均未消散,雾滴与气溶胶的消光作用同时存在,故对该折线作剖面分析,以揭示 ARI 与 ACI 对辐射的定量影响（图 4.49g—i）。可见 ARI 效应造成 AOD 增加,ACI 效应造成 COD 增加。因雾滴消光能力远强于未活化的气溶胶,故 COD 增幅比 AOD 增幅高约一个数量级,对太阳辐射的阻挡作用也更加强烈。ACI 使太阳辐射减少 20～60 W·m^{-2},感热通量减少 5～20 W·m^{-2},对 ARI 来说,减少量分别为 0～20 W·m^{-2} 和 0～10 W·m^{-2}。因此,ACI 效应能够显著削弱太阳辐射,抑制地表感热加热,推迟雾消散,延长雾生命周期。

　　前人研究表明,在重污染事件中,ARI 效应是决定边界层结构、空气质量的决定性因子（Gao et al.,2015；Ding et al.,2016；Huang et al.,2020）。这可能表明,在比 A1 试验更为污染的环境下,ARI 对雾的影响也许超过 ACI。为探究在重污染条件下 ACI 与 ARI 效应的相对强弱,额外进行两组敏感性试验（A3 和 A3DE0；表 4.10）。A3 和 A3DE0 排放强度为基准试验的 3 倍,$PM_{2.5}$ 浓度模拟值最大可超过 2000 μg·m^{-3},因此,代表极端污染情形。A0、A3DE0 与 A3 的平均雾持续时间分别为 5.10 h、6.51 h 和 6.92 h,表明 ACI（A3DE0-A0）、

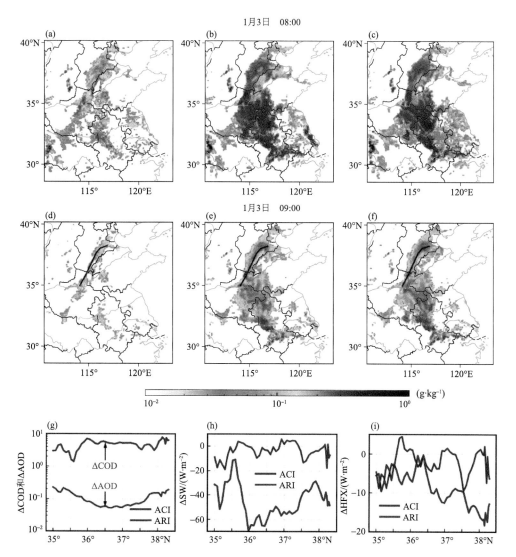

图 4.49　与图 4.47 相同,但为消散阶段(a—f)。(g)在(d—f)所示剖面折线上,气溶胶-云相互作用效应(ACI)导致的云光学厚度(COD)变化与气溶胶-辐射相互作用效应(ARI)导致的气溶胶光学厚度(AOD)变化的纬向分布。(h,i)与(g)相同,但为地表太阳辐射与感热通量的变化(A0 为清洁情形;A1DE0 为当前污染情形,但无 ARI 效应;A1 为基准试验,当前污染情形)。ΔHFX 是感热通量的变化

ARI(A3-A3DE0)和 AE(A3-A0)造成的雾持续时间改变量分别为 85、24 和 109 min(图 4.50)。虽然此情形下 ARI 效应十分明显,并通过了显著性检验($\alpha = 0.05$),但 ACI 效应仍处主导地位,仍然超过 ARI 效应的 3 倍。

需要注意的是,本研究揭示的 ARI 与 ACI 效应是在一次雾个例中的结果,而气溶胶促进雾持续延长的观测事实是 50 a 尺度上的结果,两者并不完全匹配,个例模拟无法完美解释长期观测现象。所以本研究进行了额外的统计分析与数值试验(表 4.11,图 4.45,图 4.50),增强了结果说服力。在未来,需要对不同天气条件、不同边界层结构、不同季节、不同地区的雾过程做更多个例、更长时间的模拟,为观测事实提供更翔实的理论支撑。

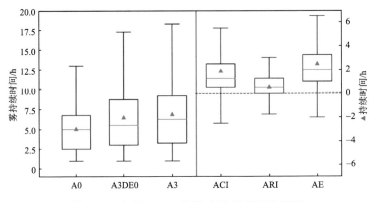

图 4.50　与图 4.45c 相同,但为极端污染情形

第 5 章　黑碳的气候效应模拟

从前面章节分析可见,黑碳气溶胶不仅造成空气质量恶化,还会通过其辐射加热效应改变边界层热力和动力结构,进而影响大气化学过程。从宏观尺度上,尽管黑碳在大气中的停留时间不长,但持续的黑碳排放和高浓度的存在还是会导致长期气象要素和气候因子的变化。近二十年来,黑碳的气候效应一直是大气科学关注的热点。黑碳分别可以通过气溶胶-辐射相互作用(即黑碳直接与辐射相互作用,ARI 作用)、气溶胶-云相互作用(即黑碳在云中作为凝结核影响云的微物理特性、演变和寿命以及黑碳的云中加热作用,ACI 作用)、冰雪反照率反馈作用(沉积在冰雪上的黑碳改变地表反照率,SAE 作用)产生辐射强迫(Ghan,2013),从而对东亚季风区的温度、降水和大气环流等气候特征产生影响。本章主要利用数值模式模拟研究黑碳 ARI、ACI 和 SAE 效应在东亚地区和全球产生的地表和大气顶辐射强迫,重点讨论了黑碳不同气候效应对东亚地区地表温度、云特性、降水以及大气环流等多个方面的影响,尤其是对东亚季风、东亚冬季副热带西风急流的影响。此外,本章还利用先进的基于全球气候模式的水成物在线源追踪技术,定量分析区域降水对黑碳气候效应的响应,分离并估算了黑碳不同气候效应对东亚地区大气水循环的影响,为减排黑碳缓解人类活动造成的短期气候强迫和气候变化提供理论基础。

5.1　水成物在线源追踪技术

本章涉及黑碳气候效应引起的区域降水变化的研究,将利用水成物在线源追踪技术探究主要水汽源区贡献的变化对降水变化的响应。水循环在地球气候系统中起着至关重要的作用,定量理解水循环的性质、强度及其发展变化是当前大气科学众多领域面临的挑战之一。尽管大气仅包含了全球总水量中的很小一部分,然而它通过水分传输、蒸发以及降水过程将海洋、湖泊、土壤、内陆、海冰以及河流等主要储库联系起来。大气中水汽的含量仅仅占到了大气总质量的 0.25%(Seidel,2002),但它对全球气候和天气起着举足轻重的作用(Held et al.,2002)。水循环概括起来可以看作是①水分蒸发、②降水以及③大气、海洋和水文过程中的水分传输这三个环节构成。由于人类社会越来越依赖淡水资源的安全性并且已经适应了现今的水循环格局,所以理解来自海洋的蒸发过程(Yu,2007)、大气水成物(水汽、云滴、冰晶、降雨和降雪)的传输(Trenberth et al.,2003)以及这两个过程对水循环的影响(Bales,2003)是非常必要的。黑碳的辐射强迫作用会引起东亚季风区温度、气压、环流、降水等的调整,而降水的增加或减少与人民的生产、生活息息相关。我们基于地球系统模式 CESM 的大气模块 CAM5.1 模式的物理参数化方案,自主研发了欧拉型大气水成物(水汽、云滴、冰晶、降雨和降雪)源追踪方法,并首先采用该方法,定量识别了黑碳辐射强迫作用引起东亚地区降水变化时,不同水分源区对东亚地区降水和水汽的贡献。

5.1.1 大气水成物源追踪方法介绍

为了更加详细地理解地表水循环和大气水循环在地球表面是如何相互联系的,这就需要针对水汽从地表蒸发出来后又经历了什么以及这部分水汽最终在哪里形成降水并再次进入到地表水循环系统中这些问题进行考察研究(Eltahir et al.,1996)。为了评估蒸发的水分和之后降水的关联性,区域水循环或者水成物源追踪的概念被提出(Savenije,1995;Eltahir et al.,1996)。它将某个给定源区蒸发出来的水汽和某个任意目标区域上的降水关联起来。再循环的水对某个区域降水的贡献大小是某个区域的陆面过程在水分平衡中的重要性的一个指标,它通常被看作是表征陆面变化的综合气候敏感性的一个指示器(Brubaker et al.,1993)。目前很多方法被用于建立水成物的源-受体关系,进而识别水成物的源、汇(Gimeno et al.,2012)。

识别大气水成物来源的方法大体可以分为 4 种:①解析模型方法;②同位素资料;③拉格朗日型轨迹方法;④欧拉型大气水成物源追踪方法。以下给出了这 4 种方法的简要介绍。

5.1.1.1 解析模型方法

解析模型的研发动机是为了获得大气水分的源、汇区,进而早期的解析模型对大气水成物来源的研究主要关注蒸腾作用对局地降水的贡献。所有的解析模型都是从水汽平衡方程的垂直积分式推导而来,具体的表达式如下所示:

$$\frac{\partial W}{\partial t} + \frac{\partial (Wu)}{\partial x} + \frac{\partial (Wv)}{\partial y} = E - P \tag{5.1}$$

式中,W 为单位面积上气柱中的水汽含量,u 为水汽加权平均后的纬向风,v 为水汽加权平均后的经向风,E 为蒸发量,P 为降水量,t、x、y 分别表示时间、纬度和经度。

最初的解析模型必须要基于一定的假设且只能进行一维方向上的水汽来源溯源。经过了一段时间的开发,许多学者都构建出了各自的解析模型并将其从一维拓展为二维(Brubaker et al.,1993;Savenije,1995;Eltahir et al.,1996;Burde et al.,2001a,2001b)。但是,为了能忽略式(5.1)中左边第一项的作用,此时的解析模型只能用于求解月平均或者更长时间尺度下的结果。Dominguez 等(2006)开发了"Dynamic Recycling Model(DRM)",可用于时间尺度小于 1 个月的水汽源、汇解析,且无须假设式(5.1)中的第一项为零,使得 DRM 模型要比传统的解析模型更加灵活。过去的解析模型主要用于研究次大陆尺度的指定区域上的水汽源、汇解析,而 Dirmeyer 等(2007)和 van der Ent 等(2010)使得解析模型可以应用到全球尺度。

5.1.1.2 同位素资料

半重水(Hydrogendeuterium-oxygen,HDO)和氧-18 水($H_2^{18}O$)是水的两种同位素,它们在水汽和降水中可以稳定存在,这就使得它们可以作为一种可被观测的理想示踪物。Salati 等(1979)采用水的稳定同位素研究了亚马孙平原的水分再循环,发现该地 $H_2^{18}O$ 的浓度在东—西方向上的梯度变化很小,认为这和陆地上方的水分再蒸发有关。Rozanski 等(1982)考察了欧洲地区的 HDO 的东—西分布特征,指出欧洲冬季降水对其夏季蒸发量的贡献达到了 35%。Dansgaard(1964)采用国际原子能组织和世界气象组织(IAEA/WMO)自 20 世纪 60 年代收集的降水的同位素资料进行研究,发现同位素的组成受到温度、纬度、高度以及含量的影响。该结果也从别的研究中得到了证实(Ingraham et al.,1991;Friedman et al.,1992,2002;Coplen et al.,2008;Fudeyasu et al.,2008;Yoshimura et al.,2008;Benson et al.,

2013)。Worden 等(2007)使用水汽和降水的同位素资料研究了它们和大气过程的关系。

5.1.1.3　拉格朗日型轨迹方法

拉格朗日方法又叫轨迹法，即跟随流体质点运动，记录该质点在运动过程中相关的物理量随时间变化规律的方法。最初，该方法是通过对降水区域进行简单的后向轨迹计算，进而推测出气块的来源(D'Abreton et al.，1995)。Massacand 等(1998)通过计算轨迹上的比湿的减少量来确定降水率，然后诊断出降水的水分来源地。Dirmeyer 等(1999)与 Brubaker 等(2001)采用再分析资料中蒸发量和降水量的比率，结合后向轨迹的计算，进而确定了轨迹通过源(汇)区域上空后得到(损失)的水分含量。Stohl 等(2004，2005)开发出了一种新的轨迹法来确定轨迹上的水分的净损失量或净获取量。Stohl(2006)、Nieto 等(2006，2010)、Stohl 等(2008)、Schicker 等(2010)、Hondula 等(2010)以及 Drumond 等(2011a，2011b)在不同地区的水成物来源研究中都采用了拉格朗日方法，并都指出了拉格朗日方法的有效性。

5.1.1.4　欧拉型大气水成物源追踪方法

欧拉方法是以流体质点流经流场中各空间点的运动即以流场作为描述对象研究流动的方法，也称为流场法。

大气中水汽的传输通常采用水汽的水平通量的垂直积分量 ϕ 来表示：

$$\phi = \frac{1}{g}\int_0^{P_s}(q\boldsymbol{V})\mathrm{d}p \tag{5.2}$$

式中，g 为重力加速度，p 是气压，P_s 是地表气压，q 为比湿，$\boldsymbol{V}$ 为各层的水平风矢量。

大气水汽平衡方程，即公式(5.1)在较长的时间尺度上 W 的时间变化率很小，则可以用水汽通量散度 $\nabla \cdot \phi$ 或者 $\frac{\partial(Wu)}{\partial x}+\frac{\partial(Wv)}{\partial y}$ 近似地来表示地表净蒸发量($E-P$)。该近似方法就是描述水汽的源、汇区域的典型欧拉方法。

随着数值模式的不断发展，大气水成物的标识物可以被加入到大气环流模式中并经历和原始的大气水成物相同的一系列物理过程，进而可以通过数值模拟的结果来分析大气中的水成物是如何传输和转化的。这种方法就是大气水成物源追踪方法，它也属于一种欧拉方法。Koster 等(1986)首先在全球模式中开发了大气水成物源追踪方法，其结果表明，中、高纬度地区的降水主要来自局地水循环，而低纬度地区的降水则主要源自海洋。Druyan 等(1989)采用大气水成物源追踪方法研究了撒哈拉沙漠地区降水的水分来源，指出低纬度地区的大西洋以及局地大陆地区是其降水的主要源区。Bosilovich 等(2002)研究认为，美国中西部的降水中超过 50% 来自大陆源区的蒸发，其中局地源的贡献最大，其贡献的比例为 14%；印度的降水主要源自印度洋的水分传输，而局地源的贡献较小。Numaguti(1999)采用大气水成物源追踪方法重点研究了欧亚大陆地区的水汽传输，结果表明欧亚大陆的冬季降水中绝大多数源于海洋的蒸发，而夏季降水则主要来源于陆地表面的蒸发。Knoche 等(2013)将大气水成物源追踪方法应用到了中尺度数值模式(Fifth-Generation Mesoscale Model，MM5)中，并考察了沃尔特河的蒸发量对西非地区降水的贡献。

5.1.1.5　各种水成物源追踪方法的优缺点

以上的 4 种水成物源追踪方法在水成物来源研究中有着广泛的应用，但它们也有着各自的优缺点，归纳总结如下。

（1）解析模型方法的优点是较为简单易用，可以得到格点上的空间变化特征。但是，该方法通常是建立在一定假设的基础上。例如，某些解析模型需要假设空气是充分混合的，这就与实际的大气过程存在了差异。同时，大部分的解析模型只能运用于月或者更长时间尺度的求解。

（2）同位素方法也有着简单易用的优点，但其结果对于同位素的信号有着很强的敏感性，并受到资料可得性的限制。Numaguti（1999）指出，同位素资料往往反映的是一系列同时发生的过程的综合结果，用同位素的结果去解释水循环过程存在一定的困难。他进一步指出，采用大气环流模式去模拟同位素的行为，可以帮助获得更多的信息来解决以上的问题，是一种很有前景的研究方法。Joussaume 等（1984）与 Jouzel 等（1987）首先在数值模式中成功地再现了水汽同位素的整体分布特征。

（3）拉格朗日型轨迹方法有着较高的空间分辨率、计算高效、可定量解释水汽来源以及相比典型欧拉方法可以得到更多的水分循环的信息等优点。但某些轨迹方法无法分离出蒸发量和降水量，且轨迹方法中的水分传输和转变并不是基于详细的物理过程，当前所有的拉格朗日方法都缺少云物理过程参数化的考虑。

（4）欧拉型水成物源追踪方法无需像观测评估一样要有假设约束，它基于模式详细的物理参数化方案，能够反映真实的水分传播过程中的物理变化特征，适合于大气水循环的物理机制研究。但其结果要受到模式性能的影响，且运用开发极为复杂。与其他几种水成物源追踪方法相比，欧拉型水成物源追踪方法更加精确。但是，现有的欧拉型水成物源追踪方法都是基于较早期的全球或区域模式的物理参数化方案来构建，且功能都较为单一，仅能用于水汽和降水来源的研究。亟待基于目前更为先进的模式的物理参数化方案来开发更加精确、功能更加丰富的欧拉型大气水成物源追踪方法。

5.1.2 基于 CESM 模式的大气水成物源追踪技术

本研究开发的欧拉型大气水成物源追踪技术（Eulerian Atmospheric Water Tracer，AMT）主要采用 CESM 模式的大气模块 CAM5.1 模式对东亚地区的大气水成物进行研究。其追踪思路与黑碳在线追踪技术主要思路类似，可以概括为将全球划分为若干个源区，每个源区对应 5 种大气水成物（水汽、云滴、冰晶、降雨和降雪）的标识物。本研究拟在全球范围根据大洋和大洲的位置划分源区，且由于主要关注东亚季风区的降水来源，所以东亚及周边地区会被进一步细分。源区 i 内部，其水汽示踪物的地表蒸发通量 E^i 等于模式中原始水汽的地表蒸发通量 E；源区外部 $E^i = 0$。大气水成物的标识物在模式中经历与原始的大气水成物相同的一系列物理过程（深对流、浅对流、云宏观物理（cld macro）、云微观物理（cld micro）、平流以及湍流垂直扩散）。最终，从模拟结果中得到某一水源地对空间任意位置上的大气水成物含量的贡献。标记的大气水成物在模式中随时间的演变可简单表示为：

$$\frac{\partial q_{k,tg}}{\partial t} + \frac{1}{\rho} \nabla \cdot [\rho \boldsymbol{u} \, q_{k,tg}] = \left(\frac{\partial q_{k,tg}}{\partial t}\right)_{dp\,conv} + \left(\frac{\partial q_{k,tg}}{\partial t}\right)_{shlw\,conv} +$$

$$\left(\frac{\partial q_{k,tg}}{\partial t}\right)_{cld\,macro} + \left(\frac{\partial q_{k,tg}}{\partial t}\right)_{cld\,micro} + D(q_{k,tg}) \tag{5.3}$$

$$\frac{\partial q_{p,tg}}{\partial t} = \left(\frac{\partial q_{p,tg}}{\partial t}\right)_{dp\,conv} + \left(\frac{\partial q_{p,tg}}{\partial t}\right)_{shlw\,conv} + \frac{1}{\rho}\frac{\partial(V_q \rho \, q_{p,tg})}{\partial z} + \left(\frac{\partial q_{p,tg}}{\partial t}\right)_{cld\,micro} \tag{5.4}$$

式中，$q_{k,tg}$ 指代标记的来自不同水汽源区的水汽（q_v）、云滴（q_l）或冰晶（q_i）的质量混合比，

$q_{\mathrm{p,tg}}$ 指代标记的来自不同水汽源区的降雨(q_{r})或降雪(q_{s})的质量混合比,$\boldsymbol{u}$ 为三维风矢量,ρ 为空气密度,D 为湍流扩散算子,z 为高度,V_{q} 为质量加权平均的下落末速度,q 指大气水成物。公式右边为大气水成物标志物在模式中参与的物理过程。其中 $\left(\frac{\partial q_{\mathrm{k,tg}}}{\partial t}\right)_{\mathrm{dp\,conv}}$、$\left(\frac{\partial q_{\mathrm{k,tg}}}{\partial t}\right)_{\mathrm{shlw\,conv}}$、$\left(\frac{\partial q_{\mathrm{k,tg}}}{\partial t}\right)_{\mathrm{cld\,macro}}$ 和 $\left(\frac{\partial q_{\mathrm{k,tg}}}{\partial t}\right)_{\mathrm{cld\,micro}}$ 分别代表深对流、浅对流、云宏观物理和云微观物理中标记水成物的变化率,深对流和浅对流过程中降水的净变化分别表示为 $\left(\frac{\partial q_{\mathrm{p,tg}}}{\partial t}\right)_{\mathrm{dp\,conv}}$ 和 $\left(\frac{\partial q_{\mathrm{p,tg}}}{\partial t}\right)_{\mathrm{shlw\,conv}}$,$\left(\frac{\partial q_{\mathrm{p,tg}}}{\partial t}\right)_{\mathrm{cld\,micro}}$ 为云微物理过程中 $q_{\mathrm{p,tg}}$ 的网格平均源汇比。Pan 等(2017)给出了在 CESM 模式各子物理参数化方案中标记大气水成物的详细过程。在欧拉型大气水成物源追踪方法中,大气水成物标识物是根据它们的地理源区进行标记的,这些水成物标识物一旦形成降水从大气中降落至地面就不再被标记,即当标记的水成物降落至其源区以外时在模式中将完全消失,而当其降落至源区以内时则将被作为一个新的标记量返回模式。

在本节的分析中,全球被划分为了 13 个源区(如图 5.1 所示),东亚及其周边地区被主要细分,其中 1～6 为海洋水汽源区,7～13 为大陆水汽源区。

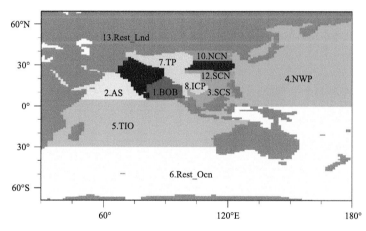

图 5.1　全球源区划分:(1)孟加拉湾(BOB);(2)阿拉伯海(AS);(3)南海(SCS);(4)西北太平洋(NWP);
(5)热带印度洋(TIO);(6)全球其他海洋源区(Rest_Ocn);(7)青藏高原(TP);(8)中南半岛(ICP);
(9)印度半岛(IND);(10)华北(NCN);(11)长江流域(YRV);(12)华南(SCN)和(13)全球其他陆地
源区(Rest_Lnd)。其中全球其他海洋源区和全球其他陆地源区仅在图中展示部分地区

5.2 基于水汽在线追踪技术探究黑碳辐射效应和云效应对夏季东亚季风区水循环的影响

东亚夏季风(EASM)是全球最具影响力的季风系统之一(Ding et al.,2005),该系统为东亚大陆带来了丰富的水分,并影响着人类的生产和生活发展。随着经济的快速增长,东亚已成为世界上人为排放黑碳气溶胶的主要来源地区之一(Novakov et al.,2003;Bond et al,2007)。如何分离和估算黑碳对东亚地区大气水循环的影响一直受到关注,但相关研究并不多(Stjern et al.,2017),且研究存在不确定性。Menon 等(2002)认为,中国过去几十年"南涝北旱"的降

水趋势可能与黑碳气溶胶增加有关。Wu 等（2008）也提出了类似的结论。Mahmood 等（2014）认为，南亚和东亚排放的黑碳气溶胶共同导致长江流域的降水增加,华北地区降水减少。然而,Gu 等(2006)指出,当模拟中包含黑碳气溶胶时,模拟结果并没有出现"南涝北旱"降水格局。Lau 等(2006b)利用使用通用环流模式模拟发现,来自印度北部的沙尘和黑碳气溶胶在青藏高原上空诱发了一个"升高的热泵",并进一步加强了南亚夏季风。南亚夏季风的增强与气溶胶吸收作用引起的海平面气压异常有关,并抑制了东亚及周边海域的降水。Meehl 等(2008)根据数值模拟结果认为,黑碳气溶胶效应一般会导致中国夏季降水的减少。Jiang 等(2013)发现,人为排放的黑碳增强了夏季华南地区的西南风,促进 25°—30°N 地区深对流。最终,人类活动排放的黑碳使中国东部 25°—30°N 地区降水增加,而东亚其他地区降水减少,但这些变化在并不显著。这些研究表明,人为源黑碳是引起东亚大气水循环变化的潜在驱动因素。Dong 等(2019)指出,ARI 和 ACI 效应对亚洲气候变化的影响仍待研究。因此,本小节的研究目的之一便为探讨 ARI 和非气溶胶-辐射相互作用（Non-aerosol-radiation Interaction, NRI）对东亚大气水循环的相对作用。在本小节中,NRI 代表除 ARI 以外的气溶胶的气候效应,包括 ACI 和 SAE 效应。

目前有多种源追踪方法可用来识别东亚地区大气中的水汽来源,如计算水汽通量（Simmonds et al. ,1999）、敏感性试验（Chow et al. ,2008）和拉格朗日轨迹方法（Drumond et al. ,2011a,2011b;Wei et al. ,2012;Chen et al. ,2013;Baker et al. ,2015）。不过这些方法各有不足之处,例如计算水汽通量时不能直接量化水汽源区的贡献,敏感性试验结果包含非线性计算误差,而拉格朗日方法则是忽略了云的过程。因此,东亚地区夏季降水的水汽来源未被量化,其水汽输送机制也不确定（Baker et al. ,2015）。此前研究通常依据大气中常见的水汽、雨水等物质的变化特征来表征黑碳对东亚水循环的影响,但目前还没有研究对不同水汽源区对黑碳的响应方面进行分析。AWT 是在模式详细的物理参数化方案基础上建立起来的,与上述传统方法相比,更适合研究大气水循环的物理机制（Pan et al. ,2017）。通过在模式中加入不同的大气水成物示踪量,AWT 的结果可以给出常规大气水物质的变化无法提供的新的定量信息。

本研究利用更新后的气溶胶排放清单结合通用地球系统模型 CESM Version 1(CESM1, Kay et al. ,2015)来模拟现代黑碳的时空分布,并进一步研究东亚地区人为源黑碳对大气水循环的影响。本小节着重比较了人为源黑碳的 ARI 和 NRI 效应对东亚大气水循环中的相对作用。利用基于 CESM1 模式中的 AWT 方法,进一步探讨东亚地区夏季主要水汽源对黑碳的响应。由于黑碳在大气中较短的停留时间（数天至数周）和较强的变暖潜力,减排黑碳有可能为缓解人类活动造成的短期气候强迫和减缓气候变化提供了希望（Bond et al. ,2013）。此外,Samset 等(2016)基于多组模型结果研究发现,相比起黑碳导致的海洋慢反馈作用引起的陆地地区降水变化,大气和地表对于黑碳强迫的快速调整进而引起的大部分陆地地区降水变化影响更大。Ganguly 等(2012)也发现北纬 25°以北的陆地地区快速降水响应占主导地位。因此,本小节主要关注东亚大气水循环对人为源黑碳辐射强迫作用的快速响应。

5.2.1 对东亚季风区夏季降水、蒸发和水汽输送的影响

图 5.2a 为夏季（6—8 月）人为源黑碳对降水和水平风的影响。人为排放的黑碳导致东亚上空出现"南涝北旱"的降水变化,并导致华南地区（30°N 以南）及其邻近海域上空出现异常气旋环流。这一结果与 Menon 等(2002)的结论一致。然而华南地区降水的增加并不显著。同

时,人为排放的黑碳还引起华北地区上空出现了偏南风和偏东风异常。人为源黑碳引起的风场变化进一步影响大气水汽输送,并将在本小节讨论。在其他三个季节,人为源黑碳没有对东亚地区降水产生明显影响(图中未显示),因此,本研究主要研究 JJA 期间人为源黑碳对东亚地区大气水循环的影响。

如图 5.2b、c 所示,我们进一步区分了夏季人为源黑碳的 ARI 和 NRI 效应分别对降水和风场的影响。与黑碳总效应(Total Effects,TE)对降水的影响类似,NRI 在中国东部造成"南涝北旱"的降水变化,但其引起的降水异常在统计学上并不显著。相比之下,黑碳 ARI 效应在华北地区引起的降水变化相对较小。但 ARI 效应显著减少了朝鲜半岛的降水,这与黑碳 TE 效应引起的朝鲜半岛降水异常非常相似。以上结果表明,东亚地区人为源黑碳在东亚地区引起的降水变化是其 ARI 和 NRI 效应共同作用的结果。另一方面,黑碳 ARI 效应减弱了华南地区的南风和华北地区的西风,与黑碳 TE 效应引起的风场变化特征类似。此外,黑碳 ARI 和 NRI 效应均减弱了华南地区西风,增强了华北地区南风。因此,由人为源黑碳引起的东亚

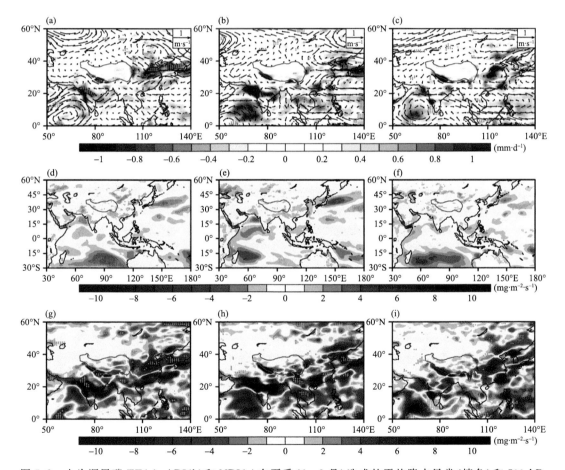

图 5.2　人为源黑碳 TE(a)、ARI(b)和 NRI(c)在夏季(6—8 月)造成的平均降水异常(填色)和 700 hPa 水平风异常(矢量),图 5.2d—f 与图 5.2a—c 相同,但是黑碳 TE(d)、ARI(e)和 NRI(f)引起的地表蒸发异常。图 5.2g—i 与图 5.2d—f 相同,但是水汽平流趋势异常。绿色的点表示该区域的异常通过显著性水平为 0.05 的显著性检验。深绿色的等高线表示地形高度为 3000 m

(a—c)降水;(d—f)蒸发;(g—i)平流

地区水平风变化也是其 ARI 和 NRI 效应共同作用的结果。

除降水外,蒸发和水汽输送是大气水循坏的另外两个关键过程。因此,我们进一步研究了人类活动排放的黑碳对这两个过程的影响。图 5.2d—f 为人为源黑碳引起的地表蒸发异常。在东亚地区,人为源黑碳的 TE 效应会导致地表蒸发量的减少。同样,黑碳的 ARI 效应也表现为降低东亚大部分地区的土地蒸发。黑碳的 NRI 效应对水汽蒸发的影响主要表现为减少内蒙古地区的蒸发。

人为源黑碳引起的水汽平流趋势异常如图 5.2g—i 所示。水汽平流趋势的正异常表明该地区有水汽的异常辐合,而负异常表示水汽的异常辐散。在夏季,水汽一般流入东亚(图 5.3)。人为源黑碳对水汽输送的总体影响与对降水的影响非常相似(图 5.2a—c)。人为源黑碳显著减弱了华北地区水汽辐合,增强了华南地区的水汽辐合。在中国西南地区,黑碳的 ARI 效应引起了较强的水汽辐合。相比之下,黑碳的 NRI 效应对东亚地区水汽输送的影响强于 ARI 效应的影响,即黑碳 TE 效应对东亚地区水汽输送的影响以 NRI 效应为主。黑碳的 NRI 效应在华北地区造成了较强的水汽辐散,而在东南地区造成了较强的水汽辐合,但这些变化在统计学上不显著。此外,人为源黑碳对水汽局部蒸发的影响明显弱于对水汽输送的影响。这说明人类活动排放的黑碳主要通过改变水汽输送来影响东亚夏季降水,而不是通过影响当地水汽蒸发量来影响。

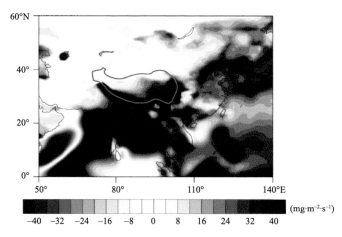

图 5.3　现代排放水平模拟中夏季水汽平流趋势分布。
深绿色的等高线表示海拔为 3000 m

5.2.2　人为源黑碳引起的非绝热加热变化

人为源黑碳通过吸收太阳辐射改变大气热力结构,进而影响大气水循环。第 3 章结果表明,华北地区黑碳地表浓度较大,导致的大气辐射加热强度相对较大。根据局部热对流理论,在其他情况不变的情况下,华北地区应该出现气旋异常和水汽辐合的加强。然而我们的结果显示在东亚南部(30°N 以南)出现气旋异常,在东亚北部(30°N 以北)出现水汽辐散异常(图 5.2)。这表明除辐射加热外,人为源黑碳引起的其他加热方式也在影响着大气的热力结构。

大气非绝热加热过程包括凝结潜热加热、垂直扩散加热、短波加热和长波加热过程。黑碳引起的这些加热过程在东亚地区上空的变化在图 5.4 中显示,它们的总和(即黑碳引起的非绝热

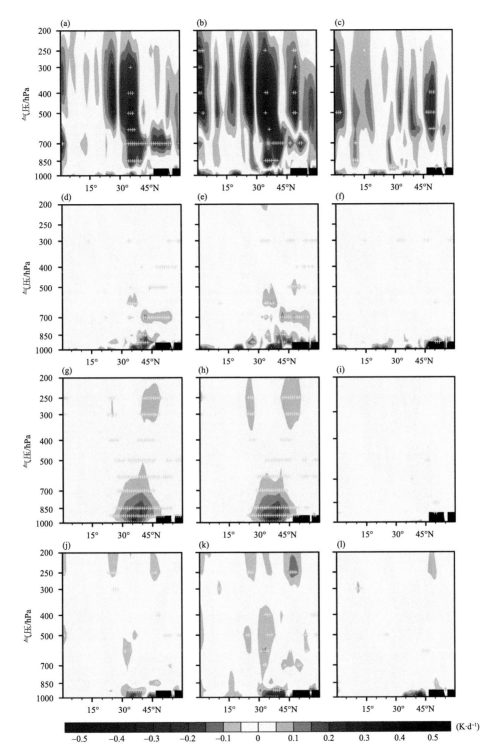

图 5.4　人为源黑碳 TE(左列)、ARI(中间列)和 NRI(右列)效应引起的压力-纬度垂直截面
(110°—140°E 经向平均)上的夏季平均凝结潜热(a—c)、垂直扩散加热(d—f)、短波加热(g—i)、
长波加热(j—l)变化。黄色加号表示该区域的变化通过显著性水平为 0.05 的显著性检验。
黑色区域为无数据区域

加热变化)在图 5.5 中显示。华北地区相对较高的黑碳地表浓度在东亚北部地区引起了较大的短波加热(图 5.4g)。在 500 hPa 以下,人为源黑碳引起的短波加热范围为 0.05~0.25 K·d^{-1}。与此同时。人为源黑碳导致 850 hPa 以下东亚北部地区的长波降温(图 5.4j),这与该地区云量显著减少相关(图 5.6)。人为源黑碳吸收太阳辐射加热大气,降低了地表与大气之间的热梯度,进一步增加了大气的稳定性。最终人为源黑碳抑制了地表感热通量的垂直向上传递(图 5.4d)。由于垂直扩散加热、短波加热和长波加热过程均与人为源黑碳辐射强迫有关,这三种加热过程的变化在东亚地区主要受黑碳 ARI 效应的影响(图 5.4e、h 和 k),在东亚北部地区,凝结潜热受人为源黑碳影响显著减少,但在东亚南部地区,凝结潜热则增加(图 5.4a)。700 hPa 以上东亚地区的非绝热加热异常主要来自凝结潜热的变化(图 5.5)。Liu 等(2004)认为,季风地区的凝结潜热来自深对流过程。人为源黑碳引起的在不同物理趋势过程中水汽含量变化的垂直分布见图 5.7。东亚北部地区上空 400 hPa 以下深对流过程中水汽通量明显增强,表明水汽的对流抬升凝结受到抑制。同时,东亚南部地区水汽的对流抬升凝结增强。因此,由于人为源黑碳对东亚南部和北部地区在上空 700 hPa 以上深层对流的相反影响,导致了凝结潜热/非绝热加热的交替变化。这解释了为什么人为源黑碳导致东亚北部地区的水汽辐散异常、南部地区出现气旋异常(图 5.2)。此外,我们的结果表明,人为源黑碳的 ARI 效应主导东亚地区的凝结潜热变化(图 5.4b 和 c)。因此,由黑碳引起的凝结潜热、垂直扩散加热、短波加热和长波加热的变化均主要由其 ARI 效应引起,表明黑碳 ARI 效应控制了 JJA 期间东亚地区上空的大气非绝热加热异常。

5.2.3 夏季东亚季风区主要水汽源贡献对人为源黑碳的响应

如此前讨论所述,人为源黑碳主要通过改变水汽输送影响东亚夏季降水,而不是通过影响当地蒸发。Pan 等(2017)利用本小节采用的 AWT 方法,指出热带印度洋(Tropical Indian Ocean,TIO)和西北太平洋(Northwest Pacific,NWP)是东亚水汽和降水的两个最主要的水汽源区。相似的结果也可以通过本小节的气候态模拟得到(图 5.8、图 5.9)。同时,人为源黑碳也可显著影响 TIO 和 NWP 源区的表面蒸发(图 5.2d)。因此,研究主要水汽源区对人为源黑碳的响应十分有必要。

图 5.10 显示了 JJA 期间人为源黑碳对来自 TIO 和 NWP 源区的降水的影响。人为源黑碳导致华北地区 TIO 源区降水显著下降。与总降水不同(图 5.2b),东亚地区 TIO 源区降水对人为源黑碳的 ARI 效应显著响应(图 5.10b):黑碳 ARI 效应显著减少了东亚北部地区 TIO 源区降水,但增加了南部地区 TIO 源区降水。NRI 效应减少了华东大部分地区的 TIO 源区降水,但变化不显著。总体来说,人为源黑碳对 JJA 期间亚洲地区 TIO 源区降水的总体影响与对总降水的影响非常相似(图 5.2a)。相比之下,人类活动对东亚地区,特别是大陆地区 NWP 源区降水的影响较小。东亚夏季风控制区上空为西南夏季风与西太平洋副热带高压西南支汇合,主要受西南风控制(图 5.11)。西南风将水汽从 TIO 和 NWP 源区输送到东亚。TIO 水汽源区对东亚陆地降水的贡献较大,而 NWP 水汽源区提供的降水主要分布在海洋和沿海地区(图 5.9)。这也是人为源黑碳对东亚地区 TIO 和 NWP 源区降水影响不同的主要原因。以上结果表明。相比于其他源区,西南夏季风相关水汽源区(特别是 TIO 源区)对东亚地区的水汽供应对黑碳气溶胶的影响比较敏感,特别是对其 ARI 效应。

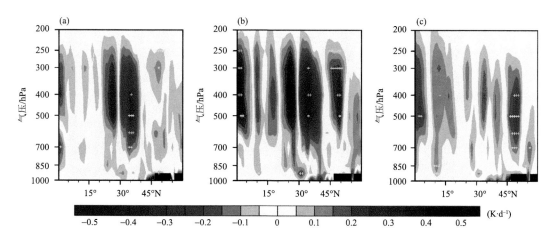

图 5.5　人为源黑碳 TE(a)、ARI(b)和 NRI(c)效应引起的压力-纬度垂直截面(110°—140°E 经向平均)上的夏季平均非绝热加热变化。黄色加号表示该区域的变化通过显著性水平为 0.05 的显著性检验。黑色区域为无数据区域

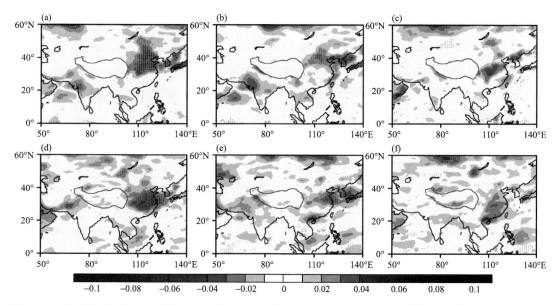

图 5.6　人为源黑碳 TE(a)、ARI(b)和 NRI(c)效应在夏季期间造成的平低云量异常(单位:1)。图 5.6d—f 与图 5.6a—c 相同,但为总云量异常(单位:1)。绿色的点表示该区域的异常通过显著性水平为 0.05 的显著性检验。深绿色的等高线表示地形高度为 3000 m

　　Zhou 等(2005)指出,中国夏季降水的典型异常与水汽输送的辐合和深层对流有显著的联系。平流、深对流、浅对流、云宏观物理、云微观物理和垂直扩散是控制大气水成物演化的过程。在 JJA 期间,人为源黑碳气溶胶对这些过程中 TIO 源区水汽变化趋势的影响如图 5.12 所示。与水汽平流趋势变化(图 5.2g)一样,人为源黑碳显著缓和了东亚北部地区的 TIO 源区水汽辐合,增强了东亚南部地区的 TIO 源区水汽辐合(图 5.12a)。此外,与总水汽变化(图 5.2)相比,东亚地区的 TIO 源区水汽辐合对黑碳气溶胶的影响更为敏感。由于人为源黑碳可以抑制(增强)东亚北部(南部)地区的深对流过程(见第 5.2.2 小节),东亚北部(南部)地区的

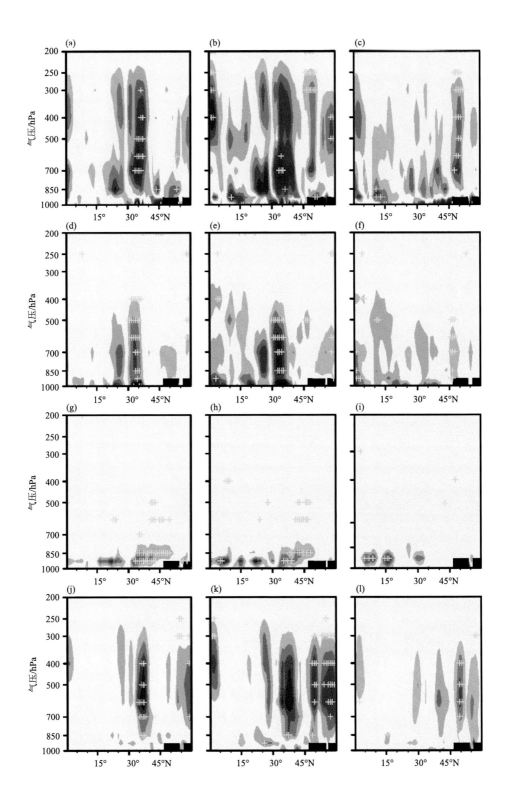

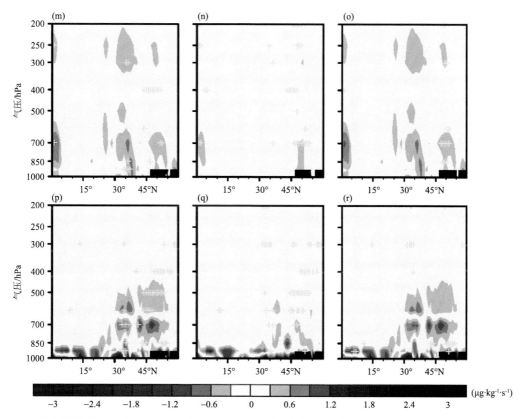

图 5.7　人为源黑碳 TE(左列)、ARI(中间列)和 NRI(右列)效应引起的压力-纬度垂直截面(110°—140°E 经向平均)上夏季平均水汽趋势在平流(a—c)、深对流(d—f)、浅对流(g—i)、云宏观物理(j—l)、云微观物理(m—o)和垂直扩散过程(p—r)的异常。黄色加号表示该区域的变化通过显著性水平为 0.05 的显著性检验。黑色区域为无数据区域

深对流过程中 TIO 源区水汽的凝结显著减少(增加,图 5.12b)。同时,人为源黑碳导致东亚北部(南部)地区云宏观物理过程中 TIO 源区水汽显著增加(减少,图 5.12d)。但人为源黑碳在东亚地区引起的云微观物理过程中 TIO 源区水汽变化分布与前者相反。值得注意的是,由人为源黑碳引起的 TIO 源区水汽在云微观物理过程的变化明显小于在云宏观物理中的变化。此外,人为源黑碳还可引起 TIO 源区水汽在浅对流和垂直扩散过程中变化。但与其他四个过程相比,在这两个过程的变化很小。整体而言,人为源黑碳主要通过平流、深对流和云宏观物理等途径影响与西南季风相关的水汽供应。图 5.13 显示了人为源黑碳的 ARI 和 NRI 效应在东亚北部和南部地区引起的不同物理过程中 TIO 源区水汽变化。研究结果表明:无论是在东亚北部还是南部地区,人为源黑碳引起的对流、深对流和云宏观物理中 TIO 源区水汽变化都由其 ARI 效应主导。通过分析观测资料,Jiang 等(2016)提出深对流云降水的减少可能与气溶胶辐射效应有关,这也佐证了我们的研究结果。

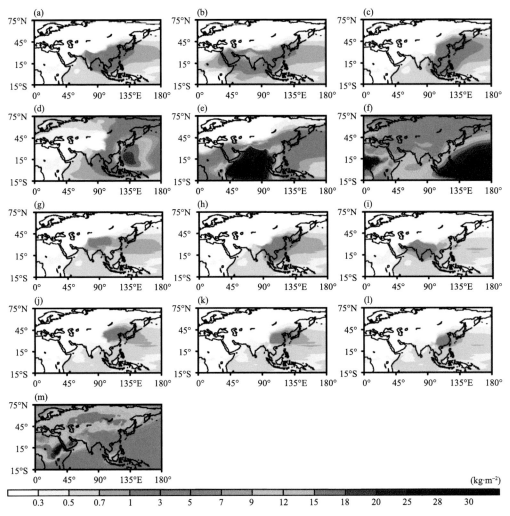

图 5.8　追踪的来自不同水汽源区(不同水汽源区划分见图 5.1)的水汽含量贡献在欧亚大陆及其周边地区的分布

(a)孟加拉湾;(b)阿拉伯海;(c)南海;(d)西北太平洋;(e)热带印度洋;(f)全球其他海洋源区;
(g)青藏高原;(h)中南半岛;(i)印度半岛;(j)华北;(k)长江流域;(l)华南;(m)全球其他陆地源区

5.2.4　不确定性分析

通过比较观测资料/再分析资料与模拟结果,发现 CESM1 能较好地反映水平风场和比湿分布。然而,模拟雨带在东亚地区有北移,这与 CESM1 模拟结果中偏强的西太平洋高压有关。因此,这些偏差可能导致本小节中人为源黑碳引起的东亚"南涝北旱"降水变化分布也有北移。然而,我们分析的人为源黑碳对东亚大气水循环的影响与以往研究结果一致(Menon et al.,2002;Wu et al.,2008;Mahmood et al.,2014)。Numaguti(1999)指出 AWT 方法的结果受模式重现大气水循环特征的性能的影响。因此,风场、比湿和降水的模拟偏差也可能导致模拟的水汽源区贡献对人为源黑碳的响应偏北。

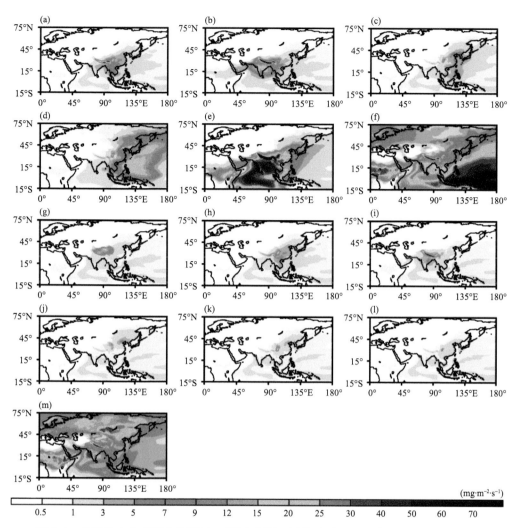

图 5.9 追踪的来自不同水汽源区(不同水汽源区划分见图 5.1)的降水贡献在欧亚大陆
及其周边地区的分布

(a)孟加拉湾;(b)阿拉伯海;(c)南海;(d)西北太平洋;(e)热带印度洋;(f)全球其他海洋源区;
(g)青藏高原;(h)中南半岛;(i)印度半岛;(j)华北;(k)长江流域;(l)华南;(m)全球其他陆地源区

　　此外,与飞机观测的黑碳廓线资料相比,CESM1 模拟的黑碳浓度在低层大气中偏小,而在华东地区海拔 1~3 km 处偏大。这种偏差可能导致黑碳对低层大气的辐射加热偏小,而对 1~3 km 高度的辐射加热偏多,为本节评估的对流层中低层人为源黑碳的 ARI 效应的影响带来不确定性。

　　另一方面,基于北京大学排放源数据,CESM1 模拟的黑碳浓度与观测到的黑碳浓度水平具有可比性(图 5.14)。与此同时,我们研究中模拟的黑碳的 ARI 效应引起的全球平均有效辐射强迫值(ERF,图 5.15b)在观测估计的范围内(Sato et al. ,2003;Ramanathan et al. ,2008)。这些结果表明,基于北京大学的排放,我们的研究一定程度上是在 CESM1 中降低模拟的黑碳辐射效应不确定性的有效尝试。

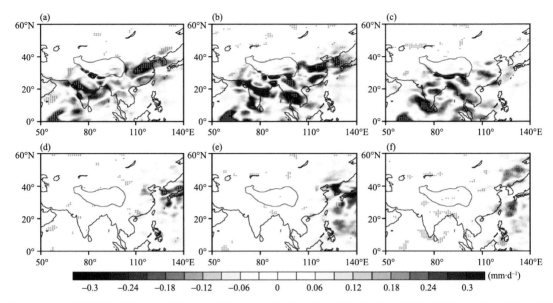

图 5.10　人为源黑碳 TE(a)、ARI(b)和 NRI(c)效应引起的来自 TIO 的 JJA 期间平均降水异常在东亚地区的分布。图 5.10d—f 与图 5.10a—c 相同,但为来自 NWP 的 JJA 期间平均降水异常。绿色的点表示该区域的异常通过显著性水平为 0.05 的显著性检验。深绿色的等高线表示地形高度为 3000 m

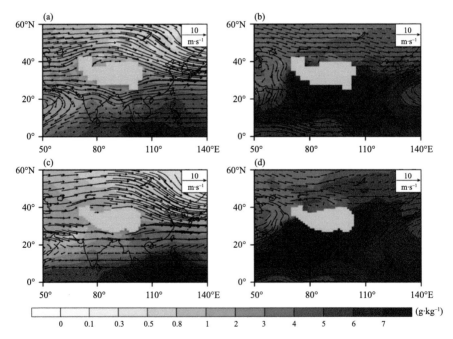

图 5.11　分别利用 NCEP 再分析资料(a、b)与 CESM1 模拟结果(c、d)计算的冬季(a、c)和 JJA(b、d)期间 700 hPa 比湿(填色)和水平风场(矢量)。灰色区域为无数据区域

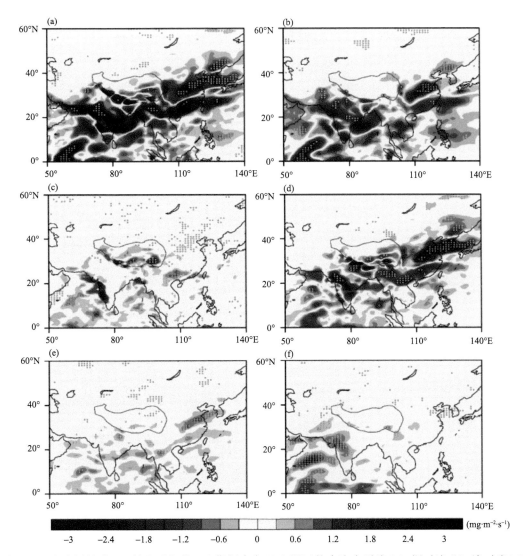

图 5.12　人为源黑碳 TE 效应引起的 JJA 期间来自 TIO 源区的水汽在平流(a)、深对流(b)、浅对流(c)、云宏观物理(d)、云微物理(e)和垂直扩散过程(f)的异常。绿色的点表示该区域的异常通过显著性水平为 0.05 的显著性检验。深绿色的等高线表示地形高度为 3000 m

5.3　对东亚季风的影响

在模式模拟研究气溶胶对东亚季风的影响方面,研究者们通常按照气溶胶的光学特性进行分类研究。许多研究针对以黑碳为主的吸收性气溶胶对亚洲季风的影响机制展开基于模式模拟的分析。Zhuang 等(2019)利用区域气候模式(Regional Climate Model,RegCM4),估算夏季黑碳在东亚地区(100°—130°E,20°—50°N)的 AOD 值和晴空大气顶直接辐射强迫值分别为 0.02 和 +1.34 W·m^{-2},并指出黑碳的直接辐射强迫加强了东亚夏季风环流;总的来说,黑碳的直接辐射强迫作用引起东亚地表温度升高 0.2 K,降水减少约 0.01 mm·d^{-1}。Jiang 等(2013)、Wang 等(2015b)以及 Zhuang 等(2018)等研究也指出,东亚地区排放的黑碳有利于东

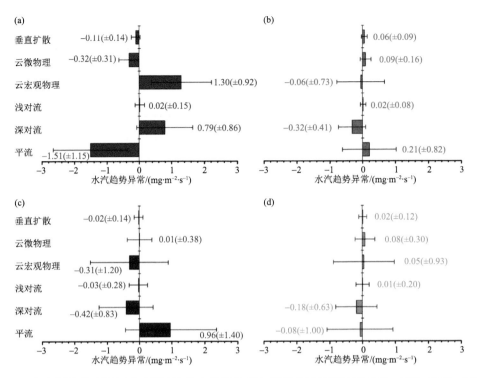

图 5.13　人为源黑碳 ARI(a)和 NRI(b)效应引起的 JJA 期间东亚北部地区(30°—40°N,110°—140°E)来自 TIO 源区的由于垂直扩散、云微物理、云宏观物理、浅对流、深对流和平流过程引起的水汽平均趋势异常。图 5.13d—f 与图 5.13a—c 相同,但为在东亚南部地区(20°—30°N,110°—140°E)的来自 TIO 源区的水汽平均趋势异常。柱和误差棒分别代表区域均值和标准差

亚夏季风的发展。Jiang 等(2013)通过将基于现代黑碳排放水平和工业前黑碳排放水平的敏感性试验结果做差,发现人为排放的黑碳辐射效应引起海洋上空的下沉气流和中国 25°—30°N 地区上空的上升气流,并在华南和周边海域加强了南风。Wang 等(2015b)发现,黑碳与总气溶胶直接辐射强迫对东亚夏季风的作用相反;总气溶胶辐射强迫使气溶胶浓度高的地区气温显著降低,进而降低夏季海陆温度梯度,削弱东亚夏季风环流,而黑碳辐射效应则加强了夏季风环流;此外黑碳的半直接效应分别增加和减少了中国南方和北方的降水。对于冬季风,Lou 等(2018)利用 CESM1 进行模拟,认为从华北地区排放的黑碳输送到海洋后,改变了云的结构和海陆热力性质差异,从而削弱了华北地区东亚冬季风风速。然而,Liu 等(2009)基于 CAM3.0 的模拟结果表明,黑碳的直接辐射强迫作用对东亚夏季风和冬季风都有削弱作用。

一些学者还研究了以硫酸盐为代表的散射性气溶胶对东亚温度和气候变化影响(钱云等,1996,1997;Giorgi et al.,2002,2003)。这些研究结果很好地解释了中国东部季风区(包括四川盆地)观测到的变冷趋势以及小降水显著增加的趋势(陈隆勋 等,2004)。Gu 等(2006)发现因为硫酸盐气溶胶辐射效应,7 月长江流域降水减少而在季风区南部沿海降水增加,Menon 等(2002)所假设的单次散射反照率 0.85 与中国地区观测的 0.90 不一致(Lee et al.,2007),说明中国区域气溶胶以散射特性为主,因此,他认为这种降水型分布可能是中国区域各种气溶胶综合作用的结果。Kim 等(2006)发现在初春增加的东亚地区硫酸盐气溶胶含量导致东亚地表冷却,中部降水减少。孙家仁等(2008)和 Liu 等(2009)模拟发现,硫酸盐气溶胶直接效应

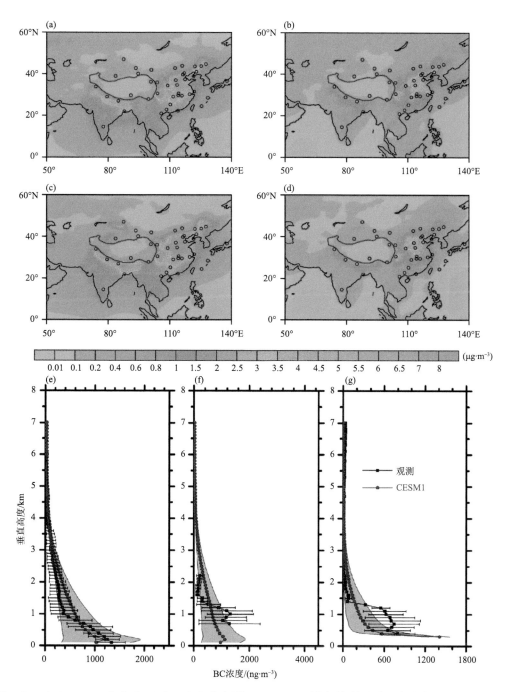

图 5.14　1980—2016 年冬季(a)和 JJA(b)期间的 MERRA2 再分析资料黑碳地表浓度的空间分布。图
5.14c—d 与图 5.14a—b 相同,但为 CESM1 30 a 黑碳地表浓度模拟数据。图 5.14a—d 的点表示地面
站点黑碳地表浓度观测数据。红色的等高线表示地形高度为 3000 m。6 月山东(e)、5 月华北地区(f)、
10 月东北地区(g)的飞机观测和 CESM1 模拟的黑碳垂直浓度分别用黑色和红色表示。黑色正方形和
误差棒分别代表黑碳观测浓度的平均值和标准差。同样,红色的圆圈和阴影分别代表黑碳模拟浓度的
平均值和标准差

使得中国内陆普遍降温,中国地区季风减弱,降水减少。Guo 等(2013)发现硫酸盐直接效应引起地表降温,海陆热力差异的减弱导致环流减弱,从太平洋和大西洋两个海洋输送来的水汽都减少。Jiang 等(2013)发现硫酸盐气溶胶减少到达地表的太阳辐射,降低地表温度,增加了大气稳定并抑制对流,减少的对流潜热冷却了自由对流层,减少了海陆热力差异,东亚夏季风减弱。

大量的研究表明硫酸盐气溶胶通过散射太阳辐射导致负的大气顶辐射强迫,减少了到达地表的短波辐射(Solar Dimming 效应),导致地表温度降低。同时由于在大气中的散射作用,使得大气加热率变弱,增加大气稳定度并抑制对流,产生局地气候变化。降低的地表温度减弱了海陆热力差异,从而减弱东亚和南亚季风环流和季风降水(Boucher et al.,1998;Iwasaki et al.,1998;Huang et al.,2007)。并且,硫酸盐气溶胶引起的冷却效应可以部分抵消温室效应对季风降水的影响(Ming et al.,2011a,2011b)。

本小节将利用 CESM1 模式,估算黑碳气溶胶在东亚季风区产生的辐射强迫,并分别探究以黑碳为代表的吸收性气溶胶和以硫酸盐为代表的散射性气溶胶的 ARI 效应对东亚夏季风、冬季风季风环流和降水的影响。

5.3.1　黑碳气溶胶在东亚和全球引起的有效辐射强迫

IPCC 建议使用 ERF 来评估气溶胶对大气顶部辐射能量收支的影响(Myhre et al.,2013)。以下为计算黑碳五类 ERF 值的方法:

(1)人为(现代排放水平(Present,PD)与工业革命前排放水平(Preindustrial,PI)之差)黑碳引起的 ERF:

$$\text{ERF}_{\text{anthroBC}} = F_{\text{PD}} - F_{\text{PD\_1850BC}} \tag{5.5}$$

(2)人为源黑碳的 ARI 效应引起的 ERF:

$$\text{ERF}_{\text{ARI\_anthroBC}} = (F_{\text{PD}} - F_{\text{PD\_noBCdir}}) - (F_{\text{PD\_1850BC}} - F_{\text{PD\_1850BC\_noBCdir}}) \tag{5.6}$$

(3)Present 排放水平下黑碳的 ARI 效应引起的 ERF:

$$\text{ERF}_{\text{ARI\_PresentBC}} = F_{\text{PD}} - F_{\text{PD\_noBCdir}} \tag{5.7}$$

(4)Preindustrial 排放水平下黑碳的 ARI 效应引起的 ERF:

$$\text{ERF}_{\text{ARI\_PreindustrialBC}} = F_{\text{PD\_1850BC}} - F_{\text{PD\_1850BC\_noBCdir}} \tag{5.8}$$

(5)人为源黑碳的 NRI 效应引起的 ERF:

$$\text{ERF}_{\text{NRI\_anthroBC}} = F_{\text{PD\_noBCdir}} - F_{\text{PD\_1850BC\_noBCdir}} \tag{5.9}$$

此外,由于 CESM1 模拟过程中同时计算全天空和晴空辐射通量,$\text{ERF}_{\text{NRI\_anthroBC}}$ 可以按照 Ghan(2013)的方法分为 ACI 和 SAE 辐射通量组分:

$$\text{ERF}_{\text{ACI\_anthroBC}} = (F_{\text{PD\_noBCdir}} - F_{\text{PD\_noBCdir,clear}}) -$$
$$(F_{\text{PD\_1850BC\_noBCdir}} - F_{\text{PD\_1850BC\_noBCdir,clear}}) \tag{5.10}$$

$$\text{ERF}_{\text{SAE\_anthroBC}} = F_{\text{PD\_noBCdir,clear}} - F_{\text{PD\_1850BC\_noBCdir,clear}} \tag{5.11}$$

式中,F 为是大气顶部的辐射通量。带和不带下标"clear"的 F 分别表示晴空和全天空的辐射通量,anthroBC 指人为源黑碳,PD_1850BC 指在现代排放水平下把黑碳的排放水平设定为 PI,noBCdir 指去掉黑碳的 ARI 效应。最终,$\text{ERF}_{\text{anthroBC}}$ 也可以表示为:

$$\text{ERF}_{\text{anthroBC}} = \text{ERF}_{\text{ARI\_anthroBC}} + \text{ERF}_{\text{ACI\_anthroBC}} + \text{ERF}_{\text{SAE\_anthroBC}} \tag{5.12}$$

图 5.15 显示了公式(5.5)—(5.11)得到的年均不同的有效辐射强迫(ERFs)的水平分布。

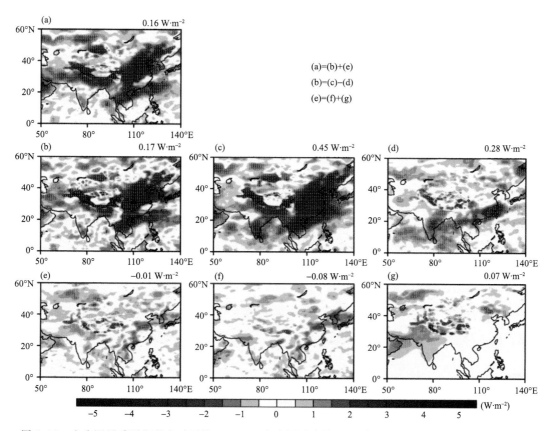

图 5.15　人为源黑碳引起的全球平均 ERF(a)，人为源黑碳的 ARI 效应引起的 ERF(b)，现代排放水平下黑碳的 ARI 效应引起的 ERF(c)，工业革命前排放水平下黑碳的 ARI 效应引起的 ERF(d)，人为源黑碳的 NRI 效应引起的 ERF(e)，人为源黑碳的 ACI 效应引起的 ERF(f)和人为源黑碳的 SAE 效应引起的 ERF(g)的空间分布。黄色的点表示该区域的异常通过显著性水平为 0.05 的显著性检验。小图右上角的数值表示对应的 ERF 全球平均值

人为源黑碳在亚洲引起了显著的 ERF$_{anthroBC}$ 增加。ERF$_{anthroBC}$ 的高值中心位于东亚和南亚，与黑碳浓度分布特征相符。黑碳总效应及其三类辐射效应组分（ARI、ACI 和 SAE）分别在全球、东亚（20°—40°N，110°—140°E）和南亚（5°—70°N，65°—90°E）地区产生的区域平均辐射强迫值（见式(5.12)）如图 5.16a—c 所示。东亚地区平均 ERF$_{anthroBC}$ 值（1.84 W·m^{-2}）和南亚地区平均 ERF$_{anthroBC}$ 值（0.95 W·m^{-2}）均明显大于全球平均 ERF$_{anthroBC}$ 值（0.16 W·m^{-2}）。我们模拟的全球平均 ERF$_{anthroBC}$ 值与 Westervelt 等(2020)基于 Geophysical Fluid Dynamics Atmospheric Model Version 3 估算的 ERF$_{anthroBC}$ 值相近。现代排放水平下黑碳的 ARI 效应引起的 ERF$_{ARI\_presentBC}$ 高值中心也位于亚洲（图 5.15c）。全球平均 ERF$_{ARI\_presentBC}$ 值为 0.45 W·m^{-2}，虽然处于观测范围的较低水平，但在观测范围内（0.40～1.20 W·m^{-2}，Sato et al.，2003；Ramanathan et al.，2008）。这表明基于北京大学排放清单，CESM1 模式有能力在观测范围内表征黑碳引起的直接辐射强迫。工业革命前排放水平下黑碳的 ARI 效应引起的 ERF$_{ARI\_preindustrialBC}$ 高值中心位于中国东南部和印度半岛，且 ERF$_{ARI\_preindustrialBC}$ 在亚洲的值显著小于 ERF$_{ARI\_presentBC}$，说明人为源黑碳的 ARI 效应显著改变了亚洲地区的大气辐射收支（图

5.15b—d）。亚洲地区的 $ERF_{ARI\_anthroBC}$ 值和分布特征与 $ERF_{anthroBC}$ 非常相似（图 5.15a—b）。东亚地区 $ERF_{ARI\_anthroBC}$ 平均值为 2.24 W·m^{-2}，南亚地区的 $ERF_{ARI\_anthroBC}$ 平均值为 0.63 W·m^{-2}（图 5.16）。与 $ERF_{ARI\_anthroBC}$ 不同，亚洲地区 $ERF_{NRI\_anthroBC}$ 偏小（东亚地区平均值为 −0.4 W·m^{-2}，南亚地区平均值为 0.32 W·m^{-2}），表明亚洲地区 $ERF_{anthroBC}$ 主要来自人为源黑碳的 ARI 效应。$ERF_{NRI\_anthroBC}$ 在华北地区表现为显著负值，但在印度西北部和青藏高原西南部为显著正值。$ERF_{NRI\_anthroBC}$ 由 $ERF_{ACI\_anthroBC}$ 和 $ERF_{SAE\_anthroBC}$ 组成。东亚地区 $ERF_{ACI\_anthroBC}$ 在东亚地区的平均值（−0.39 W·m^{-2}）和分布特征与 $ERF_{NRI\_anthroBC}$ 的东亚区域平均值（−0.4 W·m^{-2}）和分布特征相似（图 5.15e—f 和图 5.16b），表明东亚地区 $ERF_{NRI\_anthroBC}$ 主要来自人为源黑碳的 ACI 效应。不同的是，南亚地区的 $ERF_{NRI\_anthroBC}$ 区域平均值（0.32 W·m^{-2}）主要贡献自当地正的 $ERF_{SAE\_anthroBC}$ 值（0.5 W·m^{-2}，图 5.15e—g 和图 5.16c）。在季风爆发前的季节，南亚地区有强烈的生物质燃烧排放（Cong et al.，2015），黑碳的 SAE 效应导致青藏高原和印度西北部变暖（Usha et al.，2020）。我们的模拟结果显示 $ERF_{SAE\_anthroBC}$ 的全球平均值为 0.07 W·m^{-2}，在 Bond 等（2013）利用气候模式估算的 $ERF_{SAE\_anthroBC}$ 范围（0.04~0.33 W·m^{-2}）内。

$ERF_{anthroBC}$ 为大气顶部人为源黑碳引起的辐射通量变化，是地表辐射通量变化（$SUR_{anthroBC}$）和大气中辐射通量变化（$ATM_{anthroBC}$）之和。$SUR_{anthroBC}$ 和 $ATM_{anthroBC}$ 的全球、东亚和南亚地区区域平均值见图 5.16d。总的来说，人为源黑碳造成的地表冷却作用与 $ERF_{anthroBC}$ 值相当，而造成的大气加热为 $ERF_{anthroBC}$ 值的两倍。亚洲较高的黑碳排放水平使得东亚地区的平均 $SUR_{anthroBC}$（−1.97 W·m^{-2}）和南亚地区平均 $SUR_{anthroBC}$（−0.73 W·m^{-2}）显著低于全球平均水平（−0.26 W·m^{-2}）。此外，人为源黑碳引起的东亚地区平均大气升温（3.81 W·m^{-2}）和南亚地区平均大气升温（1.68 W·m^{-2}）也显著高于全球的平均 $ATM_{anthroBC}$ 值（0.42 W·m^{-2}）。

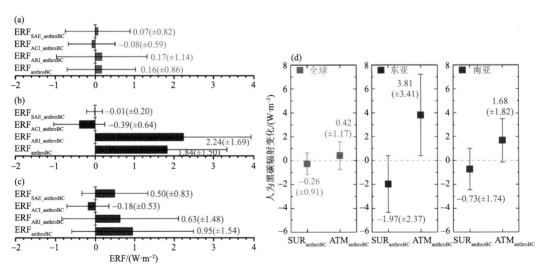

图 5.16　黑碳总效应及其三类辐射效应组分（ARI、ACI 和 SAE）分别在全球（a）、东亚（b）和南亚地区（c）产生的区域平均 ERF。（d）人为源黑碳分别在全球、东亚和南亚地区的地表（SUR）和大气中（ATM）引发的辐射通量变化。柱和误差棒分别表示区域平均值和标准差

5.3.2　黑碳和硫酸盐气溶胶 ARI 效应对东亚夏季风的影响

在本小节中，我们重点研究以黑碳为代表的吸收性气溶胶和以硫酸盐为代表的散射性气

溶胶的 ARI 效应对东亚夏季风环流和降水的影响。我们选取 MOZART 气溶胶化学机制来进行模拟。为研究气溶胶 ARI 效应(即直接效应),我们设计了四组试验:一组为控制试验(MOZ_CTRL),试验包含所有气溶胶的 ARI 效应和 NRI 效应,其他气候辐射强迫因子如温室气体等保持在现代气候态状态;另外三组试验为敏感性试验,试验中分别或同时关闭硫酸盐和黑碳气溶胶的直接辐射过程,其他条件与控制试验相同,见表 5.1。具体做法为改变辐射计算过程中某一气溶胶的光学厚度计算,通过将某一气溶胶光学厚度设置为零(AOD=0)来关闭其直接辐射过程,同时保留了气溶胶的间接辐射的计算。三组敏感性试验分别为单独关闭硫酸盐气溶胶 ARI 效应试验(记作 MOZ_nSFde)、单独关闭黑碳气溶胶 ARI 效应试验(记作 MOZ_nBCde)和同时关闭硫酸盐和黑碳气溶胶 ARI 效应试验(记作 MOZ_nSFBCde)。在这里,黑碳气溶胶 ARI 效应的计算中同时包含了半直接效应的计算。使用 MOZ_CTRL 与 MOZ_nSFde 试验差值结果来表示硫酸盐气溶胶的 ARI 效应结果,使用 MOZ_CTRL 与 MOZ_nBCde 试验差值结果来表示黑碳气溶胶的 ARI 效应结果,使用 MOZ_CTRL 与 MOZ_nSFBCde 试验差值结果来表示硫酸盐和黑碳气溶胶共同的 ARI 效应结果(以下简称为共同气溶胶 ARI 效应)。

表 5.1　气溶胶 ARI 效应数值试验设计

试验名称	试验设计描述
MOZ_CTRL	包含所有气溶胶的所有效应,其他气候辐射强迫因子如温室气体等保持在现代气候态状态
MOZ_nSFde	单独关闭硫酸盐气溶胶 ARI 效应,其他条件与控制试验相同
MOZ_nBCde	单独关闭黑碳气溶胶 ARI 效应,其他条件与控制试验相同
MOZ_nSFBCde	同时关闭硫酸盐和黑碳气溶胶 ARI 效应,其他条件与控制试验相同

值得注意的是,在这里我们的敏感性试验使用了一个极端水平的方法来着重强调气溶胶的 ARI 效应,但这并不能完全代表实际情况。另外,我们使用了一个两年低通滤波来抑制气候的年际变化,并使用了 t-test 检验方法来评估差异的显著性。

5.3.2.1　对夏季温度和气压的影响

图 5.17 为气溶胶 ARI 效应对夏季地表空气温度影响的水平分布图。从图 5.17a 和图 5.17c 中可以看出,硫酸盐气溶胶和共同气溶胶 ARI 效应导致了中国东部季风区整体降温,在 40°N 以北的欧洲大陆上有着更大的降温。硫酸盐气溶胶 ARI 效应导致的夏季中国东部季风区平均地表空气温度变化为 -0.30 K,季风区北部变化最大,为 -0.40 K,季风区中部变化次之,为 -0.28 K,季风区南部变化为 -0.14 K。共同气溶胶 ARI 效应导致的夏季中国东部季风区平均地表空气温度变化为 -0.32 K,同样在季风区北部变化最大,为 -0.43 K,季风区中部变化次之,为 -0.32 K,季风区南部变化为 -0.14 K。黑碳气溶胶 ARI 效应同样导致了夏季中国东部季风区降温,但数值较小(图 5.17b),平均地表空气温度变化为 -0.05 K,季风区北部为 -0.09 K,季风区南部为 -0.01 K,而在季风区中部变化为略微增温(0.03 K)。这种温度变化特征可能与黑碳气溶胶的吸收特性对中上对流层增温的变化和环流的反馈有关。

由于气溶胶浓度主要分布在约 600 hPa 高度以下(图 5.18),因此,在分析温度垂直变化时,我们重点讨论 500 hPa 高度以下温度的变化,高层的温度变化主要来自环流反馈作用的影响。图 5.19 为气溶胶 ARI 效应对夏季大气温度影响的沿 105°—120°E 经度平均的高度-纬度垂直剖面图。从图 5.19a 中可以看出,硫酸盐气溶胶 ARI 效应导致了中国东部季风区范围

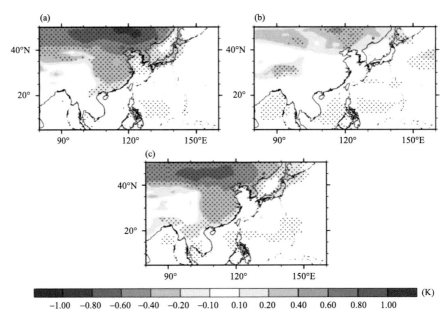

图 5.17 夏季硫酸盐(a)、黑碳(b)和共同(c)气溶胶 ARI 效应导致的地表空气温度变化的水平分布图。
点区域为显著性水平超过 0.1 区域

(20°—40°N)普遍降温,在 25°—35°N 范围降温较浅,在约 700 hPa 高度以下;而在约 35°N 以
北为深层降温,尤其在约 45°N 以北降温超过约−0.6 K。黑碳气溶胶 ARI 效应则呈现出不同
的结果(图 5.19b),在中国东部季风区上空表现为略微的增温,这与黑碳气溶胶的垂直分布和
吸收特性相关(图 5.18b),在 40°N 以北表现为降温。共同气溶胶 ARI 效应表现为两种气溶
胶单独 ARI 效应结果的累加(图 5.19c),在中国东部季风区范围低层降温,约 700 hPa 高度略
微增温。在约 35°N 以北深层降温,与硫酸盐气溶胶 ARI 效应结果一致(图 5.19a)。

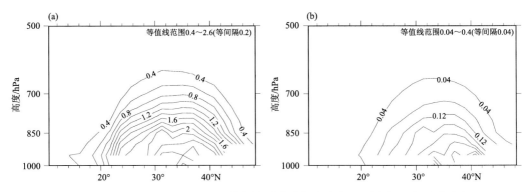

图 5.18 控制试验 MOZ_CTRL 模拟的夏季平均硫酸盐(a)、黑碳(b)气溶胶浓度
沿 105°—120°E 的高度-纬度垂直剖面图(单位:$\mu g \cdot m^{-2}$)

与对地表空气温度的影响相同,气候因子对大气的温度影响的非绝热加热项包括大气中
的短波加热率、长波加热率、湍流扩散加热率和湿过程凝结加热率(Jiang et al.,2013)。图
5.20 为气溶胶 ARI 效应对夏季大气短波加热率影响的垂直剖面图。大气短波加热率的变化
通常是由气溶胶直接引起的对短波辐射的吸收所导致的。作为散射性气溶胶,硫酸盐气溶胶

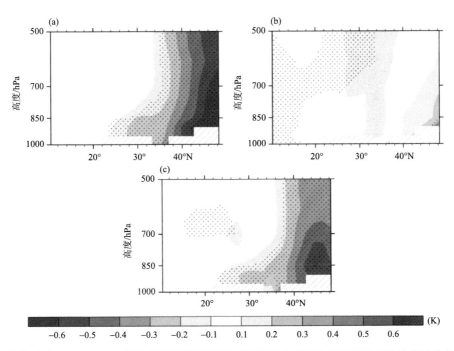

图 5.19　控制试验 MOZ_CTRL 模拟的夏季硫酸盐(a)、黑碳(b)和共同(c)气溶胶 ARI 效应导致的大气空气温度变化沿 105°—120°E 经度平均的高度-纬度剖面图(500 hPa—地表)。点区域为显著性水平超过 0.1 区域，斜线区域是数据不可用的区域

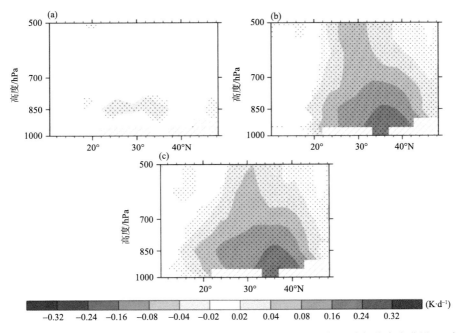

图 5.20　夏季硫酸盐(a)、黑碳(b)和共同(c)气溶胶 ARI 效应导致的大气短波加热率变化沿 105°—120°E 经度平均的高度-纬度剖面图(500 hPa—地表)。点区域为显著性水平超过 0.1 区域，斜线区域是数据不可用的区域

对短波辐射主要为散射作用(图5.21a),因此,硫酸盐气溶胶ARI效应对大气短波加热率影响很小(图5.20a)。黑碳气溶胶对短波辐射表现为强吸收作用(图5.21b),导致了较大的正大气短波加热率(图5.20b)。共同气溶胶ARI效应同样表现为对短波辐射的强吸收作用(图5.21c),同样导致了较大的正大气短波加热率(图5.20c)。正的大气短波加热率在30°—40°N范围近地表最大,与黑碳气溶胶浓度的垂直分布相一致(图5.18b)。

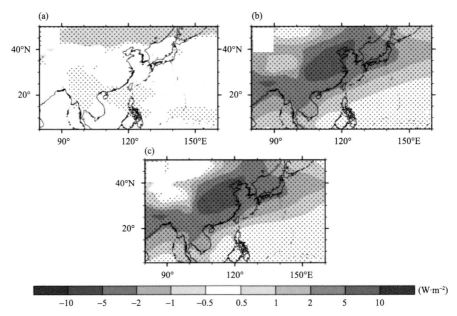

图5.21 夏季硫酸盐(a)、黑碳(b)和共同(c)气溶胶ARI效应导致的晴空条件下大气中(定义为地表到大气顶)净短波辐射强迫变化的水平分布图。点区域为显著性水平超过0.1区域

此外,硫酸盐气溶胶ARI效应导致了中国东部季风区850 hPa到700 hPa高度负的大气长波加热率,共同气溶胶ARI效应的结果与单独硫酸盐气溶胶ARI效应结果相似;黑碳气溶胶ARI效应的影响不是很明显,只导致了30°—40°N范围近地面的负长波加热率(图略)。大气中长波加热率的变化通常是与水汽的变化相关,因此,气溶胶ARI效应引起的这种变化特征主要与环流反馈引起的水汽变化有关。

图5.22为气溶胶ARI效应对夏季大气湍流扩散加热率影响的垂直剖面图。大气中湍流扩散加热率变化通常与地表感热通量有关,表5.2中给出的气溶胶ARI效应都导致了地表感热通量的减少。因此,气溶胶ARI效应对低层的大气湍流扩散加热率均为减少,在约800 hPa高度以下都为负湍流扩散加热率(图5.22),共同气溶胶ARI效应引起的湍流扩散加热率变化最大(图5.22c)。

图5.23为气溶胶ARI效应对夏季大气湿过程凝结加热率影响的垂直剖面图。大气湿过程凝结加热率变化通常与大气中的水汽凝结过程相关。三种气溶胶ARI效应导致的夏季大气中湿过程凝结加热率均表现为在约850 hPa高度以下为正,以上为负,主要和气溶胶ARI效应引起的环流反馈有关,加热率数值较小并且单独硫酸盐和黑碳气溶胶ARI效应引起的变化结果的显著性不是很高。

综上,硫酸盐气溶胶ARI效应对大气温度的影响主要是大气湍流扩散加热率为主要贡献,表现为近地层的降温;黑碳气溶胶 ARI 效应对大气温度的影响过程主要是大气短波加热率和湍流扩散加热率共同贡献的结果,表现为近地层降温,对流层升温;共同气溶胶 ARI 效应对大气温度的影响同样是以大气短波加热率和湍流扩散加热率共同贡献的结果,更大的负大气湍流扩散加热率导致了近地层表现为降温,对流层略微增温。而黑碳气溶胶导致的高纬度地区的温度变化则主要来自大气环流的反馈作用。

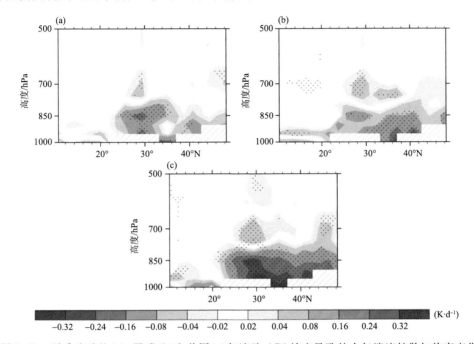

图 5.22　夏季硫酸盐(a)、黑碳(b)和共同(c)气溶胶 ARI 效应导致的大气湍流扩散加热率变化
沿 105°—120°E 经度平均的高度-纬度剖面图(500 hPa—地表)。
点区域为显著性水平超过 0.1 区域,斜线区域是数据不可用的区域

表 5.2　夏季硫酸盐、黑碳和共同气溶胶 ARI 效应导致的中国东部季风区、季风区北部、中部和南部地区平均全天空条件下地表净短波辐射强迫、净长波辐射强迫、地表感热通量和地表潜热通量值

效应	地区	地表净短波辐射强迫 /(W·m⁻²)	地表净长波辐射强迫 /(W·m⁻²)	地表感热通量 /(W·m⁻²)	地表潜热通量 /(W·m⁻²)
硫酸盐气溶胶 ARI 效应	中国东部季风区	-3.74	-0.41	-1.23	-1.53
	季风区南部	-1.95	0.19	-1.14	-0.04
	季风区中部	-5.99	-1.11	-2.40	-2.46
	季风区北部	-4.11	-0.55	-0.94	-2.12
黑碳气溶胶 ARI 效应	中国东部季风区	-2.73	-0.58	-1.34	-0.74
	季风区南部	-1.85	-0.24	-0.98	-0.70
	季风区中部	-3.23	-0.35	-1.35	-1.50
	季风区北部	-3.09	-0.84	-1.55	-0.54
硫酸盐和黑碳气溶胶共同的 ARI 效应	中国东部季风区	-7.15	-1.30	-2.80	-2.50
	季风区南部	-4.37	-0.34	-2.13	-1.21
	季风区中部	-10.26	-1.92	-4.28	-4.05
	季风区北部	-7.84	-1.68	-2.76	-2.80

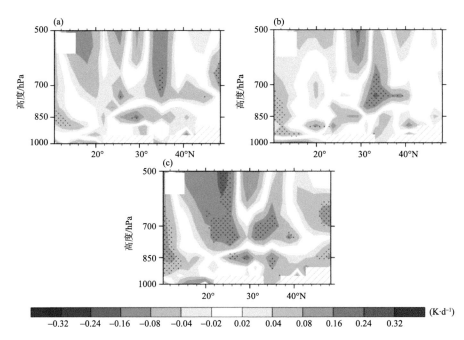

图 5.23　夏季硫酸盐(a)、黑碳(b)和共同(c)气溶胶 ARI 效应导致的大气湿过程凝结加热率变化沿 105°—120°E 经度平均的高度-纬度剖面图(500 hPa—地表)。点区域为显著性水平超过 0.1 区域，斜线区域是数据不可用的区域

　　图 5.24 为气溶胶 ARI 效应对夏季海平面气压影响的水平分布图。从图 5.24a 和图 5.24c,硫酸盐气溶胶和共同气溶胶 ARI 效应导致了夏季中国东部季风区整体海平面气压升高,但升高值并不显著,与气溶胶 ARI 效应导致的地表空气温度降低相吻合。硫酸盐气溶胶 ARI 效应导致的夏季中国东部季风区平均海平面气压变化为 0.08 hPa,季风区北部变化最大,为 0.10 hPa,季风区中部变化次之,为 0.07 hPa,季风区南部变化为 0.04 hPa。共同气溶胶 ARI 效应导致的中国东部季风区平均海平面气压变化为 0.19 hPa,同样在季风区北部变化最大,为 0.21 hPa,季风区中部和南部变化分别为 0.17 hPa 和 0.14 hPa。共同气溶胶 ARI 效应引起的 40°N 以北区域的欧洲大陆海平面气压增加较大且显著,这与之前引起的显著降温也相对应。黑碳气溶胶 ARI 效应则导致了夏季中国东部季风区海平面气压降低(图 5.24b),但不显著,主要与引起的陆地上空对流层增温有关(图 5.19b)。黑碳气溶胶 ARI 效应导致的夏季中国东部季风区平均海平面气压变化为 −0.08 hPa,季风区北部为 −0.07 hPa,季风区南部和中部分别为 −0.06 hPa 和 −0.11 hPa。此外,三种气溶胶还都引起了东部海洋地区约 40°N 范围海平面气压的显著降低。因此,硫酸盐气溶胶和共同气溶胶 ARI 效应引起了陆地海平面气压增高,可能会导致海陆气压梯度的降低,从而导致东亚夏季风的减弱;而黑碳气溶胶 ARI 效应引起的陆地海平面气压降低,可能会导致海陆气压梯度的增加,从而增强东亚夏季风,在下一节中详细讨论。

5.3.2.2　对东亚夏季风和降水的影响

　　通常情况下,东亚夏季风的低层暖湿气流经由三个不同的通道进入中国:①经印度、印度北部及青藏高原南侧边界进入中国的西南季风;②从印度洋经孟加拉湾进入中国南海地区的

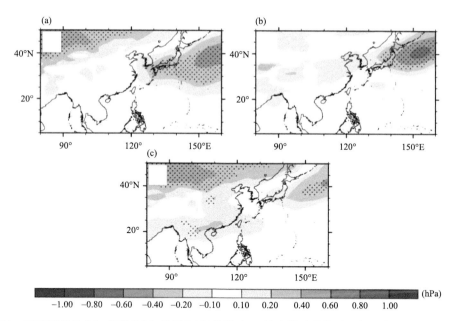

图 5.24　夏季硫酸盐(a)、黑碳(b)和共同(c)气溶胶 ARI 效应导致的海平面气压变化的水平分布图。点区域为显著性水平超过 0.1 区域

热带季风;③沿西太平洋副热带高压南侧或西南侧边缘影响中国东部季风区的东南季风或副热带季风。之后,东亚夏季风的这三条路径汇合并延伸成为中国东部季风区的偏南风气流,形成了影响中国夏季气候的主要环流系统(邓洁淳 等,2014)。东亚夏季风形成的根本原因为,在北半球夏季东亚陆地对太阳辐射的吸收能力更强,热容量相比海洋要小而升温更快,因此,夏季东亚陆地相对为热区域;而相邻的太平洋和大西洋的海洋地区热容量大,因此,相对海洋升温慢,为冷区域。形成的海陆热力差异导致了海陆之间的气压差,产生了由海洋吹向陆地的暖湿气流。夏季风通常使用 850 hPa 高度风场表示。

图 5.25 为气溶胶 ARI 效应对夏季 850 hPa 高度水平风场和经向风的影响。硫酸盐气溶胶 ARI 效应导致中国东部季风区 850 hPa 高度上约 30°N 以北为显著的西北风差值,30°N 以南地区为较小的西风差值,整体上导致了东亚夏季风的减弱(图 5.25a)。硫酸盐气溶胶 ARI 效应导致的夏季中国东部季风区平均 850 hPa 高度经向风变化为 $-0.09\ \mathrm{m\cdot s^{-1}}$,偏北风差值,季风区北部变化最大,为 $-0.15\ \mathrm{m\cdot s^{-1}}$,季风区中部变化次之,为 $-0.10\ \mathrm{m\cdot s^{-1}}$,季风区南部几乎无变化。因此,硫酸盐气溶胶 ARI 效应导致了中国东部季风区整体东亚夏季风的减弱。黑碳气溶胶 ARI 效应则导致了季风区南部和中部为偏南风差值,导致了东亚夏季风增强(图 5.25b),中国东部季风区平均 850 hPa 高度经向风变化为 $0.03\ \mathrm{m\cdot s^{-1}}$,较弱的偏南风差值,季风区南部变化最大,为 $0.11\ \mathrm{m\cdot s^{-1}}$,季风区中部变化次之,为 $0.06\ \mathrm{m\cdot s^{-1}}$,季风区北部则为 $-0.03\ \mathrm{m\cdot s^{-1}}$ 的偏北风差值。因此,黑碳气溶胶 ARI 效应导致了季风区南部和中部地区东亚夏季风的增强,而季风区北部夏季风略微减弱。共同气溶胶 ARI 效应则导致中国东部季风区 850 hPa 高度上约 30°N 以北为显著的西北风差值,30°N 以南地区为西南风差值(图 5.25c),中国东部季风区平均 850 hPa 高度经向风变化为 $-0.02\ \mathrm{m\cdot s^{-1}}$,为偏北风差值,季风区北部变化为 $-0.11\ \mathrm{m\cdot s^{-1}}$,为偏北风差值,季风区南部变化为 $0.12\ \mathrm{m\cdot s^{-1}}$,为偏南风差值,而在季风区中部变化较小,为 $0.03\ \mathrm{m\cdot s^{-1}}$ 的偏南风差值。因此,共同气溶胶 ARI 效应导

致了季风区南部和中部的东亚夏季风增强和季风区北部的东亚夏季风减弱。

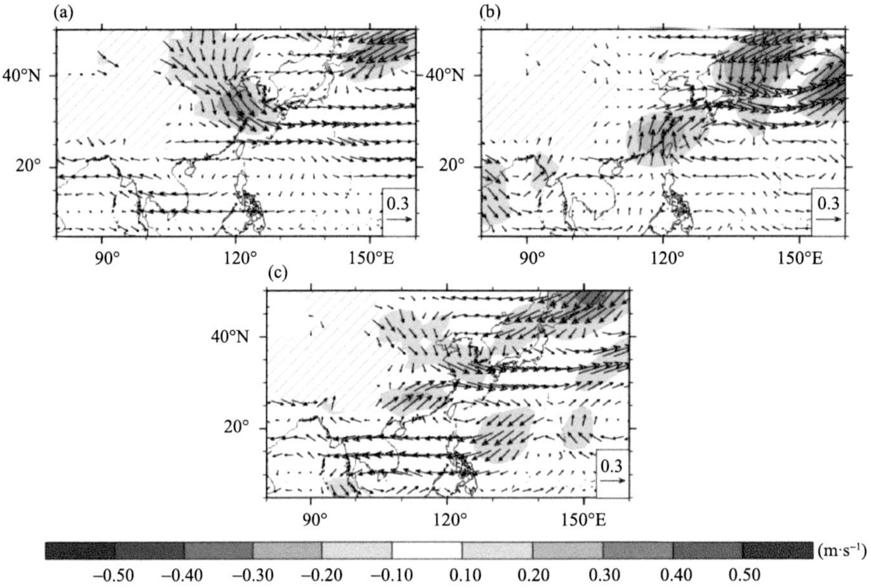

图 5.25 夏季硫酸盐(a)、黑碳(b)和共同(c)气溶胶 ARI 效应导致的
850 hPa 高度风场(矢量)和经向风(填色)变化的水平分布图

图 5.26 为气溶胶 ARI 效应对夏季总降水率的影响。硫酸盐气溶胶 ARI 效应导致的夏季中国东部季风区平均总降水率减少为-0.06 mm·d^{-1}(图 5.26a),季风区北部为-0.08 mm·d^{-1},季风区南部为-0.11 mm·d^{-1},季风区中部为增加(0.06 mm·d^{-1})。硫酸盐气溶胶 ARI 效应导致了季风区北部和南部地区降水减少,而在季风区中部地区增加,主要与东亚夏季风减弱有关。黑碳气溶胶 ARI 效应导致的夏季中国东部季风区平均总降水率变化为 0.06 mm·d^{-1}(图 5.26b),季风区中部为 0.17 mm·d^{-1},季风区南部为 0.09 mm·d^{-1},季风区北部为 0.02 mm·d^{-1}。黑碳气溶胶 ARI 效应导致了中国东部季风区整体上降水增加,最大增加在季风区中部,其次为季风区南部,这与东亚夏季风增强有关。共同气溶胶 ARI 效应导致的夏季中国东部季风区平均总降水率变化为-0.02 mm·d^{-1}(图 5.26c),季风区中部为 0.17 mm·d^{-1},季风区南部为-0.19 mm·d^{-1},季风区北部为略微增加(0.02 mm·d^{-1})。共同气溶胶 ARI 效应导致了季风区中部降水增加,而在季风区南部减少,这主要与东亚夏季风在季风区北部减弱而在季风区南部增强有关。

详细分析降水组成发现,硫酸盐气溶胶 ARI 效应导致的夏季中国东部季风区对流降水率整体上为减小,平均对流降水率变化为-0.09 mm·d^{-1},季风区北部为-0.08 mm·d^{-1},季风区南部为-0.13 mm·d^{-1},季风区中部为-0.04 mm·d^{-1};而大尺度降水率整体上为增加,导致的中国东部季风区平均大尺度降水率变化为 0.02 mm·d^{-1},季风区南部为 0.02 mm·d^{-1},季风区中部为 0.10 mm·d^{-1},而季风区北部几乎不变。由此可见,硫酸盐气溶胶 ARI 效应导致的季风区南部和北部降水的减少主要来自于对流降水的减少,而季风区中部的降水增加来自于大尺度降水的增加。黑碳气溶胶 ARI 效应导致的中国东部季风区对流降水率整体上为增加,平均对流降水率变化为 0.06 mm·d^{-1},季风区中部为 0.17 mm·d^{-1},季风区南部为 0.09 mm·d^{-1},季风区北部为 0.02 mm·d^{-1};而大尺度降水率整体上也为增加,导致的中国东部

季风区平均大尺度降水率变化为 0.05 mm・d⁻¹,季风区南部为 0.06 mm・d⁻¹,季风区中部
为 0.14 mm・d⁻¹,而季风区北部几乎不变(0.01 mm・d⁻¹)。由此可见,黑碳气溶胶 ARI 效
应导致的中国东部季风区降水的增加来自对流降水和大尺度降水增加的共同贡献。共同气溶
胶 ARI 效应导致的降水组成与单独硫酸盐气溶胶 ARI 效应相似,导致的中国东部季风区对
流降水率整体上为减少(为 −0.10 mm・d⁻¹),季风区南部为 −0.21 mm・d⁻¹,季风区北部为
−0.07 mm・d⁻¹,季风区中部几乎不变(−0.01 mm・d⁻¹);而大尺度降水率整体上为增加
(为 0.08 mm・d⁻¹),季风区南部为 0.02 mm・d⁻¹,季风区中部为 0.18 mm・d⁻¹,季风区北
部为 0.09 mm・d⁻¹。由此可见,共同气溶胶 ARI 效应导致的季风区南部降水的减少主要来
自于对流降水的减少,而季风区中部和北部的降水增加来自于大尺度降水的增加。

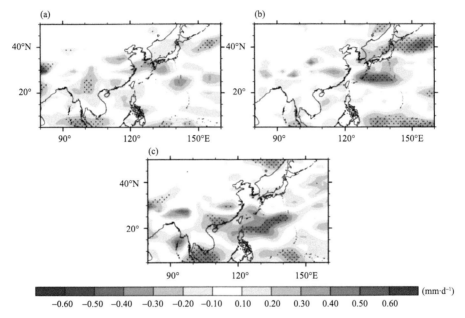

图 5.26　夏季硫酸盐(a)、黑碳(b)和共同(c)气溶胶 ARI 效应导致的总降水率变化的水平分布图。
点区域为显著性水平超过 0.1 区域

5.3.3　黑碳和硫酸盐气溶胶 ARI 效应对东亚冬季风的影响

5.3.3.1　对冬季温度和气压的影响

图 5.27 为冬季气溶胶 ARI 效应对全天空条件下地表净短波辐射强迫影响的水平分布
图。硫酸盐气溶胶 ARI 效应导致的冬季中国东部季风区平均全天空条件下地表净短波辐射
强迫变化为 −2.24 W・m⁻²(图 5.27a),季风区中部变化为 −3.99 W・m²,季风区南部和北
部变化分别为 −2.33 W・m⁻² 和 −1.69 W・m⁻²,数值上要远远小于夏季平均值。黑碳气溶
胶 ARI 效应导致的冬季中国东部季风区平均全天空条件下地表净短波辐射强迫变化为
−1.09 W・m⁻²(图 5.27b),季风区中部为 −1.14 W・m⁻²,季风区南部和北部变化分别为
−0.38 W・m⁻² 和 −1.47 W・m⁻²。共同气溶胶 ARI 效应导致的冬季中国东部季风区平均
全天空条件下地表净短波辐射强迫变化为 −5.47 W・m⁻²(图 5.27c),导致的季风区中部变
化为 −8.57 W・m⁻²,季风区南部和北部变化分别为 −5.77 W・m⁻² 和 −4.41 W・m⁻²。
　　硫酸盐、黑碳和共同气溶胶 ARI 效应导致的冬季全球平均大气顶短波辐射强迫值分别为

$-0.43~\mathrm{W\cdot m^{-2}}$、$0.13~\mathrm{W\cdot m^{-2}}$ 和 $-0.26~\mathrm{W\cdot m^{-2}}$。硫酸盐气溶胶 ARI 效应导致的冬季中国东部季风区平均大气中和人气顶短波辐射强迫值分别为 $-0.03~\mathrm{W\cdot m^{-2}}$ 和 $-2.27~\mathrm{W\cdot m^{-2}}$。黑碳气溶胶 ARI 效应导致的冬季中国东部季风区平均大气中和大气顶短波辐射强迫值分别为 $3.80~\mathrm{W\cdot m^{-2}}$ 和 $2.72~\mathrm{W\cdot m^{-2}}$。共同气溶胶 ARI 效应导致的冬季中国东部季风区平均大气中和大气顶短波辐射强迫值分别为 $4.04~\mathrm{W\cdot m^{-2}}$ 和 $-1.43~\mathrm{W\cdot m^{-2}}$。

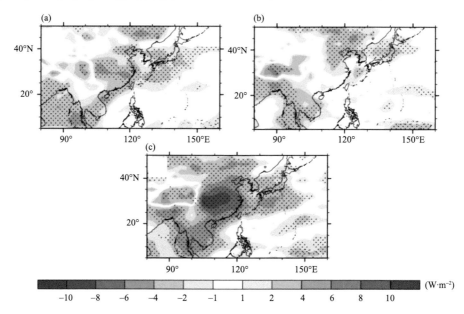

图 5.27　冬季硫酸盐(a)、黑碳(b)和共同(c)气溶胶 ARI 效应导致的全天空条件下地表净短波辐射强变化的水平分布图。点区域为显著性水平超过 0.1 区域

表 5.3 给出了硫酸盐、黑碳和共同气溶胶 ARI 效应对冬季中国东部季风区、季风区南部、中部和北部地区平均的全天空下地表净短波辐射强迫、净长波辐射强迫、感热通量和潜热通量的变化值。硫酸盐气溶胶 ARI 效应导致的冬季中国东部季风区平均全天空条件下地表净长波辐射强迫变化为 $-0.26~\mathrm{W\cdot m^{-2}}$，季风区中部变化为 $-0.99~\mathrm{W\cdot m^{-2}}$，季风区北部变化约为 $-0.21~\mathrm{W\cdot m^{-2}}$，而季风区南部几乎保持不变。黑碳气溶胶 ARI 效应导致的冬季中国东部季风区平均全天空条件下地表净长波辐射强迫变化为 $0.47~\mathrm{W\cdot m^{-2}}$，季风区中部变化为 $0.86~\mathrm{W\cdot m^{-2}}$，季风区南部和北部变化分别为 $0.68~\mathrm{W\cdot m^{-2}}$ 和 $0.24~\mathrm{W\cdot m^{-2}}$，引起的地表净长波辐射变化均为正。共同气溶胶 ARI 效应导致的冬季中国东部季风区平均全天空条件下地表净长波辐射强迫变化为 $-1.05~\mathrm{W\cdot m^{-2}}$，季风区中部变化为 $-1.83~\mathrm{W\cdot m^{-2}}$，季风区南部和北部变化分别为 $-0.71~\mathrm{W\cdot m^{-2}}$ 和 $-1.03~\mathrm{W\cdot m^{-2}}$。

冬季气溶胶 ARI 效应导致的地表感热通量变化普遍为负值。硫酸盐、黑碳和共同气溶胶 ARI 效应导致的冬季中国东部季风区平均地表感热通量变化分别为 $-0.86~\mathrm{W\cdot m^{-2}}$、$-1.35~\mathrm{W\cdot m^{-2}}$ 和 $-2.62~\mathrm{W\cdot m^{-2}}$。冬季气溶胶 ARI 效应导致的地表潜热通量变化也普遍为负值。硫酸盐、黑碳和共同气溶胶 ARI 效应导致的冬季中国东部季风区平均地表潜热通量变化分别为 $-0.80~\mathrm{W\cdot m^{-2}}$、$-0.23~\mathrm{W\cdot m^{-2}}$ 和 $-1.56~\mathrm{W\cdot m^{-2}}$。

综上，冬季硫酸盐气溶胶和共同气溶胶 ARI 效应引起地表空气温度的非绝热加热项仍以地表净短波辐射强迫变化为主，其次为地表感热和潜热通量，引起的地表净长波辐射强迫变化较小,非绝热加热项几乎都为负值,将共同导致地表降温。黑碳气溶胶 ARI 效应引起的冬季地表空气温度的非绝热加热项以地表净短波辐射强迫变化和地表感热通量为主。

表 5.3 冬季硫酸盐、黑碳和共同气溶胶 ARI 效应导致的中国东部季风区、季风区北部、中部和南部地区平均全天空条件下地表净短波辐射强迫、净长波辐射强迫、地表感热通量和地表潜热通量值

效应	地区	地表净短波辐射强迫 /(W·m⁻²)	地表净长波辐射强迫 /(W·m⁻²)	地表感热通量 /(W·m⁻²)	地表潜热通量 /(W·m⁻²)
硫酸盐气溶胶 ARI 效应	中国东部季风区	−2.24	−0.26	−0.86	−0.80
	季风区南部	−2.33	0	−1.13	−0.40
	季风区中部	−3.99	−0.99	−1.89	−1.30
	季风区北部	−1.69	−0.21	−0.41	−0.88
黑碳气溶胶 ARI 效应	中国东部季风区	−1.09	0.47	−1.35	−0.23
	季风区南部	−0.38	0.68	−1.20	−0.33
	季风区中部	−1.14	0.86	−1.62	−0.34
	季风区北部	−1.47	0.24	−1.37	−0.15
硫酸盐和黑碳气溶胶共同的 ARI 效应	中国东部季风区	−5.47	−1.05	−2.62	−1.56
	季风区南部	−5.77	−0.71	−2.93	−1.70
	季风区中部	−8.57	−1.83	−4.27	−2.56
	季风区北部	−4.41	−1.03	−1.97	−1.20

图 5.28 为冬季气溶胶 ARI 效应对地表空气温度影响的水平分布图。从图 5.28a 和图 5.28c 中可以看出,硫酸盐气溶胶和共同气溶胶 ARI 效应导致了冬季中国东部季风区整体地表降温,与导致的负地表净短波辐射强迫和其他负加热项的影响相吻合。同样在 40°N 以北的欧洲大陆上有着更大的降温,还是主要来自环流变化的反馈影响。硫酸盐气溶胶 ARI 效应导致的冬季中国东部季风区平均地表空气温度变化为 −0.19 K,季风区北部变化最大,为

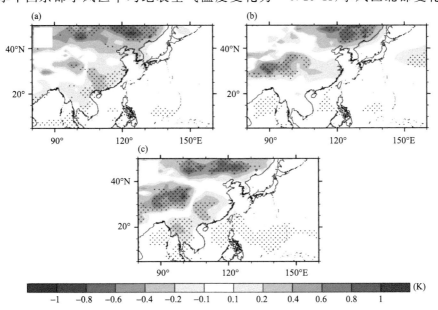

图 5.28 冬季硫酸盐(a)、黑碳(b)和共同(c)气溶胶 ARI 效应导致的地表空气温度变化的水平分布图。点区域为显著性水平超过 0.1 区域,斜线区域是数据不可用的区域

−0.22 K,季风区中部变化次之,为−0.19 K,季风区南部变化为−0.15 K。共同气溶胶 ARI 效应导致的冬季中国东部季风区平均地表空气温度变化为−0.16 K,在季风区中部变化最大,为−0.20 K,季风区北部变化次之,为−0.17 K,季风区南部变化为−0.10 K。黑碳气溶胶 ARI 效应则导致了冬季中国东部季风区的增温(图 5.28b),中国东部季风区平均地表空气温度变化为 0.03 K,季风区中部和南部均为增温,数值分别为 0.18 K 和 0.08 K,而在季风区北部变化为降温(−0.04 K)。这种温度变化特征可能与黑碳气溶胶吸收导致的半直接效应对云量的变化和环流反馈变化有关。

与夏季的分析相同,冬季气溶胶浓度还是主要分布在约 600 hPa 高度以下(图 5.29),因此在分析温度垂直变化时,我们还是重点讨论 500 hPa 以下高度温度的变化,而高层的温度变化主要来自环流反馈作用的影响。图 5.30 为冬季气溶胶 ARI 效应对大气温度影响的沿 105°—120°E 经度平均的垂直剖面图。从图 5.30a 中可以看出,硫酸盐气溶胶 ARI 效应导致了冬季中国东部季风区范围(20°—40°N)约 850 hPa 高度以下普遍降温,在 25°—35°N 范围降温较浅;而在约 35°N 以北为深层降温,这种降温特征与夏季相似。冬季黑碳气溶胶 ARI 效应则呈现出不同的结果(图 5.30b),在中国东部季风区上空表现为显著增温影响,这与黑碳气溶胶的垂直分布和吸收特性相一致,而在约 40°N 以北表现为降温。冬季共同气溶胶 ARI 效应表现为两种单独气溶胶 ARI 效应结果的累加(图 5.30c),在中国东部季风区范围低层温度变化不大,约 850 hPa 高度以上表现为增温;而在约 40°N 以北为深层降温。

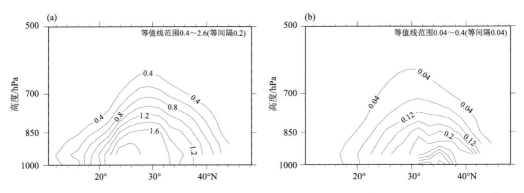

图 5.29　控制试验 MOZ_CTRL 模拟的冬季平均硫酸盐(a)、黑碳(b)气溶胶浓度沿 105°—120°E 经度的高度-纬度垂直剖面图(单位:$\mu g \cdot m^{-2}$)

前面提到过,气候因子对大气的温度影响的非绝热加热项包括大气短波加热率、长波加热率、湍流扩散加热率和湿过程凝结加热率。图 5.31 为冬季气溶胶 ARI 效应对大气短波加热率影响的垂直剖面图。硫酸盐气溶胶 ARI 效应对冬季大气短波加热率影响仍然很小(图 5.31a),几乎为 0。黑碳气溶胶 ARI 效应对冬季短波辐射强迫表现为强吸收作用,导致了较大的正大气短波加热率(图 5.31b)。冬季共同气溶胶 ARI 效应同样表现为对短波辐射强迫的强吸收作用,导致了较大的正大气短波加热率(图 5.31c),以黑碳气溶胶的贡献为主。共同气溶胶 ARI 效应导致的冬季正大气短波加热率在 30°—40°N 范围近地层最大,与黑碳气溶胶浓度的垂直分布一致(图 5.30b)。而对于大气长波加热率,硫酸盐气溶胶 ARI 效应导致了冬季中国东部季风区 850 hPa 到 700 hPa 高度负的大气长波加热率,共同气溶胶 ARI 效应的结果与单独硫酸盐气溶胶 ARI 效应结果相似;而冬季黑碳气溶胶 ARI 效应的影响则为约

850 hPa 以下为负,而在 850 hPa 以上为正(图略)。

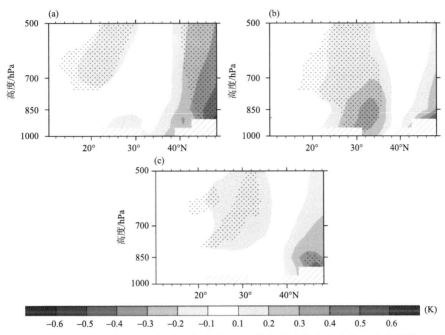

图 5.30　冬季硫酸盐(a)、黑碳(b)和共同(c)气溶胶 ARI 效应导致的大气空气温度变化沿 105°—120°E
经度平均的高度-纬度剖面图(500 hPa—地表)。点区域为显著性水平超过 0.1 区域,
斜线区域是数据不可用的区域

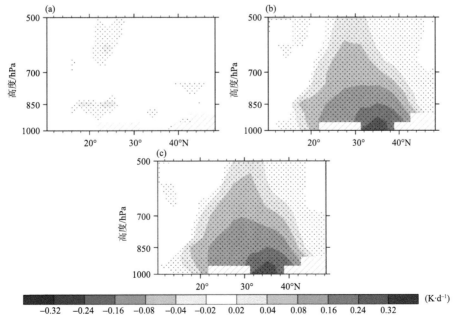

图 5.31　冬季硫酸盐(a)、黑碳(b)和共同(c)气溶胶 ARI 效应导致的大气短波加热率变化沿 105°—120°E
经度平均的高度-纬度剖面图(500 hPa—地表)。点区域为显著性水平超过 0.1 区域,
斜线区域是数据不可用的区域

　　图 5.32 为冬季气溶胶 ARI 效应对大气中湍流扩散加热率影响的垂直剖面图。大气湍流扩散加热率变化通常与地表感热通量有关,表 5.3 中给出的气溶胶 ARI 效应导致的地表感热通量均为减少。因此,冬季气溶胶 ARI 效应对低层的大气中湍流扩散加热率几乎均为负(图 5.32),共同气溶胶 ARI 效应变化最大(图 5.32c)。对于大气湿过程凝结加热率,冬季三种气溶胶 ARI 效应导致的大气湿过程凝结加热率均表现为在约 850 hPa 高度以下为正,以上为负,主要和气溶胶 ARI 效应引起的环流反馈有关,加热率数值较小(图略)。

　　综上,冬季硫酸盐气溶胶 ARI 效应对大气温度的影响仍然主要以大气湍流扩散加热率为主要贡献,表现为近地层降温;而黑碳气溶胶 ARI 效应对大气温度的影响过程主要是大气短波加热率和湍流扩散加热率共同贡献的结果,表现为近地层和中上层增温;共同气溶胶 ARI 效应对大气温度的影响同样是大气短波加热率和湍流扩散加热率共同贡献的结果,更大的负值湍流扩散加热率导致了近地层表现为降温,中上层略微增温。而黑碳气溶胶导致的高纬度地区的温度变化主要来自大气环流的反馈作用。

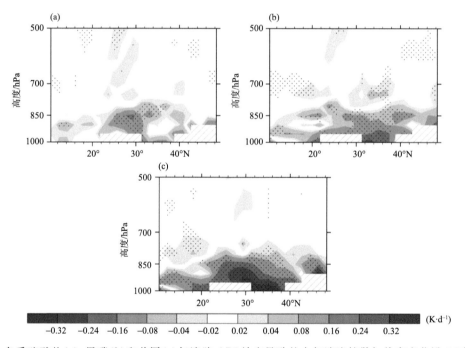

图 5.32　冬季硫酸盐(a)、黑碳(b)和共同(c)气溶胶 ARI 效应导致的大气湍流扩散加热率变化沿 105°—120°E 经度平均的高度-纬度剖面图(500 hPa—地表)。点区域为显著性水平超过 0.1 区域,斜线区域是数据不可用的区域

　　图 5.33 为冬季气溶胶 ARI 效应对海平面气压影响的水平分布图。从图 5.33a 和图 5.33c 可知,冬季硫酸盐气溶胶和共同气溶胶 ARI 效应均导致了中国东部季风区整体海平面气压略微升高,但并不显著,与气溶胶导致的地表温度降低相吻合。冬季硫酸盐气溶胶 ARI 效应导致的中国东部季风区平均海平面气压变化为 0.08 hPa,季风区中部变化最大,为 0.11 hPa,季风区南部变化次之,为 0.08 hPa,季风区北部变化为 0.07 hPa。冬季共同气溶胶 ARI 效应导致的中国东部季风区平均海平面气压变化为 0.12 hPa,同样在季风区中部变化最大,为 0.15 hPa,季风区南部和北部变化分别为 0.12 hPa 和 0.11 hPa。冬季黑碳气溶胶 ARI 效

应则导致了中国东部季风区海平面气压降低(图 5.33b),主要与近地层和对流层增温有关(图 5.29b),中国东部季风区平均海平面气压变化为−0.19 hPa,季风区北部为−0.25 hPa,季风区中部为−0.20 hPa,季风区南部略小为−0.07 hPa。冬季硫酸盐气溶胶和共同气溶胶 ARI 效应引起的陆地海平面气压增高,可能会导致海陆气压梯度的增加,从而导致东亚冬季风的增强;而黑碳气溶胶 ARI 效应引起的陆地海平面气压降低,可能会导致海陆气压梯度的减弱,从而减弱东亚冬季风。

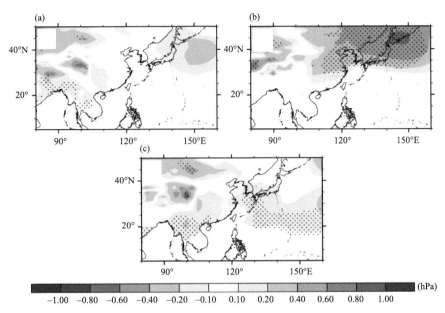

图 5.33　冬季硫酸盐(a)、黑碳(b)和共同(c)气溶胶 ARI 效应导致的海平面气压变化的水平分布图。点区域为显著性水平超过 0.1 区域

5.3.3.2　对东亚冬季风和降水的影响

在通常的气候条件下,冬季东亚地区约 27°N 以北的低层大气盛行西风和西北风,风从陆地吹向海洋,而在 27°N 以南风向转变为东风和东北风,风从西太平洋吹向陆地(Liu et al. , 2009)。东亚冬季风在低层是与西伯利亚冷高压相联系的偏北气流,在高层则对应强东亚大槽(邓洁淳 等,2014)。在垂直方向上,冬季气候态的经向环流特征为在 10°—35°N 范围内低层(约 850 hPa 以下高度)为偏北风,高层为偏南风;约 35°N 以北高低层均为偏北风。在垂直速度上,10°—15°N 为强上升气流,35°N 以北为强下沉气流,此外,在 30°N 纬度带附近范围存在一个弱的上升气流(约 400 hPa 高度)。东亚冬季风形成的根本原因为,在北半球冬季东亚相邻的海洋相对为热区域;而东亚大陆为冷区域。冬季东亚大陆为冷高压区,而邻近海洋为热低压区,形成的海陆热力差异导致了海陆之间的气压差。冬季风通常使用 925 hPa 高度风场表示。

图 5.34 为冬季气溶胶 ARI 效应对 925 hPa 高度水平风场和经向风影响的水平分布图。硫酸盐气溶胶 ARI 效应导致冬季中国东部季风区 925 hPa 高度上为西北风差值,但数值上较小(图 5.34a),中国东部季风区平均 925 hPa 高度经向风变化为−0.02 m·s⁻¹,偏北风差值,季风区北部、中部和南部均为偏北风差值,数值分别为−0.01 m·s⁻¹、−0.02 m·s⁻¹ 和−0.03 m·s⁻¹。因此,冬季硫酸盐气溶胶 ARI 效应导致了中国东部季风区整体东亚冬季风

的略微增强。而冬季黑碳气溶胶 ARI 效应则导致了季风区南部和中部为偏南风差值(图 5.34b),导致的中国东部季风区平均 925 hPa 高度经向风变化为 0.06 m·s^{-1},偏南风差值,季风区南部变化最大,为 0.10 m·s^{-1},季风区中部变化次之,为 0.07 m·s^{-1},季风区北部则为 -0.01 m·s^{-1} 的偏北风差值。因此,冬季黑碳气溶胶 ARI 效应导致了季风区南部和中部东亚冬季风的减弱,而季风区北部冬季风略微增强。冬季共同气溶胶 ARI 效应则导致中国东部季风区 925 hPa 高度上的微弱偏南风差值(图 5.34c),中国东部季风区平均 925 hPa 高度经向风变化为 0.01 m·s^{-1},微弱的偏南风差值,季风区北部、中部和南部的变化分别约为 0.01 m·s^{-1}、0 m·s^{-1} 和 0.02 m·s^{-1},均为微弱的偏南风差值。因此,冬季共同气溶胶 ARI 效应导致了中国东部季风区东亚冬季风微弱的减弱。

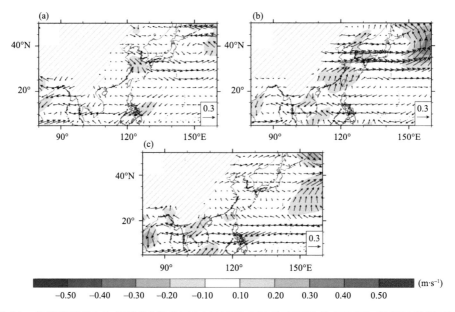

图 5.34　冬季硫酸盐(a)、黑碳(b)和共同(c)气溶胶 ARI 效应导致的 925 hPa 高度风场(矢量)和经向风(填色)变化的水平分布图,斜线区域是数据不可用的区域

　　图 5.35 为冬季气溶胶 ARI 效应对总降水率影响的水平分布图。由于东亚冬季风本身为干冷气流,因此,东亚地区冬季降水很少。冬季硫酸盐气溶胶 ARI 效应导致的中国东部季风区平均总降水率变化为 -0.01 mm·d^{-1},季风区北部为 -0.06 mm·d^{-1},季风区南部和中部分别为 0.04 mm·d^{-1} 和 0.06 mm·d^{-1},季风区北部地区降水减少,而在季风区中部和南部地区增加。冬季黑碳气溶胶 ARI 效应导致的中国东部季风区平均总降水率变化为 0.02 mm·d^{-1},季风区南部为 0.07 mm·d^{-1},季风区中部为 0.04 mm·d^{-1},季风区北部为 -0.02 mm·d^{-1}。冬季黑碳气溶胶 ARI 效应导致了中国东部季风区整体上降水略微增加,最大增加在季风区南部地区,其次为季风区中部地区。冬季共同气溶胶 ARI 效应导致的中国东部季风区平均总降水率变化为 -0.01 mm·d^{-1},季风区中部为 0.06 mm·d^{-1},季风区南部为 0.03 mm·d^{-1},季风区北部为 -0.06 mm·d^{-1},季风区北部降水减少,在季风区南部和中部地区增加。

　　详细分析降水组成发现,冬季硫酸盐气溶胶 ARI 效应导致的中国东部季风区对流降水率整体上为减少,导致的中国东部季风区平均对流降水率变化为 -0.04 mm·d^{-1},季风区北部为-0.03 mm·d^{-1},季风区南部为-0.06 mm·d^{-1},季风区中部为-0.02 mm·d^{-1};而大尺度降水率整体上为增加,导致的中国东部季风区平均大尺度降水率变化为 0.03 mm·d^{-1},季风区南部最大为 0.12 mm·d^{-1},季风区中部为 0.06 mm·d^{-1},而季风区北部为减少(-0.04 mm·d^{-1})。由此可见,冬季硫酸盐气溶胶 ARI 效应导致的季风区南部和中部降水的增加主要来自于大尺度降水的增加,而季风区北部的降水减少来自于对流降水和大尺度降水的共同减少。冬季黑碳气溶胶 ARI 效应导致的中国东部季风区对流降水率几乎不变,季风区南部略微减少(-0.03 mm·d^{-1}),季风区中部略微增加(0.01 mm·d^{-1}),季风区北部不变;而大尺度降水率整体上为增加,导致的中国东部季风区平均大尺度降水率变化为 0.02 mm·d^{-1},季风区南部为 0.09 mm·d^{-1},季风区中部为 0.03 mm·d^{-1},而季风区北部为略微减少(-0.02 mm·d^{-1})。由此可见,冬季黑碳气溶胶 ARI 效应导致的中国东部降水的增加来自大尺度降水增加的贡献,各区域的降水变化均以大尺度降水变化为主。冬季共同气溶胶 ARI 效应与单独硫酸盐气溶胶 ARI 效应相似,导致的中国东部季风区对流降水率整体上为减少,导致的中国东部季风区平均对流降水率变化为-0.05 mm·d^{-1},季风区南部为-0.08 mm·d^{-1},季风区北部和中部均为-0.03 mm·d^{-1};而大尺度降水率整体上为增加,导致的中国东部季风区平均大尺度降水率变化为 0.03 mm·d^{-1},季风区南部为 0.11 mm·d^{-1},季风区中部为 0.09 mm·d^{-1},季风区北部略微减少为-0.02 mm·d^{-1}。由此可见,冬季共同气溶胶 ARI 效应导致的季风区南部和中部降水的增加主要来自于大尺度降水的增加,而季风区北部的降水减少来自于大尺度降水和对流降水共同的减少。

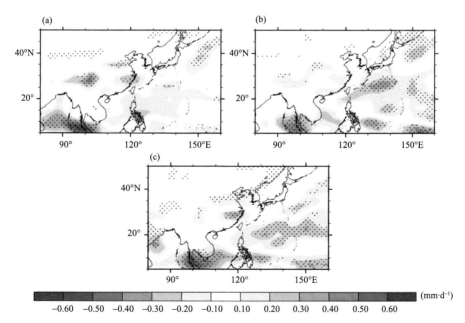

图 5.35　冬季硫酸盐(a)、黑碳(b)和共同(c)气溶胶导致的总降水率变化的水平分布图。点区域为显著性水平超过 0.1 区域

5.3.4　硫酸盐和黑碳气溶胶 ARI 效应对东亚副热带季风进程的影响

基于第 5.3.2 和 5.3.3 小节的分析我们发现,气溶胶无论在光学厚度还是引起的短波辐射强迫变化上都不是在夏季或冬季最高,主要是由于夏季的强降水清除作用和冬季的相对较

低的太阳辐射引起的,Jiang 等(2015)也得到了相似的结论。通过第 5.3.2 和第 5.3.3 小节的对比分析发现,气溶胶在季风区中部(27.5°—32.5°N,105°—120°E)有着更高的浓度分布,并且导致了更强的辐射强迫和气候效应。而季风区中部也就是东亚副热带地区的关键陆地区域,该区域的气候变化对东亚副热带季风的影响是不可忽视的。

以往的气溶胶辐射效应对季风影响的研究主要还是针对东亚热带季风,并且通常是讨论季风整体变化,或是对夏季风降水变化的研究,而对于东亚季风的爆发、发展和结束进程有哪些作用还不是很清楚,特别是对副热带季风的影响研究较少。本小节我们使用的试验方案仍然为表 5.1 给出的气溶胶 ARI 辐射效应的试验方案,与之前不同的是,在这里我们使用的是 CAM5.1 模式的候输出结果,也就是每 5 d 的平均结果,将每年的 365 d 每 5 d 平均处理成 73 候进行分析,不考虑闰年情况。并且,我们还结合了美国国家环境预报中心和美国国家大气研究中心(NCEP/NCAR)1950—2009 年再分析资料来研究硫酸盐和黑碳气溶胶 ARI 辐射效应对东亚副热带季风的爆发、发展和结束进程的影响。

5.3.4.1 ARI 效应引起的辐射强迫的子季节变化特征

图 5.36 和图 5.37 分别为硫酸盐和黑碳气溶胶光学厚度的沿 105°—120°E 经度平均的时间-纬度剖面图和沿 20°—40°N 纬度平均的时间-经度剖面图。从图 5.36 和图 5.37 中可以清晰地看出,气溶胶在东亚大陆上的分布主要是在 20°—40°N,105°—120°E 的范围内,也就是中国东部季风区的范围,在邻近的海洋上仅有十分少量的分布。图 5.38 为总降水率和 850 hPa 高度经向风的沿 105°—120°E 经度平均的时间-纬度剖面图。

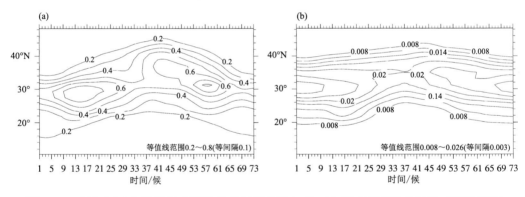

图 5.36　硫酸盐(a)和黑碳(b)气溶胶光学厚度的沿 105°—120°E 经度平均的时间-纬度剖面图

从图 5.36a 和图 5.37a 上可以看出,在冬季和初春季节,硫酸盐气溶胶光学厚度(AOD)主要分布在 20°—35°N 范围内,并且最高值集中于 25°—30°N 范围;在经度上 105°—120°E 都有较高分布,最高值集中于 110°E 范围,这表明硫酸盐 AOD 最高值主要分布在四川地区。从大约 21 候起,硫酸盐 AOD 值开始降低,这主要是由于春季在季风区南部爆发的季风前季降水所引起的(Zhu et al.,2011)(图 5.38a)。在初夏第 29 候左右开始,东亚热带夏季风开始爆发,30°N 附近的中国大陆地区雨季爆发,降水对气溶胶有明显的清除作用。因此,在夏季,硫酸盐 AOD 高值区减弱并向北移动到季风区北部(35°—40°N)范围,主要受夏季强降水清除作用和低层以偏南风为主的东亚夏季风的输送作用影响所致(图 5.38),这一结果也与 Jiang 等(2015)得到的结果相一致。硫酸盐气溶胶作为二次污染物,在夏季会经历更多从二氧化硫气体到硫酸盐颗粒的转换过程,这是由于夏季有着更高的太阳辐射和更强的光化学反应过程

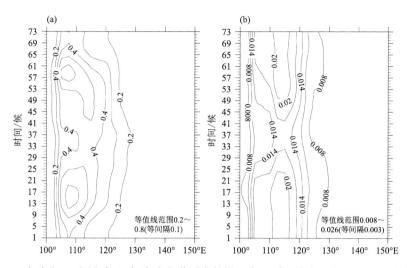

图 5.37　硫酸盐(a)和黑碳(b)气溶胶光学厚度的沿 20°—40°N 纬度平均的时间-经度剖面图

(Guo et al.,2013;Liao et al.,2015)。因此,尽管夏季同样还有着强湿清除过程,但更高的水汽含量同时也更有利于硫酸盐气溶胶的吸湿增长过程,这也可能是夏季高硫酸盐 AOD 值的原因。在秋季,相对较高的太阳辐射和相对较弱的湿清除过程也会导致高硫酸盐 AOD 值,随后,AOD 高值区由于风场的转换而向南移动(图 5.38b)。随着冬季的到来,太阳辐射减弱,硫酸盐 AOD 也随之减小。这就是硫酸盐 AOD 的年循环过程。

　　模拟的黑碳 AOD 值同样主要分布在 20°—40°N,105°—120°E 范围内(图 5.36b 和图 5.37b),高黑碳 AOD 值分布在 25°—35°N 范围,主要依赖于排放源的分布。不同的是,黑碳 AOD 的年循环南—北移动特征明显不同于硫酸盐气溶胶(图 5.36a)。这是因为黑碳气溶胶为一次污染物,有着相对稳定的物理化学特征,并且相比于二氧化硫气体(硫酸盐气溶胶前体物)不那么容易受到风场的输送作用和降水的湿清除作用的影响(Guo et al.,2013)。黑碳AOD 在冬季和春季达到最高值,在夏季最低,主要是由于降水湿清除作用和来自于海洋的清洁气流的输送和稀释作用(Jiang et al.,2015)。

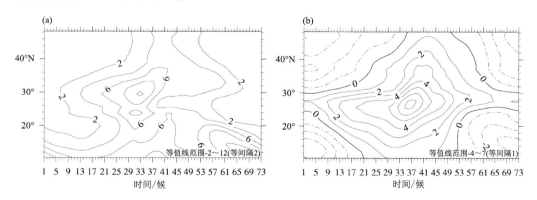

图 5.38　控制试验 MOZ_CTRL 模拟的总降水率(a,单位:mm・d^{-1})和 850 hPa 经向风(b,单位:m・s^{-1})的
沿 105°—120°E 经度平均的时间-纬度剖面图

　　图 5.39、图 5.40 和图 5.41 分别为气溶胶 ARI 效应引起的晴空条件下地表净短波辐射强

迫、大气中净短波辐射强迫和大气顶净短波辐射强迫的时间-纬度剖面图。与第 5.3.2 和第 5.3.3 小节中的分析相同,气溶胶通过 ARI 效应散射和吸收太阳短波辐射,并且改变了大气的热力结构。从图 5.39 可以看出,硫酸盐气溶胶、黑碳气溶胶和共同气溶胶 ARI 效应都导致了负的晴空条件下地表净短波辐射强迫变化,其时间变化和分布与硫酸盐和黑碳气溶胶光学厚度(图 5.36)的时间变化和分布相一致。对晴空条件下的大气中净短波辐射强迫的影响,硫酸盐气溶胶 ARI 效应几乎没有影响(图 5.40a),黑碳气溶胶和共同气溶胶 ARI 效应则导致了正的大气中净短波辐射强迫(图 5.40b 和图 5.40c)。对晴空条件下的大气顶的净短波辐射强迫的影响,硫酸盐气溶胶和共同气溶胶 ARI 效应导致了和地表相似的负值范围和分布特征(图 5.41a 和图 5.41c),黑碳气溶胶 ARI 效应则导致了较小的正值影响(图 5.41b),与吸收特性有关。从图 5.39、图 5.40 和图 5.41 中可以看出,气溶胶 ARI 效应对季风区中部地区常年有着较大的辐射强迫,并且在春、秋季有着更强的辐射强迫。而气溶胶 ARI 效应对于晴空条件下净长波辐射强迫的影响很小(图 5.42 给出了气溶胶 ARI 效应对晴空条件下模式顶净长波辐射强迫的时间-纬度剖面图)。

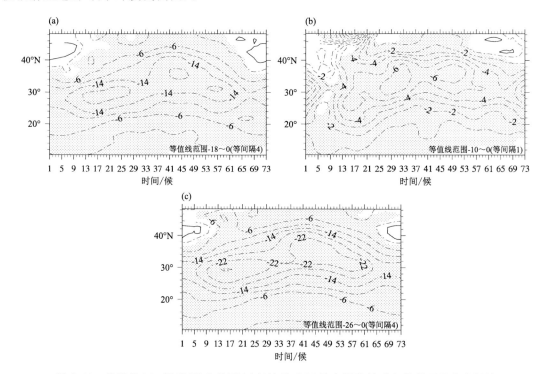

图 5.39 硫酸盐(a)、黑碳(b)和共同(c)气溶胶 ARI 效应导致的晴空条件下地表净短波辐射强迫变化沿 105°—120°E 经度平均的时间-纬度剖面图(单位:W·m^{-2})。点区域为显著性水平超过 0.1 区域

5.3.4.2 对子次季节温度变化的影响

图 5.43 为气溶胶 ARI 效应对地表温度影响的时间-纬度剖面图。硫酸盐气溶胶 ARI 效应导致了中国东部季风区(20°—45°N,105°—120°E)几乎整年的晴空条件下负的地表净短波辐射强迫变化(图 5.39a)和地表温度的降低(图 5.43a)。然而,地表温度的变化并不完全与晴空条件下地表净短波辐射强迫的变化相一致,因为还存在着云的反馈作用。随着东亚夏季风

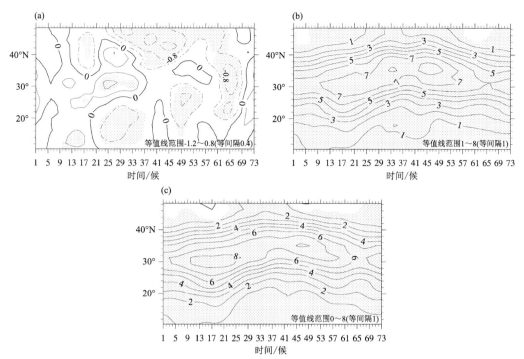

图 5.40 硫酸盐(a)、黑碳(b)和共同(c)气溶胶 ARI 效应导致的晴空条件下大气中净短波辐射强迫变化的沿 105°—120°E 经度平均的时间-纬度剖面图(单位:W·m^{-2})。点区域为显著性水平超过 0.1 区域

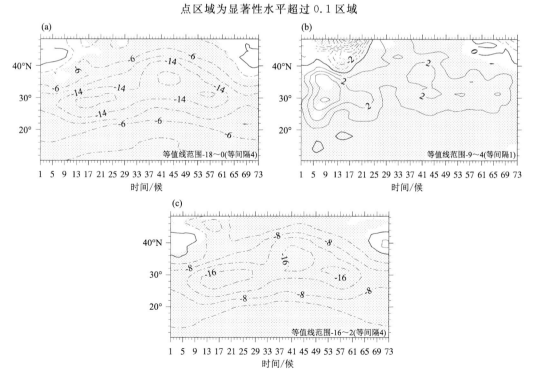

图 5.41 硫酸盐(a)、黑碳(b)和共同(c)气溶胶 ARI 效应导致的晴空条件下大气顶净短波辐射强迫变化的沿 105°—120°E 经度平均的时间-纬度剖面图(单位:W·m^{-2})。点区域为显著性水平超过 0.1 区域

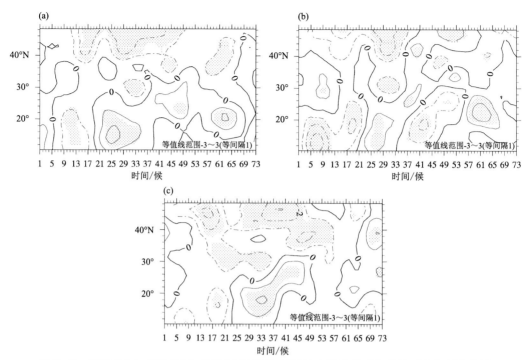

图 5.42　硫酸盐(a)、黑碳(b)和共同(c)气溶胶 ARI 效应导致的晴空条件下大气顶净长波辐射强迫变化沿 105°—120°E 经度平均的时间-纬度剖面图(单位:W·m^{-2})。点区域为显著性水平超过 0.1 区域

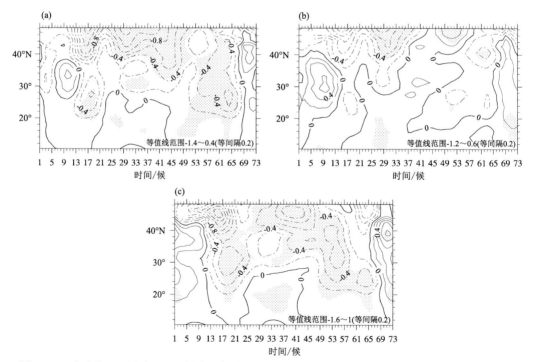

图 5.43　硫酸盐(a)、黑碳(b)和共同(c)气溶胶 ARI 效应导致的地表空气温度变化沿 105°—120°E 经度平均的时间-纬度剖面图(单位:K)。点区域为显著性水平超过 0.1 区域

的爆发和移动,东亚地区低层盛行偏南风气流,将硫酸盐气溶胶向北输送的同时,晴空条件下负的地表净短波辐射强迫变化也随着向北移动(图 5.39a)。在本研究中,控制试验和各个敏感性试验的唯一差异就是气溶胶的 ARI 效应,地表温度的变化主要是由于气溶胶 ARI 效应导致的短波辐射强迫变化和来自云变化的反馈所导致的。因此,地表温度降低中心区域在夏季向北移动到 30°N 以北,然后在秋季又再次移动回 20°N 附近(图 5.43a),这与负辐射强迫的移动特征相一致(图 5.39a)。

黑碳气溶胶 ARI 效应同样也导致了晴空条件下负的地表净短波辐射强迫,但是数值较小(图 5.39b),引起的地表空气温度的变化很小并且大部分变化值并不显著(图 5.43b),这种变化的原因可能是由于黑碳气溶胶半直接效应部分抵消了 ARI 效应所导致的(Guo et al.,2013;Jiang et al.,2013,2015)。共同气溶胶 ARI 效应结果与单独硫酸盐气溶胶 ARI 效应结果相近似(图 5.39c),但还是存在一些差异。两种类型气溶胶 ARI 效应结果的差值主要表现在引起的冬季地表空气温度变化上,但这些变化都不显著。从春季到秋季,地表空气温度的变化主要来自硫酸盐气溶胶 ARI 效应的贡献(对比图 5.43c 和图 5.43a 发现)。

在本节的研究中,我们重点关注东亚副热带季风,因此,我们研究的关键区域是东亚副热带陆地区域(27.5°—32.5°N,105°—120°E)(He et al.,2008;Qi et al.,2008;Zhao et al.,2009),也就是季风区中部。图 5.44 给出了气溶胶 ARI 效应对季风区中部大气温度影响的时间-高度垂直剖面图。硫酸盐和黑碳气溶胶 ARI 效应都对地表温度的降低起了作用,然而,硫酸盐气溶胶和黑碳气溶胶对对流层中上层温度的影响方式是截然相反的(Liu et al.,2009;Jiang et al.,2013)。硫酸盐气溶胶 ARI 效应散射太阳辐射,从而导致大气降温,然而黑碳气

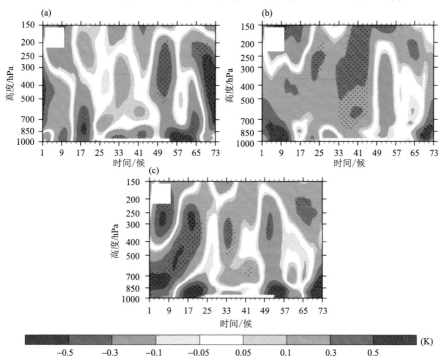

图 5.44　硫酸盐(a)、黑碳(b)和共同(c)气溶胶 ARI 效应导致的季风区中部(27.5°—32.5°N,105°—120°E)平均的大气温度变化的时间-高度垂直剖面图。点区域为显著性水平超过 0.1 区域,斜线区域是数据不可用的区域

溶胶 ARI 效应会吸收太阳辐射,从而导致大气加热。

我们在第 5.3.2 节和第 5.3.3 节中提到过,通常情况下,大气的非绝热加热项包括短波加热率、长波加热率、湍流扩散加热率和湿过程凝结加热率(Jiang et al.,2013)。在本节中,大气短波加热率变化为黑碳气溶胶吸收短波辐射强迫的结果;长波加热率变化是云和水汽变化导致对长波吸收和反射变化的结果;湍流扩散加热率是来自地表垂直热量输送的结果;湿过程凝结加热率的变化是深对流过程的潜热释放变化的结果。在这些非绝热加热项中,湿过程凝结加热率对东亚夏季风的形成有着主要的贡献,并且主导着东亚地区的非绝热加热项(Jin et al.,2013)。图 5.45 给出了东亚副热带地区气溶胶的垂直分布及气溶胶 ARI 效应对东亚副热带地区短波加热率影响的时间-高度垂直剖面图、气溶胶 ARI 效应对东亚副热带地区湿过程凝结加热率和垂直速度影响的时间-高度垂直剖面图。

在图 5.44a 中,硫酸盐气溶胶 ARI 效应导致了冬季季风区中部的大气在约 850 hPa 高度以下降温,850h Pa 高度以上升温。在初春和秋季,硫酸盐气溶胶 ARI 效应导致了无论是地表还是对流层温度的显著降低。另外,对流层中上层温度在秋季显著减少,主要来自于与环流变化导致的上升运动减弱相一致的大气湿过程凝结加热率的减少(图 5.45b)。在夏季,大气在约 850 hPa 高度以下降温,在约 850 hPa 高度以上升温,但升温并不显著(图 5.44a)。

黑碳气溶胶 ARI 效应导致的大气的增温几乎在全年都有发生,除了初春(约 700 hPa 高度以下)和秋季(不显著降温)。大气温度的升高部分来自于黑碳气溶胶的吸收特性导致的短波加热率的提高(图 5.45c)和与环流变化导致的上升运动增强相一致的湿过程凝结加热率的提高(图 5.45d)的贡献。如图 5.45c 中所示,黑碳气溶胶的浓度和增大的短波加热率在冬季维持 500 hPa 高度以下,随后在初春季节抬升到对流层上层,在秋季又重新降回到 500 hPa 以下,这种变化特征主要归因于大气环流的演变特征。

共同气溶胶 ARI 效应导致了冬季大气温度增加。在初春季节,导致了低层对流层(约 700 hPa 高度以下)显著降温,中高层对流层(约 700 hPa 高度以上)显著增温。大气增温的部分贡献来自于黑碳气溶胶吸收性导致的短波加热率的提高(图 5.45e)。在夏季,这导致了约 850 hPa 高度以下大气温度降低而 850 hPa 高度以上增温。相反的是,在秋季,共同 ARI 效应导致了近地层和中上层对流层大气温度的显著降低,这一结果与单独硫酸盐气溶胶结果相似。然而,共同 ARI 效应并不是两种气溶胶 ARI 效应简单的线性叠加(Liu et al.,2009;Jiang et al.,2013)。

正如上面所讨论的,气溶胶 ARI 效应导致了春季的地表降温,通过减少太阳辐射到达地表;中上层对流层的增温,部分来自于黑碳气溶胶的吸收特性导致的短波加热率的提高(图 5.45a、c、e)的贡献。这一机制与之前的很多工作结果相一致(Gu et al.,2006;Huang et al.,2007;Meehl et al.,2008;Liu et al.,2009;Ming et al.,2010;Jiang et al.,2013;Guo et al.,2013)。在秋季,气溶胶 ARI 效应仍然主导着地表降温;然而,对流层中上层大气温度的降低主要归因于与环流变化导致的上升运动减弱相一致的湿过程凝结加热率的降低(图 5.45)。气溶胶 ARI 效应导致的大部分长波加热率为负值(图略);由于气溶胶 ARI 效应导致了地表温度降低,产生了负的湍流扩散加热率(图略),进一步导致了对流层低层的降温。湿过程凝结加热率的变化是气溶胶 ARI 效应导致的一个反馈结果(Jiang et al.,2013)。因此,气溶胶 ARI 效应对东亚副热带陆地地区春季和秋季对流层温度变化有着重要的贡献,而春季和秋季也是东亚副热带季风爆发和撤退的关键时期。

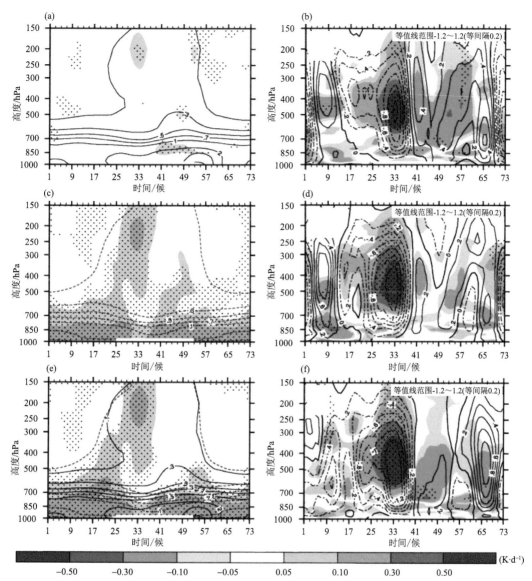

图 5.45　硫酸盐(a、b)、黑碳(c、d)和共同(e、f)气溶胶 ARI 效应导致的季风区中部(27.5°—32.5°N，105°—120°E)平均的大气短波加热率变化(填色)(a、c、e)、大气湿过程凝结加热率(填色)和垂直速度(等值线，单位：×10² Pa·s⁻¹)(b、d、f)变化的时间-高度垂直剖面图。(a、c、e)中蓝色等值线是控制试验模拟的硫酸盐气溶胶浓度(单位：$\mu g \cdot m^{-3}$)和红色等值线是黑碳气溶胶浓度(单位：$\mu g \cdot m^{-3}$)。点区域为显著性水平超过 0.1 区域

5.3.4.3　对纬向温度差异的影响

　　海陆热力差异通常被认为是季风形成的基本机制。在前面我们提到过，东亚热带季风的驱动力主要依赖于经向海陆热力差异，而纬向海陆热力差异是东亚副热带季风的主要驱动力，并且最快大气升温和气压降低的区域发生在 30°N 纬度带，在这里海陆热力差异的季节循环过程最早发生反转(He et al.，2008；Qi et al.，2008；Zhao et al.，2009)。气溶胶 ARI 效应导致的负地表辐射强迫变化引起了地表温度的降低，因此，改变了海陆热力差异(Liu et al.，

2009；Zhang et al.，2012；Jiang et al.，2013）。另外，海陆热容量有着很大的差异，并且陆地上通常有着更高的气溶胶含量，因此，在气溶胶强迫的影响下，陆地的降温要大于海洋地区。

温度纬向偏差（Temperature Latitudinal Deviation，TLD）定义为某一给定的经度温度与105°—150°E 经度平均温度的差异，用来反映海陆之间的冷暖对比情况。图 5.46 给出了模式控制试验（MOZ_CTRL）和 NCEP/NCAR 再分析资料在 30°N 纬度带上 850 hPa 高度和 500 hPa 高度上温度纬向偏差（TLD）的时间-经度演变图。从图中可以看出，模式模拟的在 30°N 纬度带上 850 hPa 高度和 500 hPa 高度上温度纬向偏差的时间演变与 NCEP/NCAR 再分析资料结果比较一致。如图 5.46 所示，西太平洋地区在冬季为暖区，在初春季节转为冷区，位于130°E 以东，然后在秋季再次转为暖区；与之相反的，东亚陆地区域在冬季为冷区，初春季节转为暖区，位于 120°E 以西，随后在秋季再次转为冷区。因此，在本研究中，东亚陆地区域定义为105°—120°E，西太平洋区域定义为 130°—150°E。相比于其他气候模式，CAM5.1 能够较好地重现温度纬向偏差的时间演变特征。

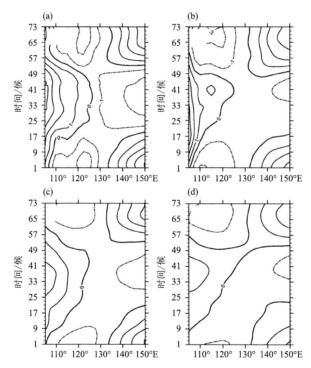

图 5.46 30°N 温度带上 850 hPa 高度（a、b）和 500 hPa 高度（c、d）的 TLD 的时间-经度演变图（单位：K）
(a、c)MOZ_CTRL；(b、d)NCEP/NCAR

如图 5.46 中所讨论的，纬向海陆热力差异（Zonal Sea-land Thermal Contrast，ZTC）定义为西太平洋地区（130°—150°E）和东亚陆地区域（105°—120°E）之间的温度差异，并且温度变化最显著和敏感的副热带地区位于 30°N 纬度带区域（He et al.，2008；Qi et al.，2008；Zhao et al.，2009）。图 5.47a 给出了在 30°N 纬度带上 850 hPa 高度的纬向海陆热力差异时间演变的模拟结果。表 5.4 给出了各个试验中详细的时间变化列表。从图 5.47 和表 5.4 中我们看出，在控制试验（MOZ_CTRL）中，850 hPa 高度上纬向海陆热力差异的转换时间发生在约 16 候和 55 候。在敏感性试验中，850 hPa 高度纬向海陆热力差异在 MOZ_nSFde 试验中的转换时间发生在约 15 候和 56 候，MOZ_nBCde 试验中的转换时间发生在约 15 候和 55 候，MOZ_nS-FBCde 试验中的转换时间发生在约 14 候和 56 候。

表 5.4　850 hPa 高度和 500 hPa 高度上的纬向海陆热力差异（ZTC）和 850 hPa 高度上
经向风（V）的转换和变化时间

| 试验 | 转换时间/候 | | | | | | | | | | | |
| | 850 hPa ZTC | | | | 500 hPa ZTC | | | | 850 hPa V | | | |
	1st	Δp	2nd	Δp	1st	Δp	2nd	Δp	1st	Δp	2nd	Δp
MOZ_CTRL	16th	—	55th	—	15th	—	55th	—	18th	—	56th	—
MOZ_nSFde	15th	1	56th	−1	15th	—	55th	—	17th	1	57th	−1
MOZ_nBCde	15th	1	55th	—	16th	−1	55th	—	19th	−1	57th	−1
MOZ_nSFBCde	14th	2	56th	−1	16th	−1	55th	—	19th	−1	58th	−2

注：Δp 定义为各敏感性试验与控制试验转换时间（候）的差值，提前为正。

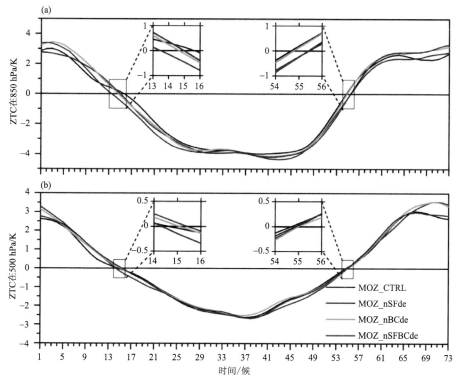

图 5.47　各模拟试验中 30°N 纬度带上 850 hPa 高度（a）和 500 hPa（b）高度上 ZTC 的时间演变图。
左、右小图分别为 ZTC 转负、转正时间

图 5.47b 给出了在 30°N 纬度带上 500 hPa 高度的纬向海陆热力差异时间演变的模拟结果。如图所示，控制试验的 500 hPa 高度上纬向海陆热力差异的转换时间发生在约 15 候和 55 候。在敏感性试验中，500 hPa 高度纬向海陆热力差异在 MOZ_nSFde 试验中的转换时间发生在约 15 候和 55 候，MOZ_nBCde 试验中的转换时间发生在约 16 候和 55 候，MOZ_nSFBCde 试验中的转换时间发生在约 16 候和 55 候。因此，与控制试验相比，黑碳气溶胶和共同气溶胶 ARI 效应导致了 500 hPa 高度上纬向海陆热力差异的第一次转换时间提前。

图 5.48 给出了气溶胶 ARI 效应对 30°N 纬度带上 850 hPa 高度上温度变化影响的时间-经度剖面图。与图 5.44 一致,硫酸盐气溶胶和共同气溶胶 ARI 效应导致了 850 hPa 高度上从初春季节到秋季东亚陆地区域(105°—120°E)温度的降低,降低的温度在春季和秋季显著(图 5.48a、c)。但是,黑碳气溶胶 ARI 效应导致的 850 hPa 高度空气温度的降低很小且不显著(图 5.48b)。通过对比敏感性试验和控制试验结果,我们发现三组气溶胶 ARI 效应引起的低层对流层冷却导致了东亚陆地区域在春季和秋季温度的降低,因此,导致了东亚陆地区域在春季由冷转暖延后,而在秋季由暖转冷提前。因此,气溶胶 ARI 效应导致了 850 hPa 高度纬向海陆热力差异在春季的第一次转换时间延后,而在秋季的第二次转化时间提前(黑碳气溶胶效应除外),如表 5.4 中所示。

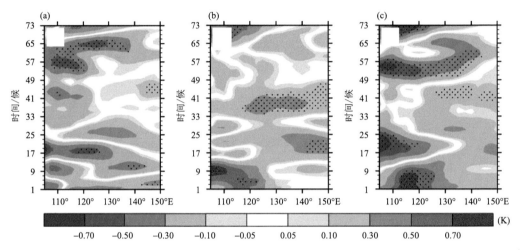

图 5.48 硫酸盐(a)、黑碳(b)和共同(c)气溶胶 ARI 效应对 30°N 纬度带上 850 hPa 高度上空气温度影响的时间-经度剖面图。点区域为显著性水平超过 0.1 区域

图 5.49 给出了气溶胶 ARI 效应对 30°N 纬度带上 500 hPa 高度上温度变化影响的时间-经度剖面图。硫酸盐气溶胶 ARI 效应导致了 500 hPa 高度上从初春季节和秋季东亚陆地区域温度的降低(图 5.49a)。黑碳气溶胶和共同气溶胶 ARI 效应导致的 500 hPa 高度空气温度在春季显著升高,而在秋季的降低很小且不显著(图 5.49b、c)。通过对比敏感性试验和控制试验结果,我们发现黑碳气溶胶和共同气溶胶 ARI 效应引起的中层对流层增温导致了东亚陆地区域在春季温度的降低,因此,导致了东亚陆地区域在春季由冷转暖提前。因此,气溶胶 ARI 效应导致了 500 hPa 高度纬向海陆热力差异在春季的第一次转换时间提前(硫酸盐气溶胶效应除外),如表 5.4 中所示。

5.3.4.4 对东亚副热带季风子季节进程的影响

众所周知,一个典型的季风系统的基本特征是低层风的季节性变化,特别是在风向的变化和干湿季节之间的交替。因此,基于风向或降水来定义夏季风的爆发时间是研究夏季风子季节进程的有用的方法(Zhao et al.,2007)。基于热成风公式,纬向温度梯度的降低或升高可能导致高低对流层之间的地转经向风的垂直切变的减弱或增强(Zhao et al.,2007)。通常情况下,使用 200 hPa 高度和 850 hPa 高度之间的经向风的垂直差异用来表示热成风。由于气溶胶主要分布在对流层中低层,因此,对 200 hPa 经向风的 ARI 影响非常小。因此,热成风的变

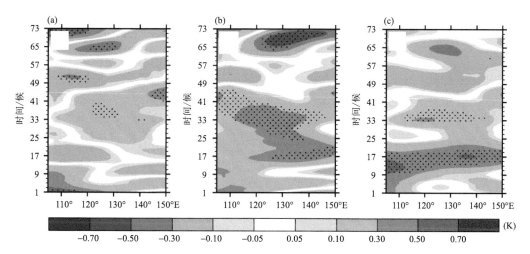

图 5.49　硫酸盐(a)、黑碳(b)和共同(c)气溶胶 ARI 效应对 30°N 纬度带上 500 hPa 高度
上空气温度影响的时间-经度剖面图。点区域为显著性水平超过 0.1 区域

化可以使用 850 hPa 经向风的变化来表示。

如之前的研究工作所示,东亚副热带季风系统不同于热带季风,其爆发和撤退时间依赖于
纬向海陆热力差异的转化的发生(Zhao et al.,2007;He et al.,2008;Qi et al.,2008)。因此,
对于东亚副热带季风的建立的判断条件为副热带地区(27.5°—32.5°N,110°—140°E)850 hPa
高度上经向风由北风向南风的转变。在本节中,东亚副热带季风的建立标准与 He 等(2008)
所使用的条件相似:①爆发候 850 hPa 高度经向风大于 0 m·s⁻¹($V_{850} > 0$ m·s⁻¹);②V_{850} 在
随后的 4 候内保持大于 0(包括爆发候),或至少 3 候为正,并且连续的 4 候经向风平均大于
0.5 m·s⁻¹($V_{850} \geqslant 0.5$ m·s⁻¹);③撤退候定义为经向风转负的时间($V_{850} < 0$ m·s⁻¹)。

基于上述判断标准,给出了模拟试验的东亚副热带地区(27.5°—32.5°N,110°—140°E)
850 hPa 高度经向风的时间演变图(图 5.50)。控制试验中,东亚副热带季风的爆发和撤退时
间分别为 18 候和 56 候。在敏感性试验中,MOZ_nSFde 试验中的爆发和撤退时间分别为 17
候和 57 候,MOZ_nBCde 试验中的爆发和撤退时间分别为 19 候和 57 候,MOZ_nSFde 试验中
的爆发和撤退时间分别为 19 候和 58 候。与控制试验对比,硫酸盐气溶胶 ARI 效应导致了东
亚副热带季风的爆发延后 1 候和撤退提前 1 候,黑碳气溶胶 ARI 效应导致东亚副热带季风的
爆发和撤退都提前 1 候,硫酸盐和黑碳气溶胶共同 ARI 效应导致东亚副热带季风爆发提前 1
候和撤退提前 2 候。

5.3.4.5　与再分析资料对比

之前有很多研究报道了在过去的几十年里,特别是从 20 世纪中后期,气溶胶及其前体物
气体的排放急剧增长(Bond et al.,2007;Lamarque et al.,2010;Smith et al.,2011)。基于
NCEP/NCAR 再分析资料,我们发现从 1950—2009 年的东亚副热带季风的子季节进程基于
本节的研究有明显的变化。图 5.51 给出了东亚副热带季风从 1950—2009 年基于我们判断标
准的爆发和撤退时间演变和中国过去每 10 a 的总二氧化硫(SO_2)排放,以及东亚副热带季风
的爆发和撤退时间趋势,其相关系数超过了显著性水平 0.05 的统计检验。如图 5.51 中所示,
从 1950—2009 年的东亚副热带季风平均爆发和撤退时间分别为 18 候和 55 候。东亚副热带

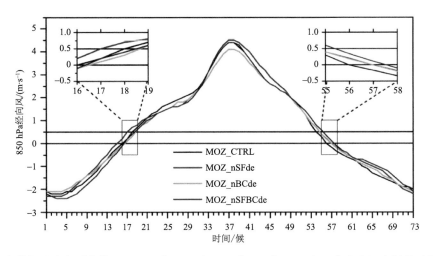

图 5.50 各模拟试验在副热带地区(27.5°—32.5°N,110°—140°E)850 hPa 高度上经向风的时间演变图。左、右小图分别为 ZTC 转负、转正时间

季风的爆发时间从大约 1980 年开始有延后趋势,与此同时,撤退时间开始提前。在同一时期,总 SO₂ 和黑碳气溶胶(Bond et al.,2007)的排放出现急速增长。因此,我们将 1950—2009 年这一时段划分成 1950—1979 年的 1980 年以前时段(BF1980)和 1980—2009 年的 1980 年以后时段(AF1980)。图 5.52 给出了这两个时段 850 hPa 高度和 500 hPa 高度上纬向海陆热力差异的时间演变图。在 AF1980 时段,无论在 850 hPa 高度还是 500 hPa 上,纬向海陆热力差异的第一次反转时间要晚于 BF1980 时期,而第二次反转时间早于 BF1980 时期。基于我们的模拟结果发现,硫酸盐气溶胶 ARI 效应可能是导致东亚副热带季风进程变化的原因之一。然而,季风的进程变化是一个十分复杂的过程(Bollasina et al.,2013),还有多种因子与季风变化相联系,比如海洋表面温度(SST)的变化等。详细的机制的确定需要进一步研究。

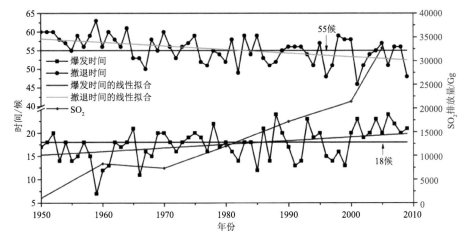

图 5.51 NCEP/NCAR 再分析资料中从 1950—2009 年逐年东亚副热带季风的爆发时间、撤退时间和中国地区总 SO₂ 每 10 a 排放量(蓝圆点线,排放源数据来自 Smith 等(2011))。爆发和撤退平均时间分别为第 18 候和第 55 候

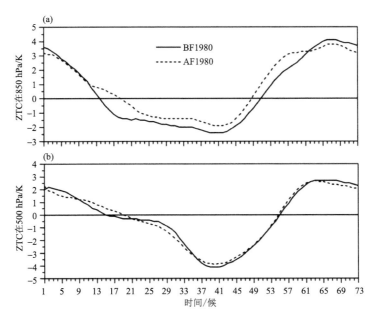

图 5.52　NCEP/NCAR 再分析资料中 30°N 纬度带上 850 hPa 高度(a)和 500 hPa 高度(b)上 ZTC 的
时间演变图

5.3.4.6 气溶胶 ARI 效应对东亚副热带季风进程影响机理总结

图 5.53 为气溶胶 ARI 效应对东亚副热带季风进程影响的思路和概念模型图。东亚副热带季风进程的风场表现主要为季风的爆发和撤退,而主要驱动力则是纬向海陆热力差异。对于东亚副热带季风的爆发和撤退的判断标准是副热带地区经向风的一个转换过程,季风转换的本质则是海洋和陆地之间相对冷暖的逆转过程,这两个过程的变化时间是相对应的,关键时间在春季和秋季。与东亚副热带季风相关的海洋和陆地区域相应为西太平洋地区和季风区中部陆地地区,其中海洋地区的热容量比较大,气溶胶含量较少,大气温度不易受影响;而季风区中部陆地地区的热容量相对较小,并且气溶胶含量较大,大气温度易受气溶胶 ARI 效应的影响。因此,在季风转换阶段,气溶胶 ARI 效应导致的陆地地表和大气温度的变化可能会引起海陆冷暖逆转时间的改变,进而影响季风转换时间。

硫酸盐气溶胶 ARI 效应导致了季风区中部的近地层和中上层温度的显著降低,特别是在春季和秋季。在 850 hPa 高度上,硫酸盐气溶胶 ARI 效应导致东亚陆地区域在春季转暖时间延后 1 候而在秋季转冷时间提前 1 候,导致纬向海陆热力差异第一次/第二次反转时间的延后/提前 1 候。因此,硫酸盐气溶胶 ARI 效应对纬向海陆热力差异的改变可能会分别导致东亚副热带季风爆发时间延后 1 候和撤退时间提前 1 候。

黑碳气溶胶的 ARI 效应导致了春季季风区中部近地层降温和中上层增温,秋季则在近地层和中上层均降温。黑碳气溶胶 ARI 效应导致东亚陆地区域在春季转暖时间提前 1 候而在秋季转冷时间提前 1 候,导致纬向海陆热力差异第一次/第二次反转时间均提前 1 候。因此,黑碳气溶胶 ARI 效应对纬向海陆热力差异的改变可能会分别导致东亚副热带季风爆发时间和撤退时间都提前 1 候。

硫酸盐和黑碳气溶胶共同的 ARI 效应(简称共同气溶胶 ARI 效应)导致了季风区中部初

春和秋季近地层温度的显著降低,主要是硫酸盐气溶胶的贡献;同时,在初春共同气溶胶 ARI 效应导致中上层对流层温度的显著增加,主要是黑碳气溶胶的贡献。因此,近地层温度的显著降低导致东亚副热带区域在春季转暖延后而在秋季转冷提前;然而,初春对流层中上层温度的显著增加导致区域转暖提前。综上,共同气溶胶 ARI 效应导致纬向海陆热力差异第一次和第二次反转时间提前,引起东亚副热带季风爆发和撤退时间分别提前 1 候和 2 候。此外,两种类型气溶胶 ARI 效应并不是简单的线性叠加。

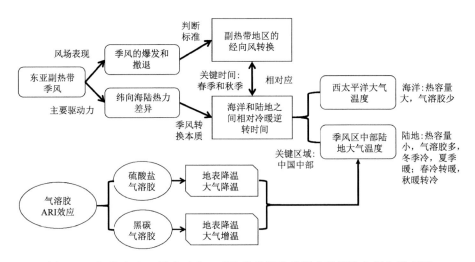

图 5.53　气溶胶 ARI 效应对东亚副热带季风进程影响的思路和概念模型图

5.4　对东亚冬季副热带西风急流的影响

副热带西风急流是一个稳定在对流层上层的行星尺度的环流系统(Holton,2004),也是东亚季风系统中的一个重要成员,其异常变化与东亚气候异常密切相关。夏季,青藏高原强感热加热对应着东亚副热带西风急流(East Asian Subtropical Westerly Jet,EASWJ)增强和南移,弱感热加热对应着急流的减弱及北移;冬季西北太平洋沿岸黑潮的感热和潜热加热增强,急流也会增强。此外,中纬度大气环流的变化会影响急流位置的南北位移和强度变化。当东亚大槽较弱的时候,对应着副热带急流北移;当非绝热加热和水平热量传输变强时,加大了温度经向梯度,急流增强(Xue et al. ,2017)。Menzel 等(2019)的研究发现,CO_2 通过改变温度经向梯度,导致副热带急流增强。Jiang 等(2017)认为,冬季青藏高原上空黑碳加热大气,引起 40°N 附近南北经向温度梯度加大,根据热成风原理造成高空西风急流加强。

急流的位置强度与我国雨带及日本梅雨雨带的分布及起止时间密切相关。Horinouchi 等(2019)用了第五阶段的气候模型比较项目(The Coupled Model Intercomparison Project, Version 5,CMIP5)提供的大气-海洋耦合气候模式发现,急流的经向位置与梅雨降水位置成正相关。Yu 等(2004)通过再分析资料研究发现,急流不仅与夏季降水雨带位置、强度密切相关,也会影响东亚冬季季风的强度进而影响温度、降水等气候要素。Hunt 等(2019)发现在印度和巴基斯坦地区,冬季日晒减少,副热带西风急流减弱,暴雨减少。

5.4.1 模式与试验

本节所用的模式是通用地球系统模式 CESM1。其中大气模式为 CAM5(Neale et al.，2012)，与陆面模式 CLM4(Lawrence et al.，2011)进行耦合。大气模式中所用气溶胶模块为三模态 MAM3(Modal Aerosol Module 3,Liu et al.，2012；Ghan et al,2012)。辐射参数化方案为快速辐射传输方案 RRTMG 机制(Rapid Radiative Transfer Method for GCMs,Iacono et al.，2008)、云微物理机制(Morrison et al.，2008)、云宏观物理机制(Park et al.，2014)。本节中没有考虑由于海温引起的变化，固定海温、海冰为气候平均态，仅考虑由于黑碳引起的快响应。Wang 等(2017)发现,黑碳的快响应会加大海陆热力差异，使得东亚夏季风增强，而由黑碳引起的慢响应会减弱季风，但黑碳对季风的总响应是使得季风略有增强的，主要是由快响应决定的。模式采取有限差分动力框架，水平分辨率为 $0.9°×1.25°$，垂直方向为 30 层，$\sigma\text{-}p$ 混合坐标(σ 为垂直坐标系统，p 为压力坐标系统)，模拟过程所采用的时间步长为 30 min，模拟了 31 a，第一年为模式稳定时间，选择后 30 a 进行分析。

本节进行了两组试验:控制试验，保持黑碳与其他气溶胶和气体排放源均为 PD(2000年)；敏感性试验，把黑碳排放源替换为 PI(1850 年)，其余气溶胶和气体排放源保持不变。其中控制试验黑碳为 2000 年北京大学排放源(Wang et al.，2014a)，以前黑碳排放源有所低估，本节所用的排放源对比以前的排放源对黑碳气溶胶浓度的模拟提高了 11%～16%，对黑碳的模拟结果更加准确(Wang et al.，2014b)，其余排放源均为政府间气候变化专门委员会第五次评估报告(IPCC AR5)排放源(Lamarque et al.，2010)。两组试验的差别是仅改变了黑碳的排放源，因此，认为控制试验与敏感性试验的差值为黑碳引起的变化。

5.4.2 黑碳引起冬季纬向风、温度变化的基本特征

首先关注黑碳引起冬季东亚副热带西风急流位置和强度变化的基本特征。从图 5.54 可以看出，将黑碳排放源替换为 PI 的排放水平后，EASWJ 急流强度整体减弱，其中急流中心减弱最强，可达 6 m·s^{-1}；而在青藏高原北部 40°N 附近有纬向风增强 2 m·s^{-1}(未通过显著性检验)，以上结果与 Jiang 等(2017)的结果部分一致，区别是 Jiang 等(2017)的结果高空纬向风在中国东部增强，而本研究则是减弱的(可能原因见下节)。在印度半岛北部(15°—25°N,80°—110°E)纬向风减弱 1～2 m·s^{-1}，低纬的西太平洋海上风速略有增强。黑碳排放源的改变还会引起温度场的改变。图 5.54b 为冬季 500 hPa 温度场的变化，大陆上整体均有一定程度上的升温，在青藏高原上的升温最强，可达到 1 K，主要位于 73°—104°E,25°—40°N 之间，这可能是因为在 500 hPa 青藏高原上黑碳的浓度(最大可达到 0.26 μg·kg^{-1},图 5.55)远大于平原上的浓度(最大为 0.14 μg·kg^{-1},图 5.55)；而在西太平洋洋面上，有一定的降温(最强为 0.4 K)。

黑碳排放源的改变引起黑碳浓度分布发生变化。图 5.55 中东亚地区黑碳柱浓度是主要在陆地上的变化较大，其中在华北地区和四川盆地附近两地变化最大，可达 7 mg·m^{-2}，在印度半岛北部有一个较弱的中心；沿海地区由于陆地向海洋的输送，浓度也有 0.5～1 mg·m^{-2} 的变化。根据黑碳柱浓度的分布及其变化图 5.55 可见，黑碳柱浓度的高值区为 20°—42.5°N,100°—130°E。

根据图 5.54b 我们可以发现，500 hPa 温度场在青藏高原上有一个很强的升温，因此，图 5.55 中给出了 500 hPa 黑碳浓度的变化情况。我们可以发现，在 500 hPa 黑碳在青藏高原上的浓度远大于平原上的浓度，浓度最大可达到 0.26 μg·kg^{-1}，但是平原上浓度最大为

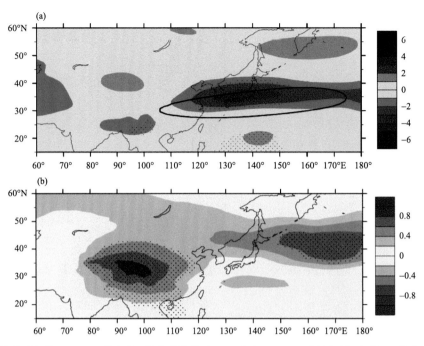

图 5.54　黑碳引起的 200 hPa 纬向风(其中等值线为 PD 试验 60 m·s^{-1}纬向风)变化(a,单位:m·s^{-1})、
500 hPa 温度场变化(b,单位:K)(打点表示通过显著性水平 0.1 的 t 检验显著性检验区域)

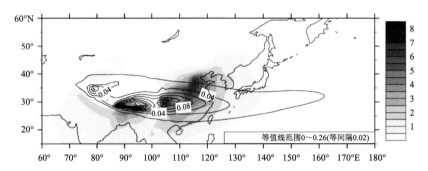

图 5.55　黑碳引起的黑碳柱浓度变化(填色,单位:mg·m^{-2})、500 hPa 黑碳浓度变化
(等值线,单位:μg·kg^{-1})

0.14 μg·kg^{-1},因此,在对流层中低层形成一个黑碳浓度带(20°—42.5°N,73°—130°E)。因
此,下面将针对黑碳柱浓度变化高值区 20°—42.5°N,100°—130°E,与青藏高原上空的黑碳浓
度变化高值中心(73°—104°E,25°—40°N)进行分析。

5.4.3　黑碳引起冬季纬向风局地变化的热力机制

　　由上一小节可知,在水平方向上黑碳会引起 EASWJ 减弱,那纬向风在垂直方向的变化情
况是什么样的呢? 图 5.56a 为控制试验与敏感性试验在 100°—130°E 平均纬向风的变化,可
以发现,冬季纬向风减弱最强位于 200 hPa,33°N 附近,略偏于 EASWJ 的北侧,而低层纬向风
变化较小。为了解黑碳对冬季东亚副热带西风急流的影响,需探究在黑碳变化高值区引起局
地纬向风变化的可能机制。

根据热成风原理(Holton,2004):

$$\frac{\partial u}{\partial p} = \left(\frac{R}{fp}\right)\frac{\partial T}{\partial y} \tag{5.13}$$

式中,u 是纬向风,p 是气压,R 是气体常数,f 是科里奥利常数,T 是大气温度。可知,纬向风随高度的变化正比于温度的经向梯度(低纬至高纬,一般 $\frac{\partial T}{\partial y}$ 为负),高层纬向风受到其下层经向温度梯度影响。由图 5.56a 可见,EASWJ 减弱的下方对应着正的经向温度梯度,该正经向温度梯度是由 200 hPa 以下黑碳引起的北强南弱的加热导致的(图 5.56b)。图 5.56b 显示,黑碳引起局地大气升温,其升温最强位于 500 hPa,35 °N 附近,可达 0.6 K;处于黑碳浓度变化高值区(30°N,500 hPa 处)的北侧,说明 30 °N 以北除了黑碳的辐射加热,还有其他加热方式(见下段分析)。总之,由黑碳引发的南北非对称加热造成正的经向温度梯度,根据热成风原

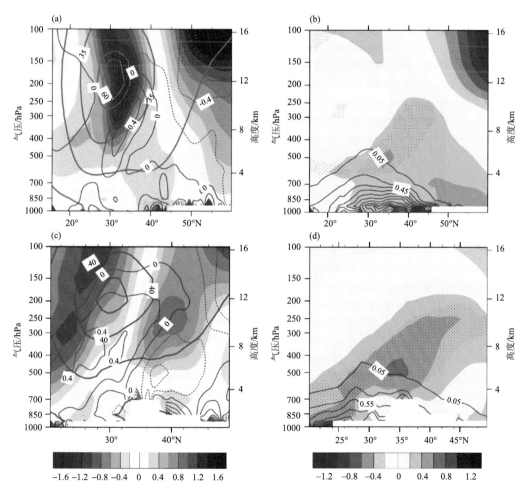

图 5.56　黑碳引起 100°—130°E 平均纬向风变化(填色,单位:m・s^{-1}),经向温度梯度(棕色等值线,单位:10^{-6} K・m^{-1},实线为正、虚线为负)变化以及 PD 纬向风场(灰粗等值线,单位:m・s^{-1})(a)100°—130°E 平均温度场变化(填色,单位:K)以及黑碳浓度变化(等值线,单位:μg・kg^{-1})的纬度-高度(左:气压;右:高度)剖面图(b)。(c)、(d)分别同图 5.56a、b,但是为 73°—104°E 平均(打点表示通过显著性水平 0.1 的 t 检验显著性检验区域)

理,上层纬向风减弱,急流强度减弱。从图 5.54 已知 500 hPa 高原上温度升温很强,且黑碳浓度在此处上较平原地区浓度高很多,图 5.56c 进一步给出了青藏高原上纬向-垂直剖面黑碳浓度与温度场的变化,可见 500 hPa 黑碳在高原上的浓度比同纬度平原高,加热中心位于 500 hPa,比中东部黑碳高值区的加热更强,在高原上 200 hPa 高空纬向风的变化与 Jiang 等(2017)结果较为一致,高空纬向风增强,Jiang 等(2017)的结果表明,高空纬向风增强主要是由于高原加热导致,同样,在本节中高原加热,加大了南北温度经向梯度,高原附近高空纬向风增强。黑碳在高原(纬度、经度区)与平原(纬度、经度区)上空的加热导致 EASWJ 在不同经度上加强或减弱,那么各区域的加热原因是否一致呢?

对于温度场的变化,Jiang 等(2013)研究表明,气溶胶引起的非绝热加热项包括短波加热(Shortwave Heating Rates,QRS)、长波加热(Longwave Heating Rates,QRL)、湍流扩散加热(Heating from Vertical Diffusion,DTV)和湿过程凝结加热(Condensation Heating from Moisture Process,DTCOND)。图 5.57 可见,在中东部黑碳高值区(25°—42.5°N)引起大气升温的项主要为短波加热率和湿过程凝结加热率,其中短波加热率主要作用在 500 hPa 以下,

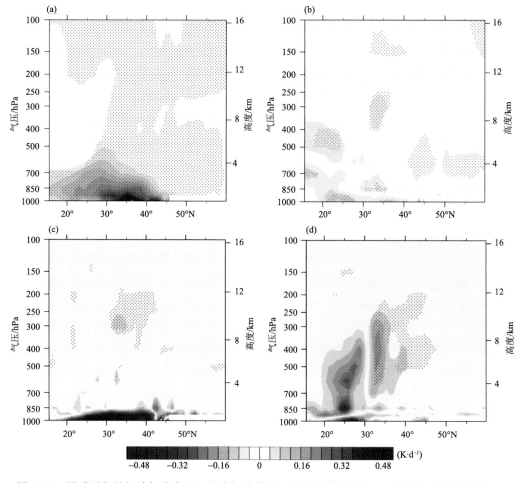

图 5.57 黑碳引起的短波加热率(a)、长波加热率(b)、湍流扩散加热率(c)、湿过程凝结加热率(d)(100°—130°E 平均)变化的纬度-高度(左:气压;右:高度)剖面图(打点表示通过显著性水平 0.1 的 t 检验显著性检验区域)

而湿过程凝结加热率在大气 700～250 hPa 有一个加热中心，长波加热率的影响比较小，湍流扩散加热率主要在地面且为负值。而从黑碳引起高原加热（图 5.58）可见，在高原上主要是短波加热率、湍流扩散加热率和湿过程凝结加热率，相比平原区，高原上湍流扩散加热也很强。

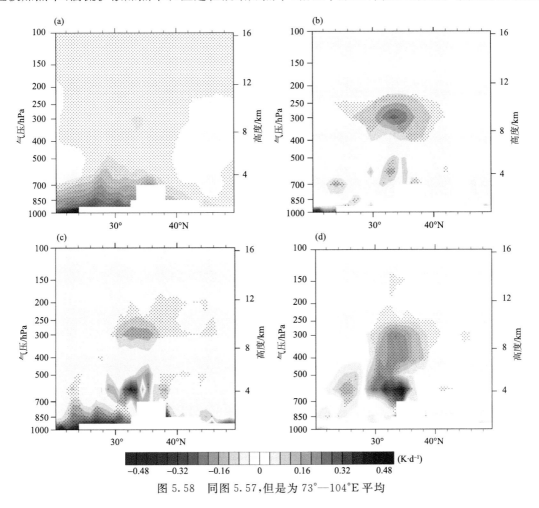

图 5.58　同图 5.57，但是为 73°—104°E 平均

短波加热率主要是由黑碳对大气短波辐射的吸收引起的。在青藏高原地表短波辐射强迫增加，这是由于黑碳会沉降在冰雪表面，使得冰雪表面的反照率减小，会吸收更多的短波辐射，从而使得地表升温。高原的黑碳对辐射强迫的作用主要在地表和大气顶，而对大气中的短波辐射强迫的作用较弱。黑碳的地表辐射强迫使地表感热通量增加（图 5.59），进而使青藏高原上稀薄大气得到更强的温升，并通过湍流扩散加热上层大气。更重要的，由于高原地势比周边地区高得多，相对于周边大气青藏高原的 700～500 hPa 之间的大气增温更强。而在中东部黑碳高值区，地表的辐射强迫减少，地表的感热通量减少，但是影响的是大气低层（图 5.57c）。

中东部高值区黑碳主要分布在 500 hPa 以下，因此，对大气中低层有较强的加热，在大气中低层至中高层（700～300 hPa 附近）降低大气稳定度，进而在该处有深对流活动，湿过程凝结释放潜热。由 100°—130°E 平均的垂直运动（图 5.60a）可以发现，在中东部高值区大气为下沉运动，由于黑碳在大气中低层的加热，导致在 30°N 以北有异常的上升，最强位于 500～400 hPa 之间，有两个异常上升中心，分别位于 30°—35°N 之间和 40°N，最强位于 500 hPa 附近；上升

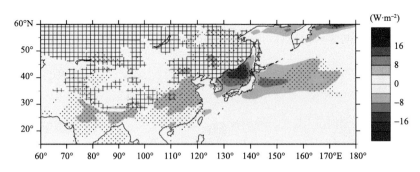

图 5.59　地表感热通量（填色）（打点表示通过显著性水平 0.1 的 t 检验显著性检验区域）以及
沉降到冰雪中的黑碳浓度（网格，大于等于 1 mg·m^{-2} 的区域）

运动会引起降水增多，30°—35°N 之间的上升运动比 40°N 强，其降水量（图 5.60c）增多也比 40°N 强，释放的潜热多；与湿过程凝结加热率（图 5.57d）相对应，在降水增多的区域，湿过程凝结加热率为正，因此，30°—35°N 对大气的加热效应更强。而在 30°N 以南，为下沉运动，降水减少，潜热释放减少，大气温度降低。

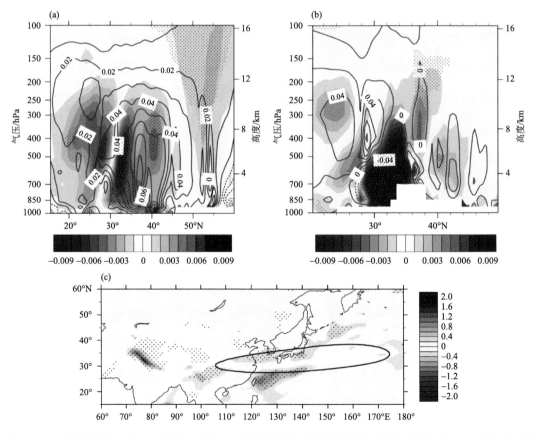

图 5.60　由黑碳引起 100°—130°E(a)、73°—104°E(b)平均垂直速度变化（填色，单位：Pa·s^{-1}）以及 PD 垂直速度（等值线，单位：Pa·s^{-1}）纬度-高度（左：气压；右：高度）剖面；降水率变化(c，单位：mm·d^{-1}）以及 200 hPa 60 m·s^{-1} 纬向风（黑色等值线，可以代表 EASWJ 位置）（打点表示通过显著性水平 0.1 的 t 检验显著性检验区域）

在高原上,大气本身有强烈的上升运动,而在黑碳的加热,地表感热通量的增加下,有更强的上升运动,因此,对应着降水的增多,可以发现在青藏高原上,降水是普遍增多的;释放的潜热进一步加热大气。

综合黑碳引起的平原和青藏高原的加热特征,对地表至 200 hPa 温度进行垂直积分(图5.61)可见,在陆地上普遍升温,在东亚,升温最强位于青藏高原,与黑碳陆地上空浓度高一致(图 5.55),由此导致位势高度场和环流场的变化。由图 5.61 可见,在高层 200 hPa 陆地为异常反气旋,西太平洋海面上为异常的气旋。因此,在 40°N 附近纬向风增强;EASWJ 位于洋面上异常反气旋北侧,有东风异常,因此,该处 EASWJ 减弱。

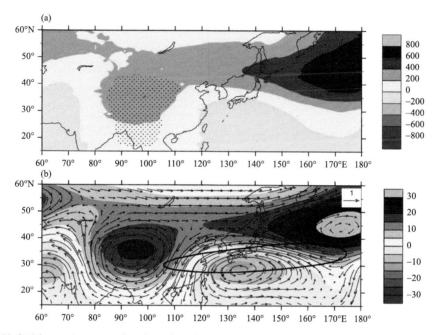

图 5.61　黑碳引起 200 hPa 至地表温度垂直积分变化(a,单位:K·hPa)(打点表示通过显著性水平 0.1 的 t 检验显著性检验区域)、200 hPa 位势高度场变化(填色,单位:m)以及环流场变化(矢量,单位:m·s⁻¹)(b),
黑色等值线为 200 hPa PD 试验的 60 m·s⁻¹ 纬向风

5.4.4　黑碳引起冬季东亚副热带急流变化的可能机制

结合前两小节我们可以得出黑碳引起冬季东亚副热带西风急流变化的可能机制(图5.62):在中国中东部高浓度黑碳主要通过吸收短波辐射加热大气,由于黑碳处于大气中低层,降低大气稳定度,在大气中层会有较强的垂直运动,异常上升运动区降水增多,释放潜热,进一步加热大气。而在青藏高原上,黑碳不仅吸收短波辐射加热大气,同时也会沉降在冰雪表面上吸收大气辐射,进一步加热,因此,地表的感热通量变强,通过湍流运动,向上输送的热量变多,同样,大气中低层变暖,中层不稳定,降水增多,进一步加热大气。可以发现,在黑碳高浓度带上,黑碳会加热大气,而在青藏高原上,黑碳沉降至冰雪覆面上从而使得加热更强。黑碳主要在大陆上排放增多,因此,在陆地上整体升温,在高层(200 hPa)对应着异常反气旋,而在西太平洋洋面上对应着异常气旋,而 EASWJ 在异常气旋的北侧,也就是有东风异常,因此,EASWJ 减弱。

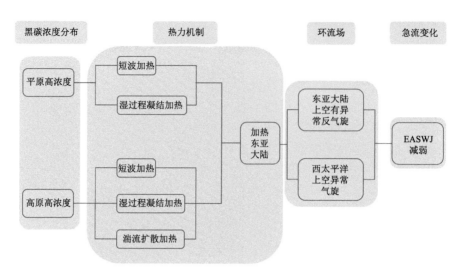

图 5.62   黑碳引起冬季东亚副热带急流变化的可能机制

5.5   硫酸盐和黑碳气溶胶对南海夏季风爆发的影响

东亚季风系统可以分为两个独立的子系统:南海夏季风(South China Sea Summer Monsoon,SCSSM)和东亚副热带夏季风(EASM,Zhu et al.,1986)。EASM 的产生依赖于纬向海陆热力对比的季节性转变(何金海 等,2020)。研究表明,中国东部分布的较高硫酸盐(黑碳)会显著推迟(提前)EASM 的爆发(Wang et al.,2016a)。SCSSM 则更依赖于经向海陆差异的季节性转变(Qi et al.,2008)。尽管南海及周边地区硫酸盐和黑碳浓度明显低于中国东部,但由于气溶胶的气候效应不仅是局地的,全球的硫酸盐和黑碳对南海季风爆发的影响仍然值得研究。Lin 等(2020)研究表明,全球温室气体浓度和气溶胶排放的变化使得 20 世纪后期SCSSM 的减弱和南海降水减少。本节主要针对人为黑碳和硫酸盐对 SCSSM 爆发时间的影响开展研究。通过研究硫酸盐和黑碳对南海至华南区域经向海陆温差逆转以及中南半岛对流、西北太平洋副高(西太副高)断裂的影响,探讨黑碳和硫酸盐影响 SCSSM 爆发的机制,对进一步认识和了解东亚夏季风的发展和我国夏季雨带的移动有重要意义。

5.5.1   数据与方法

5.5.1.1   模式与试验

本节的研究以 CAM5.1 为主要研究工具。该模式是通用地球系统模式 CESM1 的大气模块(Neale et al.,2012)。大气模式中所用气溶胶模块为三模态 MAM3(Modal Aerosol Module 3,Liu et al.,2012;Ghan et al.,2012)。辐射参数化方案为快速辐射传输方案(Rapid Radiative Transfer Method for GCMs,RRTMG)机制(Iacono et al.,2008)。云微物理机制和云宏观物理机制分别采用 Morrison 等(2008)及 Park 等(2014)的方案。本节没有考虑气溶胶影响海温的变化,固定海温、海冰为气候平均态,仅考虑由于气溶胶引起的大气中的快响应。模式采取有限差分动力框架,水平分辨率为 0.9°×1.25°,垂直方向为 30 层,σ-p 混合坐标,模拟时间步长为 30 min,模拟了 31 a,前 6 a 为模式稳定时间,选择后 25 a 进行分析。

本节进行了 3 组试验(见表 5.5):1 组控制试验(CTRL),包含所有气溶胶的效应,其他气候辐射强迫因子如温室气体等保持在现代气候态状态,其中黑碳和硫酸盐的排放源选用 2000 年 PKU 排放源(Wang et al.,2014),其余排放源均为 IPCC AR5 排放源(Lamarque et al.,2010)。2 组敏感性试验分别为将 BC 排放源替换为工业革命早期(1850 年,BC_{1850}),其余气溶胶和气体排放源保持不变;将 SO_2 排放源(硫酸盐 SO_4^{2-} 前体物)替换为工业革命早期(1850 年,SF_{1850}),其余气溶胶和气体排放源保持不变。通过 CTRL 试验和 SF_{1850} 试验的差值(CTRL$-SF_{1850}$)来表征硫酸盐气候效应;通过 CTRL 试验和 BC_{1850} 试验的差值(CTRL$-BC_{1850}$)来表征黑碳气候效应。模式输出结果包含月平均结果和候平均结果(5 d 为 1 候,不考虑闰年情况)。

表 5.5   硫酸盐和黑碳气候效应的数值试验设计

试验名称	试验设计描述
CTRL	包含所有气溶胶的排放源,气候强迫因子保持在现在水平
BC_{1850}	单独设置 1850 年 BC 的排放源,其他和控制试验保持一致
SF_{1850}	单独设置 1850 年 SO_2 的排放源,其他和控制试验保持一致

5.5.1.2   数据

采用 NCEP/NCAR(Kalnay et al.,1996)月均再分析资料(1991 年 1 月—2020 年 12 月)验证模式气象场模拟结果,所选要素场:纬向风、经向风、温度场、海平面气压场、位势高度场等,水平分辨率 2.5°×2.5°,垂直 17 层。

使用 2000 年 1 月—2008 年 12 月,同化卫星资料的 MERRA2 再分析资料验证模式模拟的化学成分。所选要素场:黑碳柱浓度、黑碳地面浓度、硫酸盐柱浓度、硫酸盐地面浓度,时间分辨率:4 h,空间分辨率:0.5°×0.625°。

5.5.1.3   模式验证

春末夏初,亚洲季风区开始由冬季风向夏季风转变,大气环流开始发生季节性调整。能否较好地还原出南海地区环流的季节性变化是验证模式的关键。将 CTRL 试验 4 和 5 月的大气环流场和 NCEP/NCAR 再分析资料 1991—2020 年 30 a 4 和 5 月的大气平均环流场进行比较(图 5.63)可以发现:4 月西北太平洋副热带高压(简称副高)的西脊向西延伸控制了南海和中南半岛区域,南海地区主要受副高南侧的东南风影响,索马里越赤道气流尚未出现,阿拉伯海西侧存在较强的反气旋,印度洋统一的赤道西风也未建立。5 月,西太副高东撤至南海东侧,南海地区开始由偏西风控制,索马里越赤道气流向北越过赤道后转为西风,孟加拉湾低槽形成,阿拉伯海西侧反气旋消失,印度洋统一的赤道西风建立,标志着南海夏季风已经形成(何金海 等,2000)。我们可以发现,与再分析资料相比,模式能较好地还原出南海季风爆发前后大气环流场的变化。此外,我们还将位势高度场、海平面气压场、温度场进行比较,发现模式能较好地模拟出东亚地区的气象场。同时以前的研究已经将气溶胶特性(浓度、AOD 等)和气象场(风、温度、降水、湿度等)与各类再分析数据集进行了比较,并验证了 CESM 在此类配置下的性能(Tosca et al.,2013;邓洁淳 等,2014;Zhang et al.,2015a;Pan et al.,2017),我们的结果也符合得较好。

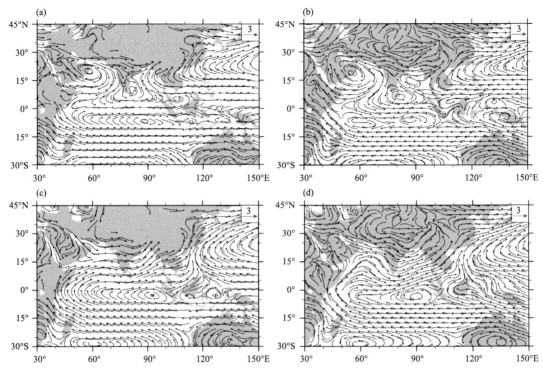

图 5.63　CTRL 试验(a、c)和 NCEP/NCAR 再分析资料(b、d)中 4 月(a、b)和 5 月(c、e)850 hPa 环流场
（单位：m·s^{-1}）

　　图 5.64 为 MERRA2 再分析资料与 CESM 模式模拟的黑碳和硫酸盐浓度分布对比,可见 CESM 模拟的东亚地区黑碳和硫酸盐的柱浓度分布与 MERRA2 较为一致;最大中心有两个, 分别位于我国华北地区和四川盆地地区。硫酸盐柱浓度中心强度为 19.40 mg·m^{-2},在 5 月 可达到 29.2 mg·m^{-2}。黑碳柱浓度中心强度为 5.3 mg·m^{-2},在 5 月可达到 6.4 mg·m^{-2}。 较 MERRA2 资料而言,模拟的硫酸盐和黑碳的柱浓度均低估了 25% 左右,但较以往的研究结 果已有较大改善。虽然相比于中国中东部,硫酸盐和黑碳在南海和中南半岛浓度较低,但由于 本节是考虑全球硫酸盐和黑碳对南海季风的影响,东亚地区气溶胶对南海季风的影响亦有潜 在的重要影响。

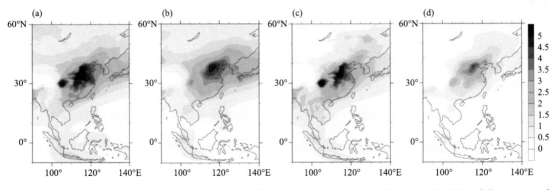

图 5.64　MERRA2 资料(a、c)和 CESM 模式(b、d)模拟的硫酸盐(a、b)和黑碳(c、d)的柱浓度(单位:mg·m^{-2})

5.5.2　硫酸盐和黑碳对南海季风的影响

本节参照 Wang 等(2004)定义的南海夏季风爆发指标,选取南海地区 5°—15°N,110°—120°E 850 hPa 高度平均纬向风(U_{scs})作为南海季风爆发的标准,即当 U_{scs} 由负(东风)转正(西风)视为南海季风爆发。该局部指数不仅能反映南海西南风的突然建立,也能反映南海中北部雨季的开始(高辉 等,2001;Wang et al.,2004)。

从图 5.65 可以看出,在 CTRL 试验中的南海季风爆发时间为 28 候,与前人研究的南海季风爆发平均时间一致(Wang et al.,2004;邓洁淳 等,2014)。SF_{1850} 试验爆发时间为 27 候,BC_{1850} 试验南海季风的爆发时间和 CTRL 试验基本一致。与 CTRL 试验相比,硫酸盐使得南海季风爆发推迟了约 1 候,而黑碳对南海季风爆发时间影响不大。CTRL、SF_{1850} 和 BC_{1850} 模拟 25 a 的南海季风爆发集合平均时间分别为 27.7、27.1 和 27.8 候,也可知硫酸盐使得南海季风爆发推迟较明显,黑碳对南海季风爆发基本无影响。

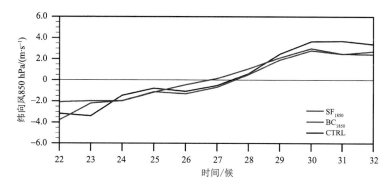

图 5.65　CTRL、SF_{1850} 和 BC_{1850} 试验的南海地区(5°—15 °N,110°—120 °E)850 hPa 纬向风速随时间的变化

5.5.3　硫酸盐和黑碳影响南海夏季风爆发的热力机制

如前所述,纬向海陆热力差异是东亚副热带季风的主要驱动力,经向海陆热力差异是南海季风的主要驱动力。对于东亚副热带地区,Wang 等(2016a)提出硫酸盐和黑碳分别通过冷却和加热作用,延迟和提前了海陆温差第一次逆转的时间,通过影响海陆温度差异,推迟和提前了东亚副热带季风的爆发,那么它们是否会通过影响经向海陆热力差异从而影响南海夏季风爆发呢?

图 5.66 选取 100°—120°E 的南北温差(0°—10°N 减去 20°—30°N)表征南海区域和华南陆地之间经向海陆热力差异季节变化。如图所示,在 CTRL 试验中海陆热力差异的逆转时间发生在 27 候;在 SF_{1850} 敏感性试验中,海陆热力差异的逆转时间发生在约 26 候;BC_{1850} 试验中发生在约 28 候。因此,与 CTRL 试验相比,硫酸盐使得春季南海至华南海陆热力差异逆转时间推迟了 1 候,存在推迟南海季风爆发的效应。而黑碳使得春季海陆热力差异逆转时间提前了 1 候,存在提前南海季风爆发的效应。与 Wang 等(2016a)得出的硫酸盐和黑碳推迟与提前东亚副热带春季纬向海陆温差逆转的结果一致。

除了经向海陆温度差异的逆转,温敏等(2004)发现,西太副高带断裂时间和南海季风爆发时间存在同频振荡的关系,即西太副高断裂早(晚),南海季风爆发则早(晚)。何金海等(2002)发现副高东撤和季风爆发与中南半岛对流加热存在正反馈作用。因此,有必要考察硫酸盐和

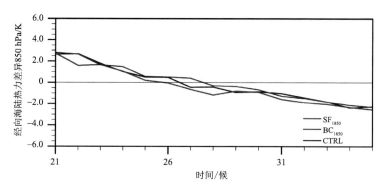

图 5.66 模式 CTRL、SF$_{1850}$ 和 BC$_{1850}$ 试验 100°—120 °E,经向海陆热力差异(0°—10 °N 减去 20°—30 °N)
逐候演变曲线

黑碳是如何通过热力作用影响副高带断裂和中南半岛上空对流稳定性的。

由图 5.67 可以看出,由于中南半岛(96°—108°E)和印度半岛(72°—84°E)的存在,两地地表感热通量均强于海面,印度半岛的地表感热加热强于中南半岛。春季后,中南半岛的感热加热会导致原先控制中南半岛和南海的西太副高带的西脊在中南半岛出现断裂并东撤(徐海明等,2002)。而黑碳和硫酸盐气溶胶分别从第 6 候和 16 候开始到季风爆发前在中南半岛引发了较强的地表感热通量的减小,一定程度上削弱了中南半岛感热加热对副高带断裂并东撤的正作用。在 6～21 候黑碳的地表感热冷却强于硫酸盐,而在季风爆发前的 5 月(25～31 候),硫酸盐的地表感热冷却强于黑碳。Yang 等(2020)也指出,在 COVID-19 期间全球气溶胶排放减少,北半球大陆出现异常的地表变暖,即气溶胶对北半球地表起到降温作用。

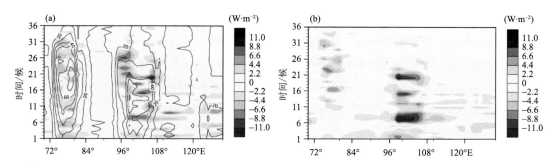

图 5.67 10°—20 °N 纬度带平均的地表感热通量随时间-纬度方向的变化(等值线)和硫酸盐引起的地表感热通量异常(CTRL－SF1850)随时间-纬度的变化(填色,a)、黑碳引起的地表感热通量异常(CTRL－BC$_{1850}$)随时间-纬度的变化(b)

由图 5.68a 可以看出,硫酸盐导致了冬季中南半岛上空在约 500 hPa 以下降温,在春季和初夏降温效应下移到 700 hPa 以下,这些主要是由于平流降温和湍流扩散加热率的减少引起的(图 5.68b)。另外,与晴空大气相比,云的存在不同程度地减少了向外太空出射的长波辐射能量,使得长波辐射在云底产生加热效应,从图 5.68c 中可以看出,硫酸盐使得 200 hPa 附近的云量增加了 5%～7%,引发了大气长波辐射在对流层高层的加热效应,导致了中南半岛对流层高层几乎全年的增温效应。所以整体而言,在季风爆发前,硫酸盐对于中南半岛地表以及对流层中低层存在明显的冷却效应,而对对流层高层存在明显的加热效应,有利于中南半岛上空对流层整层大气的稳定,从而抑制了中南半岛对流强度。

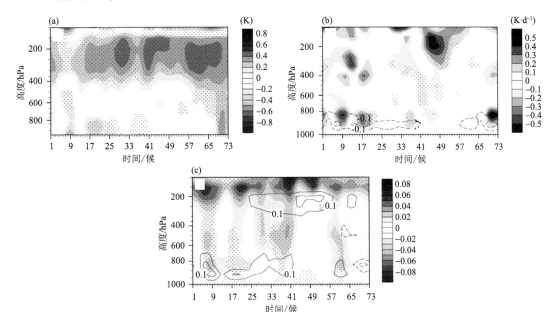

图 5.68　中南半岛地区(10°—20 °N,100°—110 °E)硫酸盐引起的温度随时间-高度变化(a);硫酸盐引起的中南半岛平流加热率变化(填色)和湍流扩散加热率变化(等值线,b,单位:K·d⁻¹);硫酸盐引起的中南半岛云量变化(填色)和大气长波加热率变化(等值线)(单位:1,等值线间隔均为 0.1,c)
(打点表示通过显著性水平 0.1 的 t 检验显著性检验区域)

　　由图 5.69a 可以看出,黑碳在季风爆发前对中南半岛对流层低层温度基本无影响,这是由于虽然黑碳在对流层低层存在较强的大气短波加热,但该层的湍流扩散冷却(图 5.69b)和平流冷却(图 5.69c)使得黑碳整体上对对流层低层温度无明显影响。而在对流层中高层(400 hPa 以上),由于平流增温(图 5.69c)的影响,黑碳在对流层中高层产生加热效应。整体而言,在季风爆发前,黑碳对于中南半岛对流层中低层温度无明显影响,而在对流层中高层存在明显的加热,有利于中南半岛上空对流层整层大气的稳定,抑制了中南半岛对流强度。

5.5.4　硫酸盐和黑碳影响南海夏季风爆发的动力机制

　　从季风爆发前(25～27 候)硫酸盐引起的纬向风和垂直速度异常(图 5.70a)可以看出,除了在对流层中低层(700 hPa 附近)硫酸盐引发了中南半岛的弱上升气流异常,整体硫酸盐使得中南半岛中高层产生了明显的下沉气流异常,对中南半岛的对流起到动力抑制作用。我们也可以看出,硫酸盐使得中南半岛和南海地区整层出现偏东风气流异常,特别是在低层的东风异常抑制了南海地区纬向风的逆转,由此可见硫酸盐对于南海季风爆发存在推迟(抑制)的作用。而黑碳使得中南半岛整层出现明显的下沉气流异常(图 5.70b),也对中南半岛对流起到抑制作用。从黑碳引起的风场异常可以看出,黑碳引起了中南半岛和南海地区对流层高层出现异常的偏东气流,而在对流层低层(850 hPa)的南海西部引起了偏西风气流异常,在南海东部引起了较弱的偏东风气流异常,动力上对南海季风风向逆转的影响难以评估。

　　西太副高带的断裂与中南半岛对流强度息息相关(温敏 等,2004),硫酸盐和黑碳通过地表感热冷却作用削弱了中南半岛地形的加热作用,且通过热力(整层大气稳定性增强)和动力

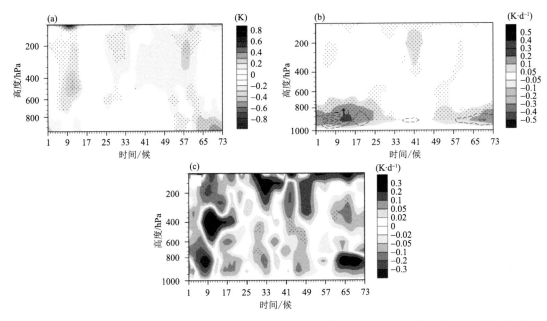

图 5.69　中南半岛地区($10°$—$20°$N，$100°$—$110°$E)黑碳引起的温度随时间-高度变化(a)、黑碳引起的
大气短波加热率变化(填色)和湍流扩散加热率变化(等值线，等值线间隔均为 0.1，b，单位:$K·d^{-1}$)、
黑碳引起的平流加热率变化(c)(打点表示通过显著性水平 0.1 的 t 检验显著性检验区域)

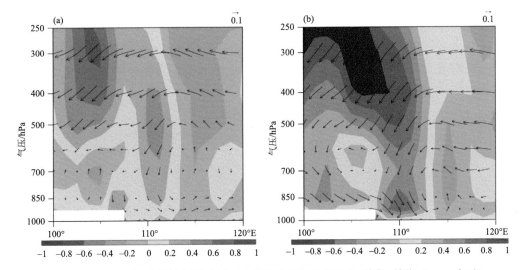

图 5.70　$25\sim27$ 候硫酸盐(a)和黑碳(b)引起的垂直速度异常(填色，单位:$Pa·s^{-1}$)和
纬向风-垂直速度矢量图(图中垂直速度乘以 100，单位:$m·s^{-1}$)

(中高层下沉气流异常)抑制了中南半岛对流的强度。从图 5.71 中可以看出，SF_{1850} 和 BC_{1850}
试验的副高带分别于 26 和 27 候在中南半岛断裂。而 CTRL 试验断裂于 28 候，即硫酸盐(黑
碳)使西太副高带断裂推迟了 2 候(1 候)。因此，硫酸盐推迟副高带断裂影响南海夏季风的动
力作用与第 5.5.3 节推迟经向海陆温差影响季风的热力作用一致(均起到推迟季风爆发的作
用);而黑碳通过推迟副高带断裂影响季风的效应(推迟季风爆发的作用)与第 5.5.3 节提前经

向海陆温差影响南海夏季风的热力作用(提前季风爆发的作用)相反,这可能是导致黑碳对南海季风爆发基本无影响的原因。

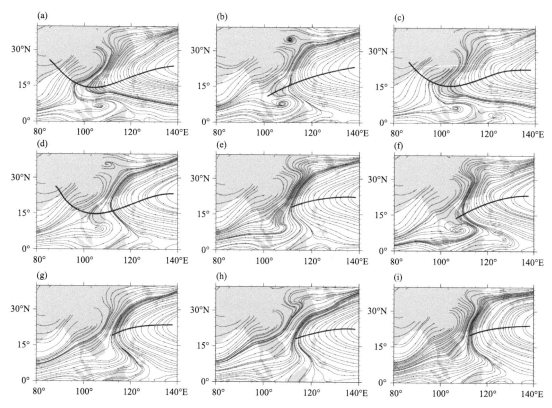

图 5.71　26～28 候 CTRL(a、d、g)、SF$_{1850}$(b、e、h)和 BC$_{1850}$(c、f、i)试验的 850 hPa 环流场(红线为副高脊线)(a—c)26 候;(d—f)27 候;(g—j)28 候

5.5.5　结论

本节应用 CESM1 模式 CAM5.1 模块通过敏感性试验探究了硫酸盐和黑碳气溶胶对南海季风爆发的影响以及二者影响南海夏季风爆发的机制。结果表明,硫酸盐通过地表感热冷却以及平流降温作用使得中南半岛地表以及对流层中低层降温,通过大气长波辐射加热使得对流层高层增温,有利于增加中南半岛上空整层大气的稳定性;同时硫酸盐在中南半岛形成了异常的下沉气流,抑制了中南半岛对流强度,使得副高带断裂从 26 候推迟至 28 候(推迟南海夏季风爆发)。硫酸盐又使得南海至华南地区的经向海陆温差逆转推迟了 1 候(推迟南海季风爆发)。动力和热力作用都起到推迟南海夏季风爆发的效应。由于动力和热力效应的作用区域不同以及非线性的反馈关系,综合而言,硫酸盐使得南海季风爆发推迟了 1 候。图 5.72a 给出了硫酸盐影响南海夏季风爆发的概念模型。

黑碳对中南半岛对流层中低层温度基本无影响(大气短波加热与湍流扩散冷却抵消),而通过平流增温使得中南半岛高层增温,有利于增加中南半岛整层大气的稳定性,在中南半岛形成了异常的下沉气流,抑制了中南半岛对流强度,使得副高带断裂从 27 候推迟到 28 候(推迟南海夏季风爆发)。黑碳又使得南海至华南地区的经向海陆温差逆转提前了 1 候(提前南海夏季风爆发)。动力和热力影响南海季风爆发的效应相反,这可能是导致黑碳对南海夏季风爆发基本无影响的原因。图 5.72b 给出了黑碳影响南海夏季风爆发的概念模型。

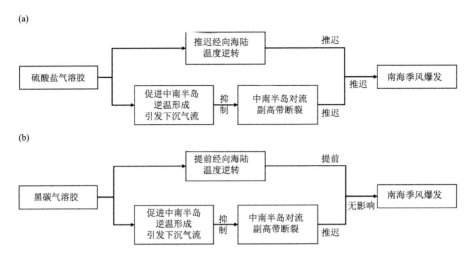

图 5.72　硫酸盐(a)和黑碳(b)气溶胶影响南海季风爆发的概念模型图

参考文献

陈龚梅,尹球,杨军,2015.城市下垫面特性对辐射雾生消过程影响的数值研究[J].热带气象学报,31(3):395-402.

陈隆勋,朱乾根,罗会邦,等,1991.东亚年风[M].气象出版社:362.

陈隆勋,周秀骥,李维亮,2004.中国近80年来气候变化特征及其形成机制[J].气象学报,62(5):634-646.

邓洁淳,徐海明,马红云,等,2014.中国东部季风区人为气溶胶对东亚冬、夏季风的影响——一个高分辨率大气环流模式的模拟研究[J].热带气象学报,30(3):567-576.

邓雪娇,周秀骥,吴兑,等,2011.珠江三角洲大气气溶胶对地面臭氧变化的影响[J].中国科学:地球科学,41(1):93-102.

邓学良,石春娥,吴必文,等,2015.1970—2009年安徽省大雾气候特征分析[J].长江流域资源与环境,24(12):2125-2134.

高辉,何金海,谭言科,等,2001.40 a南海夏季风建立日期的确定[J].南京气象学院学报(3):379-383.

郭婷,朱彬,康志明,等,2016.1960—2012年长江三角洲地区雾日与霾日的气候特征及其影响因素[J].中国环境科学,36(4):961-969.

何金海,徐海明,周兵,等,2000.关于南海夏季风建立的大尺度特征及其机制的讨论[J].气候与环境研究(4):333-344.

何金海,温敏,施晓晖,等,2002.南海夏季风建立期间副高带断裂和东撤及其可能机制[J].南京大学学报(自然科学版)(3):318-330.

何金海,赵平,祝从文,等,2008.关于东亚副热带季风若干问题的讨论[J].气象学报,66(5):683-696.

何金海,徐海明,王黎娟,等,2020.南京信息工程大学季风研究若干重要进展回顾——明德格物一甲子,科教融合六十载[J].大气科学学报(5):768-784.

贺圣平,2013.20世纪80年代中期以来东亚冬季风年际变率的减弱及可能成因[J].科学通报,58:609-616.

黄玉仁,沈鹰,黄玉生,等,2001.城市化对西双版纳辐射雾的影响[J].高原气象,20(2):186-190.

江琪,银燕,单云鹏,等,2014.人为气溶胶对地形云降水的影响:以黄山地区为例[J].大气科学学报,37(4):405-413.

梁潇云,刘屹岷,吴国雄,2006.热带、副热带海陆分布与青藏高原在亚洲夏季风形成中的作用[J].地球物理学报,49(4):983-992.

龙凤翔,张瑀琳,2019.桂林霾日变化的影响因子分析[J].高原山地气象研究,39(1):55-60.

钱云,符淙斌,胡荣明,等,1996.工业SO$_2$排放对东亚和我国温度变化的影响[J].气候与环境研究,1(2):143-149.

钱云,符淙斌,1997.SO$_2$排放、硫酸盐气溶胶和气候变化[J].地球科学进展,12(5):440-446.

施晓晖,徐祥德,谢立安,2008.暖季中国东部气溶胶影响显著区的气候变化特征[J].中国科学(D辑:地球科学),38(4):519-528.

石春娥,杨军,邱明燕,等,2008.从雾的气候变化看城市发展对雾的影响[J].气候与环境研究,13(3):327-336.

史军,崔林丽,贺千山,等,2010.华东雾和霾日数的变化特征及成因分析[J].地理学报,65(5):533-542.

苏秋芳,王式功,冯鑫媛,2018.四川盆地最大混合层厚度与AQI的相关性分析[C].合肥:第35届中国气象学会年会.

孙家仁,刘煜,2008.中国区域气溶胶对东亚夏季风的可能影响(I):硫酸盐气溶胶的影响[J].气候变化研究进展,4(2):111-116.

王斌,周天军,俞永强,2008.地球系统模式发展展望[J].气象学报,66(6):857-869.

王会军,范可,2013.东亚季风近几十年来的主要变化特征[J].大气科学,37(2):313-318.

王世玉,钱永甫,2001.1998年地面加热场的基本特征及其与南海夏季风爆发的可能联系[J].气象学报,59(1):31-40.

温敏,何金海,肖子牛,2004.中南半岛对流对南海夏季风建立过程的影响[J].大气科学,28(6):864-875.

吴剑斌,2012.NAQPMS在线源解析模式的发展及应用——上海市夏季二次污染物的来源研究[D].北京:中国科学院研究生院.

徐昶,沈建东,叶辉,等,2014.杭州黑碳气溶胶污染特性及来源研究[J].中国环境科学,34(12):3026-3033.

徐海明,何金海,董敏,2001.印度半岛对亚洲夏季风进程影响的数值研究[J].热带气象学报,17(2):117-124.

徐海明,何金海,温敏,等,2002.中南半岛影响南海夏季风建立和维持的数值研究[J].大气科学,26(3):330-342.

杨修群,谢倩,朱益民,等,2005.华北降水年代际变化特征及相关的海气异常型[J].地球物理学报,48(4):789-797.

姚佳林,李培仁,李义宇,等,2018.成都市污染气象条件的长期演变特征[C].合肥:第35届中国气象学会年会.

张晨,韩佳芮,李聪,等,2012.青藏高原对东亚夏季风影响的数值模拟[J].地球物理学进展,27(6):2322-2334.

张剑明,叶成志,莫如平,2017.中国中东部三个高山观测站气象要素变化的对比分析[J].高原气象,36(1):107-118.

张磊,张镭,张丁玲,等,2011.兰州远郊区黑碳气溶胶浓度特征[J].中国环境科学,31(8):1248-1255.

张人禾,武炳义,赵平,等,2008.中国东部夏季气候20世纪80年代后期的年代际转型及其可能成因[J].气象学报,66(5):697-706.

ARIF M, KUMAR R, KUMAR R, et al, 2018. Ambient black carbon, $PM_{2.5}$ and PM_{10} at Patna: Influence of anthropogenic emissions and brick kilns[J]. Science of the Total Environment, 624:1387-1400.

BAKER A J, SODEMANN H, BALDINI J U L, et al, 2015. Seasonality of westerly moisture transport in the East Asian summer monsoon and its implications for interpreting precipitation $\delta^{18}O$[J]. Journal of Geophysical Research: Atmospheres, 120(12): 5850-5862.

BADARINATH K V S, LATHA K M, 2006. Direct radiative forcing from black carbon aerosols over urban environment[J]. Advances in Space Research, 37(12): 2183-2188.

BALES R C, 2003. Hydrology, in Encyclopedia of Atmospheric Sciences[M]. Elsevier:968-973.

BEEGUM S N, MOORTHY K K, BABU S S, et al, 2009. Spatial distribution of aerosol black carbon over India during pre-monsoon season[J]. Atmospheric Environment,43: 1071-1078.

BENSON L, KLIEFORTH H, 2013. Stable isotopes in precipitation and ground water in the Yucca Mountain region, southern Nevada: Paleoclimatic implications, in aspects of climate variability in the Pacific and the western Americas[M]. American Geophysical Union (AGU): 41-59.

BEY I, JACOB D J, LOGAN J A, et al, 2001. Asian chemical outflow to the Pacific in spring: Origins, pathways, and budgets[J]. Journal of Geophysical Research. Biogeosciences, 106(D19): 23097-23113.

BOCQUET M, ELBERN H, ESKES H, et al, 2015. Data assimilation in atmospheric chemistry models: Current status and future prospects for coupled chemistry meteorology models[J]. Atmospheric Chemistry and Physics, 15(10):5325-5358.

BOLLASINA M, MING Y, RAMASWAMY V, 2011. Anthropogenic aerosols and the weakening of the

South Asian summer monsoon[J]. Science, 28: 502-505.

BOLLASINA M A, MING Y, RAMASWAMY V, 2013. Earlier onset of the Indian monsoon in the late twentieth century: The role of anthropogenic aerosols[J]. Geophysical Research Letters, 40: 3715-3720.

BOND T C, BERGSTROM R W, 2006. Light absorption by carbonaceous particles: An Investigative review [J]. Aerosol Science and Technology, 40(1): 27-67.

BOND T C, BHARDWAJ E, DONG R, et al, 2007. Historical emissions of black and organic carbon aerosol from energy-related combustion, 1850−2000[J]. Global Biogeochemical Cycles, 21(2):GB2018.

BOND T C, DOHERTY S J, FAHEY D, et al, 2013. Bounding the role of black carbon in the climate system: A scientific assessment[J]. Journal of Geophysical Research: Atmospheres, 118(11): 5380-5552.

BOSILOVICH M G, SCHUBERT S D, 2002. Water vapor tracers as diagnostics of the regional hydrologic cycle[J]. Journal of Hydrometeorology, 3: 149-165.

BOUCHER O, PHAM M, SADOURNY R, 1998. General circulation model simulations of the Indian summer monsoon with increasing levels of sulphate aerosols[J]. Annales Geophysicae, 16(3): 346-352.

BRUBAKER K L, ENTEKHABI D, EAGLESON P S, 1993. Estimation of continental precipitation recycling [J]. Journal of Climate, 6(6): 1077-1089.

BRUBAKER K L, RMEYER P A, SUDRADJAT A, et al, 2001. A 36-yr climatological description of the evaporative sources of warm-season precipitation in the Mississippi River basin[J]. Journal of Hydrometeorology, 2(6): 537-557.

BUCHARD V, SILVA1 A M, BUCHARD V, et al, 2017. The MERRA-2 aerosol reanalysis, 1980 onward. Part II: Evaluation and case studies[J]. Journal of Climate, 30(17): 6851-6872.

BURDE G I, ZANGVIL A, 2001a. The estimation of regional precipitation recycling. Part I: Review of recycling models[J]. Journal of Climate, 14(12): 2497-2508.

BURDE G I, ZANGVIL A, 2001b. The estimation of regional precipitation recycling. Part II: A new recycling model[J]. Journal of Climate, 14(12): 2509-2527.

CAO J J, LEE S C, CHOW J C, et al, 2007. Spatial and seasonal distributions of carbonaceous aerosols over China[J]. Journal of Geophysical Research: Atmospheres, 112(D22):D22S11.

CAO J J, ZHU C S, CHOW J C, et al, 2009. Black carbon relationships with emissions and meteorology in Xi'an, China[J]. Atmospheric Research, 94(2):0-202.

CASTRO T, MADRONICH S, RIVALE S, et al, 2001. The influence of aerosols on photochemical smog in Mexico City[J]. Atmospheric Environment, 35: 1765-1772.

CHAMEIDES W L , WALKER J C G, 1973. A photochemical theory for tropospheric ozone[J]. Journal of Geophysical Research, 78(36): 8751-8760.

CHAMEIDES W L, BERGIN M, 2002. Soot takes center stage[J]. Science, 297(5590): 2214-2215.

CHAN C K, YAO X, 2008. Air pollution in mega cities in China[J]. Atmospheric Environment, 42(1): 1-42.

CHEN F, DUDHIA J, 2001a. Coupling an advanced land surface-hydrology model with the Penn state-NCAR MM5 modeling system. part I: Model implementation and sensitivity[J]. Monthly Weather Review, 129 (4): 569-585.

CHEN L W A, DODDRIDGE B G, Dickerson R R, et al, 2001b. Seasonal variations in elemental carbon aerosol, carbon monoxide and sulfur dioxide: Implications for sources[J]. Geophysical Research Letters, 28 (9):1711-1714.

CHEN J L, HUANG R H, 2008a. Interannual and interdecadal variations of moisture transport by Asian summer monsoon and their association with droughts or floods in China[J]. Chinese Journal of Geophysics-Chinese Edition, 51: 352-359.

CHEN Z H, CHENG S Y, LI J B, et al, 2008b. Relationship between atmospheric pollution processes and synoptic pressure patterns in northern China[J]. Atmospheric Environment, 42: 6078-6087.

CHEN Y C, CHRISTENSEN M W, XUE L, et al, 2012. Occurrence of lower cloud albedo in ship tracks [J]. Atmospheric Chemistry and Physics, 12(17): 8223-8235.

CHEN B, XU X D, ZHAO T, 2013. Main moisture sources affecting lower Yangtze River Basin in boreal summers during 2004—2009[J]. International Journal of Climatology, 33: 1035-1046.

CHEN Y, SCHLEICHER N, FRICKER M, et al, 2016. Long-term variation of black carbon and $PM_{2.5}$ in Beijing, China with respect to meteorological conditions and governmental measures[J]. Environmental Pollution, 212(5): 269-278.

CHEN J, LIU Y, ZHANG M, et al,2018,Height dependency of aerosol-cloud interaction regimes[J]. Journal of Geophysical Research: Atmospheres, 123(1):491-506.

CHEUNG H C, WANG T, BAUMANN K, et al, 2005. Influence of regional pollution outflow on the concentrations of fine particulate matter and visibility in the coastal area of southern China[J]. Atmospheric Environment, 39(34): 6463-6474.

CHOW K C, TONG H W, CHAN J C, et al, 2008. Water vapor sources associated with the early summer precipitation over China[J]. Climate dynamics, 30(5): 497-517.

CHUNG C E, ZHANG G J, 2004. Impact of absorbing aerosol on precipitation: Dynamic aspects in association with convective available potential energy and convective parameterization closure and dependence on aerosol heating profile[J]. Journal of Geophysical Research: Atmospheres, 109: D22103.

CHUNG C E, RAMANATHAN V, 2006. Weakening of North Indian SST gradients and the monsoon rainfall in India and the Sahel[J]. Journal of Climate, 19: 2036-2045.

CONG Z, KAWAMURA K, KANG S, et al, 2015. Penetration of biomass-burning emissions from South Asia through the Himalayas: New insights from atmospheric organic acids[J]. Scientific Reports, 5: 9580.

COPLEN T B, NEIMAN P J, WHITE A B, et al, 2008. Extreme changes in stable hydrogen isotopes and precipitation characteristics in a landfalling Pacific storm [J]. Geophysical Research Letters, 35 (21): L21808.

CRUTZEN P J, 1973. A discussion of the chemistry of some minor constituents in the stratosphere and troposphere[J]. Pure and Applied Geophysics,106: 1385-1399.

CUI X, WANG X, YANG L, et al, 2016. Radiative absorption enhancement from coatings on black carbon aerosols[J]. Science of the Total Environment, 551: 51-56.

D'ABRETON P C, TYSON P D, 1995. Divergent and nondivergence water vapor transport over Southern Africa during wet and dry conditions[J]. Meteorology and Atmospheric Physics, 55(1-2): 47-59.

DANSGAARD W, 1964. Stable isotopes in precipitation[J]. Tellus, 16: 436-468.

DENG X, TIE X, ZHOU X, et al, 2008. Effects of Southeast Asia biomass burning on aerosols and ozone concentrations over the Pearl River Delta (PRD) region [J]. Atmospheric Environment, 42 (36): 8493-8501.

DICKERSON R R, KONDRAGUNTA S, STENCHIKOV G, et al, 1997. The impact of aerosols on solar ultraviolet radiation and photochemical smog[J], Science, 278: 827-830.

DING Y, CHAN J C L, 2005. The East Asian summer monsoon: An overview[J]. Meteorology and Atmospheric Physics, 89: 117-142.

DING Y H, WANG Z, SUN Y, 2008. Inter-decadal variation of the summer precipitation in east China and its association with decreasing Asian summer monsoon. Part I: Observed evidences[J]. International Journal of Climatology, 28: 1139-1161.

DING Y, SUN Y, WANG Z, et al, 2009. Inter-decadal variation of the summer precipitation in China and its association with decreasing Asian summer monsoon Part II: Possible causes[J]. International Journal of Climatology, 29(13): 1926-1944.

DING A J, HUANG X, NIE W, et al, 2016. Enhanced haze pollution by black carbon in megacities in China [J]. Geophysical Research Letters, 43: 2873-2879.

DIRMEYER P A, BRUBAKER K L, 1999. Contrasting evaporative moisture sources during the drought of 1988 and the flood of 1993[J]. Journal of Geophysical Research: Atmospheres, 104(D16): 19383-19397.

DIRMEYER P A, BRUBAKER K L, 2007. Characterization of the global hydrologic cycle from a back-trajectory analysis of atmospheric water vapor[J]. Journal of Hydrometeorology, 8(1): 20-37.

DOMINGUEZ F, KUMAR P, LIANG X, et al, 2006. Impact of atmospheric moisture storage on precipitation recycling[J]. Journal of Climate, 9(8): 1513-1530.

DONG B, WILCOX L J, HIGHWOOD E J, et al, 2019. Impacts of recent decadal changes in Asian aerosols on the East Asian summer monsoon: Roles of aerosol-radiation and aerosol-cloud interactions[J]. Climate Dynamics, 53: 3235-3256.

DRINOVEC L, MOCNIK G, ZOTTER P, et al, 2015. The "dual-spot" Aethalometer: An improved measurement of aerosol black carbon with real-time loading compensation[J]. Atmospheric Measurement Techniques, 8 (9): 10179-10220.

DRUMOND A, NIETO R, GIMENO L, 2011a. A preliminary analysis of the sources of moisture for China and their variations during drier and wetter conditions in 2000－2004: A Lagrangian approach[J]. Climate Research, 50: 215-225.

DRUMOND A, NIETO R, GIMENO L, 2011b. On the contribution of the tropical western hemisphere warm pool source of moisture to the northern hemisphere precipitation through a Lagrangian approach[J]. Journal of Geophysical Research: Atmospheres, 116(D21): D00Q04.

DRUYAN L M, KOSTER R D, 1989. Sources of Sahel precipitation for simulated drought and rainy seasons [J]. Journal of Climate, 2(12): 1438-1446.

DUNKER A M, YARWOOD G, ORTMANN J P, et al, 2002. Comparison of source apportionment and source sensitivity of ozone in a three-dimensional air quality model[J]. Environmental science and technology, 36(13): 2953-2964.

ELTAHIR E A, BRAS R L, 1996. Precipitation recycling[J]. Reviews of Geophysics, 34(3): 367-378.

EMERY C, TAI E, YARWOOD G, 2001. Enhanced meteorological modeling and performance evaluation for two texas episodes[C]. Texas: The Texas Natural Resource Conservation Commission.

EMMONS L K, WALTERS S, HESS P G, et al, 2010. Description and evaluation of the Model for Ozone and Related Chemical Tracer, version 4 (MOZART-4)[J]. Geoscientific Model Development, 3(1): 43-67.

EPA U S, 2005. Guidance on the Use of Models and Other Analyses in Attainment Demonstrations for the 8-hour Ozone NAAQS[Z]. Washington: U. S. Environmental Protection Agency:1-164.

EPA U S, 2007. Guidance on the Use of Models and Other Analyses for Demonstrating Attainment of Air Quality Goals for Ozone, $PM_{2.5}$, and Regional Haze[Z]. Washington: U. S. Environmental Protection Agency:1-262.

FAN J, ROSENFELD D, YANG Y, et al, 2015. Substantial contribution of anthropogenic air pollution to catastrophic floods in southwest China[J]. Geophysical Research Letters, 42(14): 6066-6075.

FERRERO L, CASTELLI M, FERRINI B S, et al,2014. Impact of black carbon aerosol over the Italian basin valleys: High-resolution measurements along vertical profiles, radiative forcing and heating rate[J]. Atmospheric Chemistry and Physics, 14: 9641-9664.

FRIEDMAN I, SMITH G I, GLEASON J D, et al, 1992. Stable isotope composition of waters in southeastern California. 1. Modern precipitation[J]. Journal of Geophysical Research: Atmospheres, 97(D5): 5795-

5812.

FRIEDMAN I, HARRIS J M, SMITH G I, et al, 2002. Stable isotope composition of waters in the Great Basin, United States 1. Air-mass trajectories[J]. Journal of Geophysical Research: Atmospheres, 107(D19): 4400.

FU J J, LI S L, LUO D H, 2009. Impact of global SST on decadal shift of East Asian summer climate[J]. Advances in Atmospheric Sciences, 26 (2): 191-201.

FU J S, HSU N C, GAO Y, et al, 2012. Evaluating the influences of biomass burning during 2006 BASE-ASIA: A regional chemical transport modeling[J]. Atmospheric Chemistry Physics, 12(9): 3837-3855.

FUDEYASU H, WANG Y, SATOH M, et al, 2008. Global cloud-system-resolving model NICAM successfully simulated the lifecycles of two real tropical cyclones[J]. Geophysical Research Letters, 35: L22808.

GANGULY D, RASCH P J, WANG H, et al, 2012. Fast and slow responses of the South Asian monsoon system to anthropogenic aerosols[J]. Geophysical Research Letters, 39: L18804.

GAO Y, ZHANG M, LIU Z, et al, 2015. Modeling the feedback between aerosol and meteorological variables in the atmospheric boundary layer during a severe fog-haze event over the North China Plain[J]. Atmospheric Chemistry and Physics,15(8): 4279-4295.

GAO J, ZHU B, XIAO H, et al, 2017. Diurnal variations and source apportionment of ozone at the summit of mount huang, a rural site in eastern China[J]. Environmental Pollution, 222: 513-522.

GAO J, ZHU B, XIAO H, et al, 2018. Effects of black carbon and boundary layer interaction on surface ozone in Nanjing, China[J]. Atmospheric Chemistry and Physics, 18: 7081-7094.

GAO J H, LI Y, ZHU B, et al, 2020. What have we missed when studying the impact of aerosols on surface ozone via changing photolysis rates? [J] Atmospheric Chemistry and Physics, 20: 10831-10844.

GELARO R, MCCARTY W, SUAREZ M, et al, 2017. The Modern-Era Retrospective Analysis for Research and Applications, version 2 (MERRA-2)[J]. Journal of Climate, 30(13): 5419-5454.

GERY M W, WHITTEN G Z, KILLUS J P, et al, 1989. A photochemical kinetics mechanism for urban and regional scale computer modeling [J]. Journal of Geophysical Research: Atmospheres, 94 (D10): 12925-12956.

GHAN S J, 2013. Technical note: Estimating aerosol effects on cloud radiative forcing[J]. Atmospheric Chemistry and Physics, 13: 9971-9974.

GHAN S J, LIU X, EASTER R C, et al, 2012. Toward a minimal representation of aerosols in climate models: Comparative decomposition of aerosol direct, semidirect, and indirect radiative forcing[J]. Journal of Climate, 25(19): 6461-6476.

GIERENS K, 2003. On the transition between heterogeneous and homogeneous freezing[J]. Atmospheric Chemistry and Physics, 3(2): 437-446.

GIMENO L, STOHL A, TRIGO R M, et al, 2012. Oceanic and terrestrial sources of continental precipitation[J]. Reviews of Geophysics, 50: RG4003.

GIORGI F, BI X, QIAN Y, 2002. Direct radiative forcing and regional climatic effects of anthropogenic aerosols over East Asia: A regional coupled climate-chemistry/aerosol model study[J]. Journal of Geophysical Research: Atmospheres, 107(D20): 4439.

GIORGI F, BI X, QIAN Y, 2003. Indirect vs. direct effects of anthropogenic sulfate on the climate of East Asia as simulated with a regional coupled climate-chemistry/aerosol model[J]. Climatic Change, 58(3): 345-376.

GONG C,XIN J,WANG S, et al, 2014. The aerosol direct radiative forcing over the Beijing metropolitan area from 2004 to 2011[J]. Journal of Aerosol Science, 69(2): 62-70.

GOREN T, ROSENFELD D, 2012. Satellite observations of ship emission induced transitions from broken to closed cell marine stratocumulus over large areas[J]. Journal of Geophysical Research：Atmospheres，117 (D17)：D17206.

GRELL G A, PECKHAM S E, SCHMITZ R, et al, 2005. Fully coupled "online" chemistry within the WRF model[J]. Atmospheric Environment, 39(37)：6957-6975.

GREWE V, 2006. The origin of ozone[J]. Atmospheric Chemistry and Physics，6：1495-1511.

GU Y, LIOU K, XUE Y, et al, 2006. Climatic effects of different aerosol types in China simulated by the UCLA general circulation model[J]. Journal of Geophysical Research：Atmospheres，111(D15)：D15201.

GU Y, KUSAKA H, VAN DOAN Q, et al, 2019. Impacts of urban expansion on fog types in Shanghai, China：Numerical experiments by WRF model[J]. Atmospheric Research，220：57-74.

GUENTHER A, KARL T, HARLEY P, et al, 2006. Estimates of global terrestrial isoprene emissions using MGAN (Model of Emissions of Gases and Aerosols from Nature)[J]. Atmospheric Chemistry and Physics, 6(11)：3181-3210.

GUINOT B, ROGER J C, CACHIER H, et al, 2006. Impact of vertical atmospheric structure on Beijing aerosol distribution[J]. Atmospheric Environment, 40(27)：5167-5180.

GUO L, HIGHWOOD E J, SHAFFREY L C, et al, 2013. The effect of regional changes in anthropogenic aerosols on rainfall of the East Asian summer monsoon[J]. Atmospheric Chemistry and Physics，13(295)：1521-1534.

GUO S, HU M, ZAMORA M L, et al, 2014. Elucidating severe urban haze formation in China[J]. Proceedings of the National Academy of Sciences，111(49)：17373.

HAN S, KONDO Y, OSHIMA N, et al, 2009. Temporal variations of elemental carbon in Beijing[J]. Journal of Geophysical Research：Atmospheres, 114 (D23)：D23202.

HANSEN A D A, ROSEN H, NOVAKOV T, 1984. The aethalometer：An instrument for the real time measurements of optical absorption by aerosol particles[J]. Science of the Total Environment. 36：191-196.

HARRISON R M, BEDDOWS D C S, JONES A M, et al, 2013. An evaluation of some issues regarding the use of aethalometers to measure woodsmoke concentrations[J]. Atmospheric Environment，80：540-548.

HAYNES B S, WAGNER H G, 1981. Soot formation[J]. Progress in Energy and Combustion Science，7：229-273.

HAYWOOD, RAMASWAMY, 1998. Global sensitivity studies of the direct radiative forcing due to anthropogenic sulfate and black carbon aerosols[J]. Journal of Geophysical Research：Atmospheres，103(D6)：6043-6058.

HE J H, ZHAO P, ZHU C W, et al, 2008. Discussion of some problems as to the East Asian subtropical monsoon[J]. Journal of Meteorological Research，22(4)：419-434.

HELD I M, SODEN B J, 2002. Water vapor feedback and global warming[J]. Annual Review of Energy and the Environment，25(1)：441-475.

HOLTON J R, 2004. An Introduction to Dynamic Meteorology[M]. New York：Academic Press：535-536.

HOLTSLAG A A M, BOVILLE B A, 1993. Local versus nonlocal boundary-layer diffusion in a global climate model[J]. Journal of Climate，6(10)：1825-1842.

HONDULA D M, SITKA L, DAVIS R E, et al, 2010. A back-trajectory and air mass climatology for the Northern Shenandoah Valley, USA[J]. International Journal of Climatology，30(4)：569-581.

HONG S Y, NOH Y, DUDHIA J, 2006. A new vertical diffusion package with an explicit treatment of entrainment processes[J]. Monthly Weather Review，134(9)：2318-234.

HORINOUCHI T, MATSUMURA S, OSE T, et al, 2019. Jet-precipitation relation and future change of mei-yu-baiu rainband and subtropical jet in CMIP5 coupled GCM simulations[J]. Journal of Climate，32(8)：2247-2259.

HOROWITZ L W, WALTERS S, MAUZERALL D L, et al, 2003. A global simulation of tropospheric ozone and related tracers: Description and evaluation of MOZART, version 2[J]. Journal of Geophysical Research: Atmospheres, 108(D24): 4784.

HU J, CHEN J, YING Q, et al, 2016. One-year simulation of ozone and particulate matter in China using WRF/CMAQ modeling system[J]. Atmospheric Chemistry and Physics, 16: 10333-10350.

HUANG Y, CHAMEIDES W, DICKINSON R, 2007. Direct and indirect effects of anthropogenic aerosols on regional precipitation over East Asia[J]. Journal of Geophysical Research: Atmospheres, 112(D3): D03212.

HUANG K, FU J S, HSU N C, et al, 2013. Impact assessment of biomass burning on air quality in Southeast and East Asia during BASE-ASIA[J]. Atmospheric Environment, 78: 291-302.

HUANG X, DING A, WANG Z, et al, 2020. Amplified transboundary transport of haze by aerosol-boundary layer interaction in China[J]. Nature Geoscience, 13(6): 428-434.

HUNT K M R, TURNER A G, 2019. The role of the subtropical jet in deficient winter precipitation across the mid-Holocene Indus basin[J]. Geophysical Research Letters, 46(10): 5452-5459.

IACONO M J, DELAMERE J S, MLAWER E J, et al, 2008. Radiative forcing by long-lived greenhouse gases: Calculations with the AER radiative transfer models[J]. Journal of Geophysical Research: Atmospheres, 113(D13): D13103.

INGRAHAM N L, TAYLOR B E, 1991. Light stable isotope systematics of large-scale hydrologic regimes in California and Nevada[J]. Water Resources Research, 27(1): 77-90.

IWASAKI T, KITAGAWA H, 1998. A possible link of aerosol and cloud radiations to Asian summer monsoon and its implication in long-range numerical weather prediction[J]. Journal of the Meteorological Society of Japan, 76: 965-982.

JACOBSON M Z, 1998. Studying the effects of aerosols on vertical photolysis rate coefficient and temperature profiles over an urban airshed[J]. Journal of Geophysical Research: Atmospheres, 103(D9): 10593-10604.

JANJIC Z I, 2002. Nonsingular implementation of the Mellor-Yamada level 2.5 scheme in the NCEP Meso model[J]. NCEP Office Note, 437: 61.

JAPAR S M, BRACHACZEK W W, GORSE R A, et al, 1986. The contribution of elemental carbon to the optical properties of rural atmospheric aerosols[J]. Atmospheric Environment, 20(6): 1281-1289.

JI D, LI L, PANG B, et al, 2017. Characterization of black carbon in an urban-rural fringe area of Beijing[J]. Environmental Pollution, 223: 524-534.

JIA X, GUO X, 2015. Impacts of secondary aerosols on a persistent fog event in northern China[J]. Atmospheric and Oceanic Science Letters, 5(5): 401-407.

JIA X, QUAN J, ZHENG Z, et al, 2019. Impacts of anthropogenic aerosols on fog in North China Plain[J]. Journal of Geophysical Research: Atmospheres, 124(1): 252-265.

JIANG Y, LIU X, YANG X, et al, 2013. A numerical study of the effect of different aerosol types on East Asian summer clouds and precipitation[J]. Atmospheric Environment, 70: 51-63.

JIANG Y, YANG X Q, LIU X, 2015. Seasonality in anthropogenic aerosol effects on East Asian climate simulated with CAM5[J]. Journal of Geophysical Research: Atmospheres, 120(20):10837-10861.

JIANG M, LI Z, WAN B, et al, 2016. Impact of aerosols on precipitation from deep convective clouds in eastern China[J]. Journal of Geophysical Research: Atmospheres, 121(16): 9607-9620.

JIANG Y, LIU X, YANG X Q, et al, 2017. Anthropogenic aerosol effects on East Asian winter monsoon: The role of black carbon-induced Tibetan Plateau warming[J]. Journal of Geophysical Research: Atmospheres, 122(11): 5883-5902.

JIN Q, YANG X Q, SUN X, et al, 2013. East Asian summer monsoon circulation structure controlled by feedback of condensational heating[J]. Climate Dynamics, 41: 1885-1897.

JING A K, ZHU B, WANG H L, et al, 2019. Source apportionment of black carbon in different seasons in the northern suburb of Nanjing, China[J]. Atmospheric Environment, 201: 190-200.

JOUSSAUME S, SADOURNY R, JOUZEL J, 1984. A general circulation model of water isotope cycles in the atmosphere[J]. Nature, 311: 24-29.

JOUZEL J, RUSSELL G L, SUOZZO R J, et al, 1987. Simulations of the HDO and $H_2^{18}O$ atmospheric cycles using the NASA GISS general circulation model: The seasonal cycle for present-day conditions[J]. Journal of Geophysical Research: Atmospheres, 92(D12): 14739-14760.

JUNGE C E, 1962. Global ozone budget and exchange between stratosphere and troposphere[J]. Tellus, 14: 363-377.

KALNAY E, KANAMITSU M, KISTLER R, et al, 1996. The NCEP/NCAR 40-Year Reanalysis Project [J]. Bulletin of the American Meteorological Society, 77(3): 437-471.

KANG H, ZHU B, LIU X, et al, 2021. Three-Dimensional distribution of $PM_{2.5}$ over the Yangtze River delta as cold fronts moving through[J]. Journal of Geophysical Research: Atmospheres, 126(8): e2020JD034035.

KASER L, PATTON E G, PFISTER G G, et al, 2017. The effect of entrainment through atmospheric boundary layer growth on observed and modeled surface ozone in the Colorado Front Range[J]. Journal of Geophysical Research: Atmospheres, 122(11): 6075-6093.

KAY J E , COAUTHORS, 2015. The Community Earth System Model (CESM) large ensemble project: A community resource for studying climate change in the presence of internal climate variability[J]. Bulletin of the American Meteorological Society, 96: 1333-1349.

KEDIA S, RAMACHANDRAN S, KUMAR A, et al, 2010. Spatiotemporal gradients in aerosol radiative forcing and heating rate over Bay of Bengal and Arabian Sea derived on the basis of optical, physical, and chemical properties[J]. Journal of Geophysical Research: Atmospheres, 115(D7):D07205.

KENDALL M G, 1975. Rank Correlation Methods[M]. 4th edition. London. UK: Charles Griffin:1-198.

KIM M K, LAV W KM, CHIN M,et al, 2006. Atmospheric teleconnection over Eurasia induced by aerosol radiative forcing during boreal spring[J]. Journal of Climate, 19(18): 4700-4718.

KIRCHSTETTER T W, PREBLE C V, HADLEY O L, 2017. Large reductions in urban black carbon concentrations in the United States between 1965 and 2000[J]. Atmospheric Environment, 151:17-23.

KNOCHE, H R, KUNSTMANN H, 2013. Tracking atmospheric water pathways by direct evaporation tagging: A case study for West Africa[J]. Journal of Geophysical Research: Atmospheres, 118 (22): 12345-12358.

KONDO Y, MORINO Y, TAKEGAWA N, 2004. Impacts of biomass burning in Southeast Asia on ozone and reactive nitrogen over the western Pacific in spring[J]. Journal of Geophysical Research: Atmospheres, 109 (D15): D15S12.

KONDO Y, KOMAZAKI Y, MIYAZAKI Y, et al, 2006. Temporal variations of elemental carbon in Tokyo [J]. Journal of Geophysical Research:Atmospheres, 111(D12): D12205.

KOSTER R, JOUZEL J, SOUZZO R, et al, 1986. Global sources of local precipitation as determined by the NASA/GISS GCM[J]. Geophysical Research Letters, 13: 121-124.

KUROKAWA J, OHARA T, MORIKAWA T, et al, 2013. Emissions of air pollutants and greenhouse gases over Asian regions during 2000－2008: Regional Emission Inventory in Asia (REAS) version 2[J]. Atmospheric Chemistry and Physics, 13(21): 11019-11058.

KWOK R H F, FUNG J C H, LAU A K H, et al, 2010. Numerical study on seasonal variations of gaseous pollutants and particulate matters in Hong Kong and Pearl River Delta region[J]. Journal of Geophysical Research: Atmospheres, 115(D16): D16308.

LACK D A, TIE X X, BOFINGER N D, et al, 2004. Seasonal variability of secondary organic aerosol: A global modeling study[J]. Journal of Geophysical Research: Atmospheres, 109(D3): D03203.

LADOCHY S, 2005. The disappearance of dense fog in Los Angeles: Another urban impact? [J]. Physical Geography, 26(3): 177-191.

LAMARQUE J F, BOND T C, EYRING V, et al, 2006. Asian summer monsoon anomalies induced by aerosol direct forcing: The role of the Tibetan Plateau[J]. Climate Dynamics, 26(7-8): 855-864.

LAMARQUE J F, BOND T C, EYRING V, et al, 2010. Historical (1850—2000) gridded anthropogenic and biomass burning emissions of reactive gases and aerosols: Methodology and application[J]. Atmospheric Chemistry and Physics, 10(15): 7017-7039.

LAMARQUE J F, EMMONS L K, HESS P G, et al, 2012. CAM-chem: Description and evaluation of interactive atmospheric chemistry in the Community Earth System Model[J]. Geoscientific Model Development, 5(2): 369-411.

LAPRISE R, 1992. The Euler equations of motion with hydrostatic pressure as an independent variable[J]. Monthly Weather Review, 120(1): 197-207.

LAU K M, KIM K M, 2006a. Observational relationships between aerosol and Asian monsoon rainfall, and circulation[J]. Geophysical Research Letters, 33: L21810.

LAU K M, KIM M K, 2006b. Asian summer monsoon anomalies induced by aerosol direct forcing: The role of the Tibetan Plateau[J]. Climate Dynamics, 26(7-8): 855-864.

LAWRENCE D M, OLESON K W, FLANNER M G, et al, 2011. Parameterization improvements and functional and structural advances in Version 4 of the Community Land Model[J]. Journal of Advances in Modeling Earth Systems, 3(1): M03001.

LEE K H, LI Z, NG M S, et al, 2007. Aerosol single scattering albedo estimated across China from a combination of ground and satellite measurements[J]. Journal of Geophysical Research: Atmospheres, 112 (D22): D22S15.

LI G, ZHANG R, FAN J, et al, 2005. Impacts of black carbon aerosol on photolysis and ozone[J]. Journal of Geophysical Research: Atmospheres, 110(D23): D23206.

LI S L, LU J, HUANG G, et al, 2008. Tropical Indian Ocean basin warming and East Asian summer monsoon: A multiple AGCM study[J]. Journal of Climate, 21(22): 6080-6088.

LI J, WANG Z, WANG X, et al, 2011. Impacts of aerosols on summertime tropospheric photolysis frequencies and photochemistry over central eastern China[J]. Atmospheric Environment, 45: 1817-1829.

LI M, ZHANG Q, STREETS D G, et al, 2014. Mapping Asian anthropogenic emissions of non-methane volatile organic compounds to multiple chemical mechanisms[J]. Atmospheric Chemistry and Physics, 14(11): 5617-5638.

LI M, ZHANG Q, KUROKAWA J I, et al, 2015. MIX: A mosaic Asian anthropogenic emission inventory for the MICS-Asia and the HTAP projects[J]. Atmospheric Chemistry and Physics, 15(23): 34813-34869.

LI J, LIU C, YIN Y, et al, 2016a. Numerical investigation on the Ångström exponent of black carbon aerosol [J]. Journal of Geophysical Research: Atmospheres, 121(7): 3506-3518.

LI K, LIAO H, MAO Y, et al, 2016b. Source sector and region contributions to concentration and direct radiative forcing of black carbon in China[J]. Atmospheric Environment, 124: 351-366.

LI Z, LAU W K M, RAMANATHAN V, et al, 2016c. Aerosol and monsoon climate interactions over Asia [J]. Reviews of Geophysics, 54(4): 866-929.

LI M, ZHANG Q, KUROKAWA J I, et al, 2017a. MIX: A mosaic Asian anthropogenic emission inventory under the international collaboration framework of the MICS-Asia and HTAP[J]. Atmospheric Chemistry and Physics, 17: 935-963.

LI Z, GUO J, DING A, et al, 2017b. Aerosol and boundary-layer interactions and impact on air quality[J].

National Science Review，4(6)：810-833.

LIAO H，YUNG Y L，SEINFELD J H，1999. Effects of aerosols on tropospheric photolysis rates in clear and cloudy atmospheres[J]. Journal of Geophysical Research：Atmospheres，104(D19)：23697-23707.

LIAO H，ADAMS P J，CHUNG S H，et al，2003. Interactions between tropospheric chemistry and aerosols in a unified general circulation model[J]. Journal of Geophysical Research：Atmospheres，108(D1)：4001.

LIAO H，CHANG W，YANG Y，2015. Climatic effects of air pollutants over China：A review[J]. Advances in Atmospheric Sciences，32(1)：115-139.

LIN Y L，FARLEY R D，ORVILLE H D，1983. Bulk parameterization of the snow field in a cloud model[J]. Journal of Applied Meteorology and Climatology，22：1065-1092.

LIN N H，TSAY S C，MARING H B，et al，2013. An overview of regional experiments on biomass burning aerosols and related pollutants in Southeast Asia：From BASE-ASIA and the Dongsha Experiment to 7-SEAS[J]. Atmospheric Environment，78：1-19.

LIN Z X，DONG B W，WEN Z P，2020. The effects of anthropogenic greenhouse gases and aerosols on the inter-decadal change of the South China Sea summer monsoon in the late twentieth century[J]. Climate Dynamics，54(7-8)：3339-3354.

LIU Y，WU G，REN R，2004. Relationship between the subtropical anticyclone and diabatic heating[J]. Journal of Climate，17：682-698.

LIU L，MISHCHENKO M I，2007. Scattering and radiative properties of complex soot and soot-containing aggregate particles[J]. Journal of Quantitative Spectroscopy and Radiative Transfer，106(1-3)：262-273.

LIU Y，SUN J，YANG B，2009. The effects of black carbon and sulphate aerosols in China regions on East Asia monsoons[J]. Tellus B：Chemical and Physical Meteorology，61(4)：642-656.

LIU X，EASTER R C，GHAN S J，et al，2012. Toward a minimal representation of aerosols in climate models：Description and evaluation in the Community Atmosphere Model CAM5[J]. Geoscientific Model Development，5(3)：709-739.

LIU Y，YAN C，ZHENG M，2018. Source apportionment of black carbon during winter in Beijing[J]. Science of the Total Environment，618：531-541.

LIU X，ZHU B，KANG H，et al，2021. Stable and transport indices applied to winter air pollution over the Yangtze River Delta，China[J]. Environmental Pollution，272：115954.

LOU S，YANG Y，WANG H，et al，2018. Black carbon amplifies haze over the North China Plain by weakening the East Asian winter monsoon[J]. Geophysical Research Letters，46：452-460.

LU R，TURCO R P，JACOBSON M Z，1997. An integrated air pollution modeling system for urban and regional scales：2. Simulations for SCAQS 1987[J]. Journal of Geophysical Research：Atmospheres，102(D5)：6081-6098.

LU Q，LIU C，ZENG C，et al，2020. Atmospheric heating rate due to black carbon aerosols：Uncertainties and impact factors[J]. Atmospheric Research，240：104891.

MAALICK Z，KUHN T，KORHONEN H，et al，2016. Effect of aerosol concentration and absorbing aerosol on the radiation fog life cycle[J]. Atmospheric Environment，133：26-33.

MACKOWSKI D W，MISHCHENKO M I，2011. A multiple sphere T-matrix Fortran code for use on parallel computer clusters[J]. Journal of Quantitative Spectroscopy and Radiative Transfer，112(13)：2182-2192.

MAHMOOD R，LI S，2013. Delay in the onset of South Asian summer monsoon induced by local black carbon in an AGCM[J]. Theoretical and Applied Climatology，111(3-4)：529-536.

MAHMOOD R，LI S，2014. Remote influence of South Asian black carbon aerosol on East Asian summer climate[J]. International Journal of Climatology，34：36-48.

MAHOWALD N M，YOSHIOKA M，COLLINS W D，et al，2006. Climate response and radiative forcing from mineral aerosols during the last glacial maximum, pre-industrial, current and doubled-carbon dioxide climates[J]. Geophysical Research Letters, 33:L20705.

MALM W, JOHNSON C, BRESCH J, 1986. Application of Principal Components Analysis for Purposes of Identifying Source-receptor Relationships [M]. Pittsburgh, PA: Air Pollution Control Association: 127-148.

MAO Y H, LIAO H, CHEN H S, 2017. Impacts of East Asian summer and winter monsoons on interannual variations of mass concentrations and direct radiative forcing of black carbon over eastern China[J]. Atmospheric Chemistry Physics, 17(7): 4799-4816.

MASSACAND A C, WERNLI H, DAVIES H C, 1998. Heavy precipitation on the Alpine South Side: An upper-level precursor[J]. Geophysical Research Letters, 25: 1435-1438.

MEEHL G A, ARBLASTER J M, COLLINS W D, 2008. Effects of black carbon aerosols on the Indian monsoon[J]. Journal of Climate, 21: 2869-2882.

MENON S, HANSEN J, NAZARENKO L, et al, 2002. Climate effects of black carbon aerosols in China and India[J]. Science, 297: 2250-2253.

MENZEL M E, WAUGH D, GRISE K, 2019. Disconnect between Hadley cell and subtropical jet variability and response to increased CO_2[J]. Geophysical Research Letters, 46: 7045-7053.

MING Y, RAMASWAMY V, PERSAD G, 2010. Two opposing effects of absorbing aerosols on global-mean precipitation[J]. Geophysical Research Letters, 37: L13701.

MING Y, RAMASWAMY V, CHEN G, 2011a. A model investigation of aerosol-induced changes in boreal winter extratropical circulation[J]. Journal of Climate, 24(23): 6077-6091.

MING Y, RAMASWAMY V, 2011b. A model investigation of aerosol-induced changes in tropical circulation [J]. Journal of Climate, 24(19): 5125-5133.

MORRISON H, GETTELMAN A, 2008. A new two-moment bulk stratiform cloud microphysics scheme in the Community Atmosphere Model, version 3 (CAM3). Part I: Description and numerical tests[J]. Journal of Climate, 21(15): 3642-3659.

MYHRE G, SHINDELL F M, BREON W, 2013. Anthropogenic and Natural Radiative Forcing[M]. New York: Cambridge University Press: 659-740.

NAPELENOK S L, COHAN D S, ODMAN M T, et al, 2008. Extension and evaluation of sensitivity analysis capabilities in a photochemical model[J]. Environmental Modelling and Software, 23(8): 994-999.

NEALE R B, CHEN C C, GETTELMAN A, et al, 2012. Description of the NCAR Community Atmosphere Model (CAM5)[J]. NCAR Technical Note NCAR/TN-486+STR: 275.

NIETO R, GIMENO L, TRIGO R M, 2006. A Lagrangian identification of major sources of Sahel moisture [J]. Geophysical Research Letter, 33: L18707.

NIETO R, GIMENO L, DRUMOND A, et al, 2010. A Lagrangian identification of the main moisture sources and sinks affecting the Mediterranean area[J]. WSEAS Transactions on Environment and Development, 6(5): 365-374.

NIU F, LI Z, LI C, et al, 2010. Increase of wintertime fog in China: Potential impacts of weakening of the Eastern Asian monsoon circulation and increasing aerosol loading[J]. Journal of Geophysical Research: Atmospheres, 115(D7):D00K20.

NOVAKOV T, RAMANATHAN V, HANSEN J E, et al, 2003. Large historical changes of fossil-fuel black carbon aerosols[J]. Geophysical Research Letter, 30: 1324.

NUMAGUTI A, 1999. Origin and recycling processes of precipitating water over the Eurasian continent: Experiments using an atmospheric general circulation model[J]. Journal of Geophysical Research: Atmospheres, 104(D2): 1957-1972.

OHARA T，AKIMOTO H，KUROKAWA J，et al，2007. An Asian emission inventory of anthropogenic emission sources for the period 1980－2020[J]. Atmospheric Chemistry Physics，7(16)：6843-6902.

OLESON M R，GARCIA M V，ROBINSON M A，et al，2015. Investigation of black and brown carbon multiple-wavelengthdependent light absorption from biomass and fossil fuel combustion source emissions[J]. Journal of Geophysical Research：Atmospheres，120 (13)：6682-6697.

PAN X L，KANAYA Y，WANG Z F，et al，2011. Correlation of black carbon aerosol and carbon monoxide in the high-altitude environment of Mt. Huang in eastern China[J]. Atmospheric Chemistry and Physics，11(18)：9735-9747.

PAN C，ZHU B，GAO J，et al，2017. Source apportionment of atmospheric water over East Asia A source tracer study in CAM5.1[J]. Geoscientific Model Development，10：673-688.

PANICKER A S，PANDITHURAI G，SAFAI P D，et al，2014. Observations of black carbon induced semi direct effect over northeast India[J]. Atmospheric Environment，98：685-692.

PARK S，BRETHERTON C S，2009. The University of Washington Shallow Convection and Moist Turbulence Schemes and their impact on climate simulations with the Community Atmosphere Model[J]. Journal of Climate，22(12)：3449-3469.

PARK S，BRETHERTON C S，RASCH P J，2014. Integrating cloud processes in the Community Atmosphere Model，version 5[J]. Journal of Climate，27(18)：6821-6856.

PETTERS M D，KREIDENWEIS S M，2013. A single parameter representation of hygroscopic growth and cloud condensation nucleus activity[J]. Atmospheric Chemistry and Physics，7(8)：1081-1091.

QI L，HE J，ZHANG Z，et al，2008. Seasonal cycle of the zonal land-sea thermal contrast and East Asian subtropical monsoon circulation[J]. Chinese Science Bulletin. 53(1)：131-136.

QIN Y，XIE S D，2012. Spatial and temporal variation of anthropogenic black carbon emissions in China for the period 1980－2009[J]，Atmospheric Chemistry and Physics，12：4825-4841.

QU Y W，WANG T J，WU H，et al，2020. Vertical structure and interaction of ozone and fine particulate matter in spring at Nanjing，China：The role of aerosol's radiation feedback[J]. Atmospheric Environment，222：117162.

RAJESH T A，Ramachandran S，2017. Characteristics and source apportionment of black carbon aerosols over an urban site[J]. Environmental Science and Pollution Research，24：8411-8424.

RAMACHANDRAN S，RAJESH T A，2007. Black carbon aerosol mass concentrations over Ahmedabad，an urban location in western India：Comparison with urban sites in Asia，Europe，Canada，and the United States[J]. Journal of Geophysical Research：Atmospheres，112(D6)：D06211.

RAMANATHAN V，COATHORS，2005. Atmospheric brown clouds：Impacts on South Asian climate and hydrological cycle[J]. Proceedings of the National Academy of Sciences of the United States of America，102：5326-5333.

RAMANATHAN V，CARMICHAEL G，2008. Global and regional climate changes due to black carbon[J]. Nature geoscience，1(4)：221-227.

RAMASWAMY V，BOUCHER O，HAIGH J，et al，2001. Radiative forcing of climate change[M]. UK：Intergovernmental Panel on Climate Change，Cam-bridge University Press：351-406.

RANDERSON J T，VAN G R，GIGLIO L，et al，2017. Global Fire Emissions Database，Version 4.1 (GFEDv4)[C]. New Orleans，LA：AGU Fall Meeting.

RANDLES C A，RAMASWAMY V，2008. Absorbing aerosols over Asia：A Geophysical Fluid Dynamics Laboratory general circulation model sensitivity study of model response to aerosol optical depth and aerosol absorption[J]. Journal of Geophysical Research：Atmospheres，113(D21)：203.

RANGOGNIO J，TULET P，BERGOT T，et al，2009. Influence of aerosols on the formation and development of radiation fog[J]. Atmospheric Chemistry and Physics, 9(5): 17963-18019.

RASCH P J, MAHOWALD N M, EATON B E, 1997. Representations of transport, convection, and the hydrologic cycle in chemical transport models: Implications for the modeling of short-lived and soluble species[J]. Journal of Geophysical Research: Atmospheres, 102(D23): 28127 28138.

RASCH P J, COLEMAN D B, MAHOWALD N, et al, 2006. Characteristics of atmospheric transport using three numerical formulations for atmospheric dynamics in a single GCM framework[J]. Journal of Climate, 19(11): 2243-2266.

RAYMOND D J, BLYTH A M, 1986. A stochastic mixing model for nonprecipitating cumulus clouds[J]. Journal of the Atmospheric Sciences, 43(22): 2708-2718.

RAYMOND D J, BLYTH A M, 1992. Extension of the stochastic mixing model to cumulonimbus clouds[J]. Journal of the Atmospheric Sciences, 49(21): 1968-1983.

RICCHIAZZI P, YANG S, GAUTIER C, et al, 1998. A research and teaching software tool for plane-parallel radiative transfer in the Earth's atmosphere[J]. Bulletin of the American Meteorological Society, 79: 2101.

RICHTER J H, RASCH P J, 2008. Effects of Convective Momentum Transport on the Atmospheric Circulation in the Community Atmosphere Model, Version 3[J]. Journal of Climate, 21(7): 1487-1499.

RIENECKER M M, SUAREZ M J, GELARO R, et al, 2011. MERRA: NASA's Modern-Era Retrospective analysis for Research and Applications[J]. Journal of Climate, 24(14): 3624-3648.

ROZANSKI K, SONNTAG C, MUNNICH K O, 1982. Factors controlling stable isotope composition of European precipitation[J]. Tellus, 34: 142-150.

SACHWEH M, KOEPKE P, 1995. Radiation fog and urban climate[J]. Geophysical Research Letters, 22 (9): 1073-1076.

SALATI E, OLIO A D, MATSUI E, et al, 1979. Recycling of water in the Amazon Basin: An isotopic study [J]. Water Resources Research, 15: 1250-1258.

SAMSET B H, MYHRE G, SCHULZ M, et al, 2013. Black carbon vertical profiles strongly affect its radiative forcing uncertainty[J]. Atmospheric Chemistry and Physics, 13(5): 2423-2434.

SAMSET B H, MYHRE G, FORSTER P M, et al, 2016. Fast and slow precipitation responses to individual climate forcers: A PDRMIP multimodel study[J]. Geophysical Research Letters, 43(6): 2782-2791.

SATO M, HANSEN J, KOCH D, et al, 2003. Global atmospheric black carbon inferred from AERONET [J]. Proceedings of the National Academy of Sciences of the United States of America, 100: 6319-6324.

SAVENIJE H H G, 1995. New definitions for moisture recycling and the relationship with land-use changes in the Sahel[J]. Journal of Hydrology, 167: 57-78.

SCHICKER I, RADANOVICS S, SEIBERT P, 2010. Origin and transport of Mediterranean moisture and air [J]. Atmospheric Chemistry and Physics, 10(11): 5089-5105.

SCHNAITER M, LINKE C, MÖHLER O, et al, 2005. Absorption amplification of black carbon internally mixed with secondary organic aerosol [J]. Journal of Geophysical Research: Atmospheres, 110 (D19):D19204.

SEIBERT P, KROMP-KOLB H, BALTENSPERGER U, et al, 1994. Trajectory analysis of aerosol measurements at high alpine sites[J]. Academic Publishing, 15(6):689-693.

SEIDEL D J, 2002. Water vapor: Distribution and trends, in encyclopedia of global environmental change[J]. Wiley, 750-752.

SHARMA S, BROOK J R, CACHIER H, et al, 2002. Light absorption and thermal measurements of black carbon in dierent regions of Canada[J]. Journal of Geophysical Research :Atmospheres, 107 (D24): 11-11.

SHARMA S, LEAITCH W R, HUANG L, et al, 2017. An evaluation of three methods for measuring black carbon in Alert, Canada[J]. Atmospheric Chemistry and Physics, 17: 15225-15243.

SHI C, ROTH M, ZHANG H, et al, 2008. Impacts of urbanization on long-term fog variation in Anhui province, China[J]. Atmospheric Environment, 42(36): 8484-8492.

SIMMONDS I, BI D, HOPE P, 1999. Atmospheric water vapor flux and its association with rainfall over China in summer[J]. Journal of Climate, 12(5): 1353-1367.

SMITH S J, AARDENNE J, KLIMONT Z, et al, 2011. Anthropogenic sulfur dioxide emissions: 1850—2005[J]. Atmospheric Chemistry and Physics, 11(3): 1101-1116.

SMITH A J A, GRAINGER R G, 2014. Simplifying the calculation of light scattering properties for black carbon fractal aggregates[J]. Atmospheric Chemistry and Physics, 14(15): 7825-7836.

SONG Z, FU D, ZHANG X, et al, 2018. Diurnal and seasonal variability of $PM_{2.5}$ and AOD in north China Plain: Comparison of MERRA-2 products and ground measurements[J]. Atmospheric Environment, 191: 70-78.

SRIVASTAVA R, RAMACHANDRAN S, 2013. The mixing state of aerosols over the Indo-Gangetic Plain and its impact on radiative forcing[J]. Quarterly Journal of the Royal Meteorological Society, 139: 137-151.

STEPHENS M, TURNER N, SANDBERG J, 2003. Particle identification by laser-induced incandescence in a solid-state laser cavity[J]. Applied Optics, 42: 3726-3736.

STJERN C W, SAMSET B H, MYHRE G, et al, 2017. Rapid adjustments cause weak surface temperature response to increased black carbon concentrations[J]. Journal of Geophysical Research: Atmospheres, 122 (21): 11462-11481.

STOHL A, 2006. Characteristics of atmospheric transport into the Arctic troposphere[J]. Journal of Geophysical Research :Atmospheres, 111(D11): D11306.

STOHL A, JAMES P, 2004. A Lagrangian analysis of the atmospheric branch of the global water cycle. Part I: Method description, validation, and demonstration for the August 2002 flooding in central Europe[J]. Journal of Hydrometeorology, 5: 656-678.

STOHL A, JAMES P, 2005. A Lagrangian analysis of the atmospheric branch of the global water Hydrometeorol cycle. Part II: Earth's river catchments, ocean basins, and moisture transports between them[J]. Journal of Hydrometeorology, 6: 961-984.

STOHL A, FORSTER C, SODEMANN H, 2008. Remote sources of water vapor forming precipitation on the Norwegian west coast at 60°N—A tale of hurricanes and an atmospheric river[J]. Journal of Geophysical Research: Atmospheres, 113(D5): D05102.

STOLAKI S, HAEFFELIN M, LAC C, et al, 2015. Influence of aerosols on the life cycle of a radiation fog event. A numerical and observational study[J]. Atmospheric Research, 151: 146-161.

STREETS D G, BOND T C, CARMICHAEL G R, et al, 2003. An inventory of gaseous and primary aerosol emissions in Asia in the year 2000[J]. Journal of Geophysical Research: Atmospheres, 108(D21):8809.

STULL R B, 1988. An introduction to boundary layer meteorology[J]. Atmospheric Sciences Library, 8(8): 89.

SUDO K, AKIMOTO H, 2007. Global source attribution of tropospheric ozone: Long-range transport from various source regions[J]. Journal of Geophysical Research: Atmospheres, 112(D12): D12302.

TANG G, ZHU X, XIN J, et al, 2017. Modelling study of boundary-layer ozone over northern China—Part I: Ozone budget in summer[J]. Atmospheric Research, 187: 128-137.

TIE X, BRASSEUR G, EMMONS L, et al, 2001. Effects of aerosols on tropospheric oxidants: A global model study[J]. Journal of Geophysical Research: Atmospheres, 106(D19): 22931-22964.

TIE X X, MADRONICH S, WALTERS S, et al, 2005. Assessment of the global impact of aerosols on tropospheric oxidants[J]. Journal of Geophysical Research: Atmospheres, 110(D3): D03204.

TOSCA M G, RANDERSON J T, ZENDER C S, 2013. Global impact of smoke aerosols from landscape fires on climate and the Hadley circulation[J]. Atmospheric Chemistry and Physics, 13(10): 5227-5241.

TRENBERTH K E, DAI A, RASMUSSEN R M, et al, 2003. The changing character of precipitation[J]. Bulletin of the American Meteorological Society, 84: 1205-1217.

TRIPATHI S N, SRIVASTAVA A K, DEY S, et al, 2007. The vertical profile of atmospheric heating rate of black carbon aerosols at Kanpur in northern India[J]. Atmospheric Environment, 41: 6909-6915.

TRIPATHI S N, SRIVASTAVA A K, DEY S, et al, 2013. The vertical profile of atmospheric heating rate of black carbon aerosols at Kanpur in northern India[J]. Atmospheric Environment, 41(32): 6909-6915.

TWOMEY S, 1974. Pollution and the planetary albedo[J]. Atmospheric Environment, 8(12): 1251-1256.

USHA K H, NAIR V S, BABU S S, 2020. Modeling of aerosol induced snow albedo feedbacks over the Himalayas and its implications on regional climate[J]. Climate Dynamics, 54: 4191-4210.

VALENZUELA A, AROLA A, ANTÓN M, et al, 2017. Black carbon radiative forcing derived from AERONET measurements and models over an urban location in the southeastern Iberian Peninsula[J]. Atmospheric Research, 191: 44-56.

VAN DER ENT R J, SAVENIJE H H G, SCHAEFLI B, et al, 2010. Origin and fate of atmospheric moisture over continents[J]. Water Resources Research, 46: W09525.

VERMA S, REDDY D M, GHOSH S, et al, 2017. Estimates of spatially and temporally resolved constrained black carbon emission over the Indian region using a strategic integrated modelling approach[J]. Atmospheric Research, 195: 9-19.

WAGSTROM K M, PANDIS S N, YARWOOD, G, et al, 2008. Development and application of a computationally efficient particulate matter apportionment algorithm in a three-dimensional chemical transport model [J]. Atmospheric Environment, 42(22): 5650-5659.

WAGSTROM K M, PANDIS S N, 2009. Determination of the age distribution of primary and secondary aerosol species using a chemical transport model[J]. Journal of Geophysical Research: Atmospheres, 114 (D14): D14303.

WANG Y, LOGAN J A, JACOB D J, 1998. Global simulation of tropospheric O_3-NO_x-hydrocarbon chemistry: 3. Origin of tropospheric ozone and effects of nonmethane hydrocarbons[J]. Journal of Geophysical Research: Atmospheres, 103(D9): 10757-10767.

WANG H J, 2001. The weakening of the Asian monsoon circulation after the end of 1970's[J]. Advances in Atmospheric Science, 18: 376-386.

WANG B, ZHANG Y, LU M M, 2004. Definition of South China Sea monsoon onset and commencement of the East Asia summer monsoon[J]. Journal of Climate, 17(4): 699-710.

WANG L, CHEN W, HUANG R H, 2008. Interdecadal modulation of PDO on the impact of ENSO on the East Asian winter monsoon[J]. Geophysical Research Letters, 35: L20702.

WANG Y, WANG X, KONDO Y, et al, 2011. Black carbon and its correlation with trace gases at a rural site in Beijing: Top-down constraints from ambient measurements on bottom-up emissions[J]. Journal of Geophysical Research: Atmospheres, 116(D24): D24304.

WANG R, TAO S, WANG W, et al, 2012a. Black Carbon Emissions in China from 1949 to 2050[J]. Environmental Science and Technology, 46(14): 7595-7603.

WANG R, TAO S, SHEN H, et al, 2012b. Global emission of black carbon from motor vehicles from 1960 to 2006[J]. Environmental Science and Technology, 46: 127-1284.

WANG Y, KHALIZOV A, LEVY M, et al, 2013. New Directions: Light absorbing aerosols and their atmospheric impacts[J]. Atmospheric Environment, 81: 713-715.

WANG R, TAO S, BALKANSKI Y, et al, 2014a. Exposure to ambient black carbon derived from a unique inventory and high-resolution model[J]. Proceedings of the National Academy of Sciences of the United

States of America, 111(7): 2459-63.

WANG R, TAO S, SHEN H, et al, 2014b. Trend in global black carbon emissions from 1960 to 2007[J]. Environmental Science and Technology, 48(12): 6780-6787.

WANG N, GUO H, JIANG F, et al, 2015a. Simulation of ozone formation at different elevations in mountainous area of Hong Kong using WRF-CMAQ model[J]. Science of the Total Environment, 505: 939-95.

WANG T J, ZHUANG B L, LI S, et al, 2015b. The interactions between anthropogenic aerosols and the East Asian summer monsoon using RegCCMS[J]. Journal of Geophysical Research: Atmospheres, 120 (11): 5602-5621.

WANG D, ZHU B, JIANG Z, et al, 2016a. The impact of the direct effects of sulfate and black carbon aerosols on the subseasonal march of the East Asian subtropical summer monsoon[J]. Journal of Geophysical Research: Atmospheres, 121(6): 2610-2625.

WANG N, LYU X P, DENG X J, et al, 2016b. Assessment of regional air quality resulting from emission control in the Pearl River Delta region, southern China[J]. Science of the Total Environment, 573: 1554-1565.

WANG Z, LIN L, YANG M, et al, 2017. Disentangling fast and slow responses of the East Asian summer monsoon to reflecting and absorbing aerosol forcings[J]. Atmospheric Chemistry and Physics, 17(18): 11075-11088.

WEI J, DIRMEYER P A, BOSILOVICH M G, et al, 2012. Water vapor sources for Yangtze River Valley rainfall: Climatology, variability, and implications for rainfall forecasting[J]. Journal of Geophysical Research: Atmospheres, 117(D5): D05126.

WESELY M L, 1989. Parameterization of surface resistances to gaseous dry deposition in regional-scale numerical-models[J]. Atmospheric environment, 23: 1293-1304.

WESELY M L, 2007. Parameterization of surface resistances to gaseous dry deposition in regional-scale numerical models[J]. Atmospheric Environment, 41: 52-63.

WESELY M L, HICKS B B, 2000. A review of the current status of knowledge on dry deposition[J]. Atmospheric Environment, 34(12): 2261-2282.

WESTERVELT D M, YOU Y, LI X, et al, 2020. Relative importance of greenhouse gases, sulfate, organic carbon, and black carbon aerosol for South Asian monsoon rainfall changes[J]. Geophysical Research Letters, 47: e2020GL088363.

WILD O, ZHU X I N, PRATHER M J, 2000. Fast-J: Accurate simulation of in-and below-cloud photolysis in tropospheric chemical models[J]. Journal of Atmospheric Chemistry, 37: 245-282.

WORDEN J, NOONE D, BOWMAN K, et al, 2007. Importance of rain evaporation and continental convection in the tropical water cycle[J]. Nature, 445: 528-532.

WU G, ZHANG Y, 1998. Tibetan Plateau forcing and the timing of the monsoon onset over South Asia and the South China Sea[J]. Monthly Weather Review, 126(4): 913-927.

WU B Y, WANG J, 2002a. Winter Arctic oscillation, Siberian high and East Asian winter monsoon[J]. Geophysical Research Letters, 29: 1897.

WU R G, WANG B, 2002b. A contrast of the East Asian summer monsoon-ENSO relationship between 1962—77 and 1978—93[J]. Journal of Climate, 15: 3266-3279.

WU G, LIU Y, ZHANG Q, et al, 2007. The influence of mechanical and thermal forcing by the Tibetan Plateau on Asian climate[J]. Journal of Hydrometeorology, 8(4): 770-789.

WU J, FU C, XU Y, et al, 2008. Simulation of direct effects of black carbon aerosol on temperature and hydrological cycle in Asia by a Regional Climate Model[J]. Meteorology and Atmospheric Physics, 100: 179-193.

WU G, LI Z, FU C, et al, 2016. Advances in studying interactions between aerosols and monsoon in China [J]. Science China: Earth Sciences, 59(1): 1-16.

XING J, WANG J, MATHUR R, et al, 2017. Impacts of aerosol direct effects on tropospheric ozone through changes in atmospheric dynamics and photolysis rates[J]. Atmospheric Chemistry and Physics, 17(16): 9869-9883.

XU Q, 2001. Abrupt change of the mid-summer climate in central east China by the influence of atmospheric pollution[J]. Atmospheric Environment, 35(30): 5029-5040.

XU Z N, H X, N W, et al, 2018. Impact of biomass burning and vertical mixing of residual-layer aged plumes on ozone in the Yangtze River Delta, China: A tethered-balloon measurement and modeling study of a multi-day ozone episode[J]. Journal of Geophysical Research: Atmospheres, 123(20): 11786-11803.

XU X, YANG X, ZHU B, et al, 2020. Characteristics of MERRA-2 black carbon variation in east China during 2000−2016[J]. Atmospheric Environment, 222: 117140.

XUE D, ZHANGY, 2017. Concurrent variations in the location and intensity of the Asian winter jet streams and the possible mechanism[J]. Climate Dynamics, 49(1-2): 37-52.

YAN S, ZHU B, KANG H, 2019. Long-term fog variation and its impact factors over polluted regions of east China[J]. Journal of Geophysical Research: Atmospheres, 124(3):1741-1754.

YAN S, ZHU B, HUANG Y, et al, 2020. To what extents do urbanization and air pollution affect fog? [J]. Atmospheric Chemistry and Physics, 20(9): 5559-5572.

YAN S, ZHU B, ZHU T, et al, 2021. The effect of aerosols on fog lifetime: Observational evidence and model simulations[J]. Geophysical Research Letters, 48(2):10.1029/2020GL091156.

YANG Y, LIAO H, LOU S, 2015. Decadal trend and interannual variation of outflow of aerosols from East Asia: Roles of variations in meteorological parameters and emissions[J]. Atmospheric Environment, 100: 141-153.

YANG Y, WANG H, SMITH S J, et al, 2017. Source attribution of black carbon and its direct radiative forcing in China[J]. Atmospheric Chemistry Physics, 17(6): 4319-4336.

YANG Y, WANG H, SMITH S J, et al, 2018. Source apportionments of aerosols and their direct radiative forcing and long-term trends over continental United States[J]. Earth's Future, 6(6): 793-808.

YANG Y, SMITH S J, WANG H, et al, 2019. Variability, timescales, and nonlinearity in climate responses to black carbon emissions[J]. Atmospheric Chemistry and Physics, 19(4): 2405-2420.

YANG Y, REN L, LI H, et al, 2020. Fast climate responses to aerosol emission reductions during the COVID-19 pandemic[J]. Geophysical Research Letters, 47(19): e2020GL089788.

YE J, LI W, LI L, et al, 2013. North drying and south wetting summer precipitation trend over China and its potential linkage with aerosol loading[J]. Atmospheric Research, 125: 12-19.

YIN X, HUANG Z, ZHENG J, et al, 2017. Source contributions to $PM_{2.5}$ in Guangdong province, China by numerical modeling: Results and implications[J]. Atmospheric Research, 186: 63-71.

YOSHIMURA K, KANAMITSU M, NOONE D, et al, 2008. Historical isotope simulation using reanalysis atmospheric data[J]. Journal of Geophysical Research: Atmospheres, 113(D19): D19108.

YU L, 2007. Global variations in oceanic evaporation (1958−2005): the role of the changing wind speed[J]. Journal of Climate, 20(21): 5376-5390.

YU R, WANG B, ZHOU T, 2004. Tropospheric cooling and summer monsoon weakening trend over East Asia[J]. Geophysical Research Letters, 31(22):L22212.

YU K, XING Z, HUANG X, et al, 2018. Characterizing and sourcing ambient $PM_{2.5}$ over key emission regions in China III: Carbon isotope based source apportionment of black carbon[J]. Atmospheric Environment, 177: 12-17.

YUAN X, ZUO J, 2011. Transition to low carbon energy policies in China—From the Five-Year Plan perspective[J]. Energy Policy, 39(6): 3855-3859.

ZANIS P, AKRITIDIS D, GEORGOULIAS A K, et al, 2020. Fast responses on pre-industrial climate from present-day aerosols in a CMIP6 multi-model study[J]. Atmospheric Chemistry and Physics, 20(14): 8381-8404.

ZARZYCKI C M, BOND T C, 2010. How much can the vertical distribution of black carbon affect its global direct radiative forcing? [J]. Geophysical Research Letters, 37(20): 114-122.

ZAVERI R A, PETERS L K, 1999. A new lumped structure photochemical mechanism for large-scale applications[J]. Journal of Geophysical Research: Atmospheres, 104(D23): 30387-30415.

ZAVERI R A, EASTER R C, FAST J D, et al, 2008. Model for simulating aerosol interactions and chemistry (MOSAIC)[J]. Journal of Geophysical Research: Atmospheres, 113(D13): D13204.

ZHANG G J, MCFARLANE N A, 1995. Sensitivity of climate simulations to the parameterization of cumulus convection in the Canadian Climate Centre general circulation model[J]. Atmosphere-Ocean, 33(3): 407-446.

ZHANG J, RAO S T, 1999. The role of vertical mixing in the temporal evolution of ground-level ozone concentrations[J], Journal of Applied Meteorology, 38: 1674-1691.

ZHANG M G, XU Y F, ZHANG R J, et al, 2005. Emissions and concentration distributions of black carbon aerosol in East Asia during the springtime[J]. Chinese Journal of Geophysics, 48(1): 55-61.

ZHANG X, WANG Y, ZHANG X, et al, 2008. Carbonaceous aerosol composition over various regions of China during 2006[J]. Journal of Geophysical Research: Atmospheres, 113(D14): D1411.

ZHANG Q, STREETS D G, CARMICHAEL G R, et al, 2009. Asian emissions in 2006 for the NASA INTEX-B mission[J]. Atmospheric Chemistry and Physics, 9(14): 5131-5153.

ZHANG H, WANG Z L, WANG Z Z, et al, 2012. Simulation of direct radiative forcing of aerosols and their effects on East Asian climate using an interactive AGCM-aerosol coupled system[J]. Climate Dynamics, 38: 1675-1693.

ZHANG F, CHENG H, WANG Z, et al, 2014a. Fine particles ($PM_{2.5}$) at a CAWNET background site in central China: Chemical compositions, seasonal variations and regional pollution events[J]. Atmospheric Environment, 86: 193-202.

ZHANG H, DENERO S P, JOE D K, et al, 2014b. Development of a source oriented version of the WRF/Chem model and its application to the California regional $PM_{10}/PM_{2.5}$ air quality study[J]. Atmospheric Chemistry and Physics, 14: 485-503.

ZHANG R, WANG H, HEGG D A, et al, 2015a. Quantifying sources of black carbon in western North America using observationally based analysis and an emission tagging technique in the Community Atmosphere Model[J]. Atmospheric Chemistry and Physics, 15(22): 12805-12822.

ZHANG X, RAO R, HUANG Y, et al, 2015b. Black carbon aerosols in urban central China[J]. Journal of Quantitative Spectroscopy and Radiative Transfer, 150: 3-11.

ZHANG M, WANG Y, MA Y, et al, 2018. Spatial distribution and temporal variation of aerosol optical depth and radiative effect in south China and its adjacent area[J]. Atmospheric Environment, 188: 120-128.

ZHANG Q, YU R, JIN Y, et al, 2019. Temporal and spatial variation trends in water quality based on the WPI index in the shallow lake of an arid area: A case study of Lake Ulansuhai, China[J]. Water, 11(7): 1410.

ZHAO C, TIE X, LIN Y, 2006. A possible positive feedback of reduction of precipitation and increase in aerosols over eastern central China[J]. Geophysical Research Letters, 33: L11814.

ZHAO P, ZHANG R, LIU J, et al, 2007. Onset of southwesterly wind over eastern China and associated atmospheric circulation and rainfall[J]. Climate Dynamics, 28: 797-811.

ZHAO P, ZHOU X, CHEN L, et al, 2009. Characteristics of subtropical monsoon and rainfall over eastern China and western north Pacific[J]. Acta Meteorologica Sinica, 23(6): 649-655.

ZHAO D, TIE X, GAO Y, et al, 2015a. In-situ aircraft measurements of the vertical distribution of black carbon in the lower troposphere of Beijing, China, in the spring and summer time[J]. Atmosphere, 6(5): 713-731.

ZHAO S, TIE X, CAO J, et al, 2015b. Seasonal variation and four-year trend of black carbon in the mid-west China: The analysis of the ambient measurement and WRF-Chem modeling[J]. Atmospheric Environment, 123(12): 430-439.

ZHONG S, QIAN Y, ZHAO C, et al, 2015. A case study of urbanization impact on summer precipitation in the Greater Beijing metropolitan Area: Urban heat island versus aerosol effects[J]. Journal of Geophysical Research: Atmospheres, 120(20): 10903-10914.

ZHONG S, QIAN Y, ZHAO C, et al, 2017. Urbanization-induced urban heat island and aerosol effects on climate extremes in the Yangtze River Delta region of China[J]. Atmospheric Chemistry and Physics, 17(8): 5439-5457.

ZHOU T J, YU R C, 2005. Atmospheric water vapor transport associated with typical anomalous summer rainfall patterns in China[J]. Journal of Geophysical Research: Atmospheres, 110(D8): D08164.

ZHOU T J, GONG D Y, LI J, et al, 2009. Detecting and understanding the multi-decadal variability of the East Asian summer monsoon—Recent progress and state of affairs[J]. Meteorologische Zeitschrift, 18 (4): 455-467.

ZHOU B, DU J, GULTEPE I, et al,2012. Forecast of low visibility and fog from NCEP: Current status and efforts[J]. Pure and Applied Geophysics, 169(5-6):895-909.

ZHOU C, ZHANG H, WANG Z,2013. Impact of different mixing ways of black carbon and non-absorbing aerosols on the optical properties[J]. Acta Optica Sinica, 33(8):270-281.

ZHU Q G, HE J H, WANG P X, 1986. A study of circulation differences between East-Asian and Indian summer monsoons with their interaction[J]. Advances in Atmospheric Sciences, 3(4): 466-477.

ZHU C W, ZHOU X J, ZHAO P, et al, 2011. Onset of East Asian subtropical summer monsoon and rainy season in China[J]. Science China: Earth Sciences, 54(12): 1845-1853.

ZHU J, LIAO H, LI J, 2012. Increases in aerosol concentrations over eastern China due to the decadal-scale weakening of the East Asian summer monsoon[J]. Geophysical Research Letters, 39(9): L09809.

ZHU B, KANG H, ZHU T, et al, 2015. Impact of Shanghai urban land surface forcing on downstream city ozone chemistry[J]. Journal of Geophysical Research: Atmospheres, 120(9): 4340-4351.

ZHU J, CHEN L, LIAO H, et al, 2021. Enhanced PM$_{2.5}$ decreases and O$_3$ increases in China during COVID-19 lockdown by aerosol- radiation feedback[J]. Geophysical Research Letters, 48(2): e2020GL090260.

ZHUANG B L, WANG T J, LIU J, 2014. Continuous measurement of black carbon aerosol in urban Nanjing of Yangtze River Delta, China[J]. Atmospheric Environment, 89(2): 415-424.

ZHUANG B, WANG T, LIU J, et al, 2018. The optical properties, physical properties and direct radiative forcing of urban columnar aerosols in the Yangtze River Delta, China[J]. Atmospheric Chemistry and Physics, 18(2):1419-1436.

ZHUANG B L, CHEN H M, LI S, et al, 2019. The direct effects of black carbon aerosols from different source sectors in East Asia in summer[J]. Climate Dynamics, 53(9-10): 5293-5310.

ZOTTER P, HERICH H, GYSEL M, et al, 2017. Evaluation of the absorption Ångström exponents for traffic and wood burning in the Aethalometer-based source apportionment using radiocarbon measurements of ambient aerosol[J]. Atmospheric Chemistry and Physics, 17(6): 1-29.